前沿科技·人工智能系列

# 视觉人体动作识别技术

李 侃 著

電子工業出版社
**Publishing House of Electronics Industry**
北京·BEIJING

## 内 容 简 介

人体动作识别是计算机视觉以及相关领域的重要研究内容，旨在识别出具有高层语义的人体动作。客观环境的复杂性以及运动的多样性使基于视觉的人体姿态估计和动作识别极具挑战性，因此研究人体动作识别方法具有十分重要的理论意义和应用价值。

本书在总结分析人体动作识别研究现状的基础上，从单人动作和群组动作两个层面研究人体动作识别技术，即人体 2D 姿态估计、人体 3D 姿态估计、单人动作识别，以及群体动作识别。

本书结构合理，内容全面，既有严格的理论基础，又有实际的应用。

本书既可以作为机器学习和计算机视觉领域研究人员的技术用书，也可作为高等院校相关专业师生的教学用书。

**图书在版编目（CIP）数据**

视觉人体动作识别技术 / 李侃著. —北京：电子工业出版社，2024.1

（前沿科技. 人工智能系列）

ISBN 978-7-121-46760-8

Ⅰ. ①视…　Ⅱ. ①李…　Ⅲ. ①计算机视觉－人体运动－目标识别－研究　Ⅳ. ①TP391.41

中国国家版本馆 CIP 数据核字（2023）第 227096 号

责任编辑：张　迪（zhangdi@phei.com.cn）

印　　刷：三河市良远印务有限公司

装　　订：三河市良远印务有限公司

出版发行：电子工业出版社

北京市海淀区万寿路 173 信箱　邮编：100036

开　　本：787×1092　1/16　印张：12.75　字数：275.4 千字　彩插：12

版　　次：2024 年 1 月第 1 版

印　　次：2024 年 1 月第 1 次印刷

定　　价：98.00 元

凡所购买电子工业出版社图书有缺损问题，请向购买书店调换。若书店售缺，请与本社发行部联系，联系及邮购电话：(010) 88254888，88258888。

质量投诉请发邮件至 zlts@phei.com.cn，盗版侵权举报请发邮件至 dbqq@phei.com.cn。

本书咨询联系方式：（010）88254469，zhangdi@phei.com.cn。

# 前　言

在当今万物互联的时代，基于计算机视觉的应用呈现出不断增长的趋势。人体动作识别是计算机视觉及相关领域的重要研究内容，旨在识别出具有高层语义的人体动作。客观环境的复杂性，以及运动的多样性使基于视觉的人体姿态估计和动作识别极具挑战性。人体动作识别方法对于研究大脑的视觉认知机理具有重要的理论意义，一方面可以对大脑的认知机理相关研究提供实验证明，另一方面还可以通过实验对认知科学进行反馈和促进；同时，人体动作识别在智能安防监控、人机交互、体育运动分析、虚拟现实、动画生成等领域也有着广阔的应用前景。

现有的人体动作识别算法在实验背景下的简单图像（单一人物、明确动作相关物品、简单背景）中可以取得良好的识别效果，但在真实场景捕获的图像（多个人物、不同动作、杂乱物品、复杂背景）中却很难取得满意的结果。图像或视频中多人动作之间常存在互动关系或人物之间在时空中存在复杂的交互关系，但其中的交互关系和时空动态作为群体行为分析中的重要线索尚未被足够地开发与利用。本书在自然科学基金面上项目、联合基金、国家重点研发计划等项目资助下开展研究，针对图像或视频数据，在总结分析人体动作识别研究现状的基础上，从单人动作和群体动作两个层面研究人体动作识别技术，解决上述问题。

本书共 9 章。第 1 章概述研究背景和意义，围绕研究目标详细分析了相关研究现状，并介绍了本书的研究内容和结构安排。第 2 章设计了一种基于时序一致性的视频人体 2D 姿态估计模型。该模型可以显式地在端到端的网络中对视频时序一致性信息进行建模，并且不需要额外的光流计算，是一种更加高效的方法。第 3 章提出了一个完全利用几何先验知识、不需要任何人体 3D 关节点标注的自监督人体 3D 姿态估计方法。第 4 章提出了基于一致分解网络的自监督人体 3D 姿态估计方法。该方法将人体形状与相机视角充分解耦以克服投影不确定性问题。第 5 章设计了一种基于多时空特征的人体动作识别模型。该模型同时考虑表观时空特征和骨架时空特征，实现了准确的人体动作识别。第 6 章针对图像中个人动作识别，构建了单层线索互动关系模型，对图像中个人之间的互动关系进行建模，相比于多层模型，它连接关系简单，具有计算轻量化的特点。第 7 章针对图像群组动作识别，构建了混合群组动作模型，以层级之间的生成关系对多元（包括群组和个人）互动关系进行统一建模，避免了现有层级模型用二元互动关系组合近似计算多元互动关系带来的误差。第 8 章结合群体动作识别的动作关系推理，以及从时间和空间两个维度同时进行编码的聚合表示，提出了一种融合动作相关性的视频群体行为识别方法。第 9 章对本书研究的领域做了总结和展望。

感谢李杨、周正、王浩昕等博士生和硕士生们长期的合作与共同研究，以及在本书编写过程中所做的工作。感谢对本书投入过心血的所有人。在本书出版过程中，电子工业出版社的张迪编辑给予了很多帮助，在此表示感谢。

由于作者水平有限，书中难免有不足之处，敬请各位专家和读者批评指正。

李侃

2023 年 12 月于北京

# 目　　录

第 1 章　绪论 ················································································· 001
1.1　研究目的和意义 ·········································································· 001
1.2　国内外研究现状 ·········································································· 005
　　1.2.1　人体姿态估计 ····································································· 005
　　1.2.2　基于视频的人体动作识别 ······················································ 011
　　1.2.3　基于骨架序列的人体动作识别 ·················································· 014
　　1.2.4　基于互动关系的视觉人体动作识别 ·············································· 015
　　1.2.5　视频群体动作识别 ······························································ 027
1.3　研究内容 ················································································ 032
1.4　本书结构安排 ············································································ 034
第 2 章　基于时序一致性探索的人体 2D 姿态估计 ········································· 036
2.1　引言 ····················································································· 036
2.2　相关工作 ················································································ 038
　　2.2.1　基于深度学习的视频人体 2D 姿态估计 ········································· 038
　　2.2.2　卷积长短时记忆网络和可变形卷积 ·············································· 038
2.3　问题定义 ················································································ 039
2.4　图像人体 2D 姿态估计网络 ······························································ 040
2.5　视频时序一致性探索 ····································································· 041
　　2.5.1　变形操作 ········································································· 042
　　2.5.2　聚合操作 ········································································· 043
　　2.5.3　双向时序一致性探索 ···························································· 043
　　2.5.4　多尺度时序一致性探索 ·························································· 044
2.6　视频人体 2D 姿态估计网络 ······························································ 044
2.7　实验结果 ················································································ 046
　　2.7.1　实验设置 ········································································· 046
　　2.7.2　性能比较 ········································································· 048

2.7.3 模型控制变量分析与实验结果 ……………………………… 051

2.8 本章小结 ………………………………………………………… 055

**第 3 章 多视角几何驱动的自监督人体 3D 姿态估计** ………………… 057

3.1 引言 ……………………………………………………………… 057

3.2 相关工作 ………………………………………………………… 059

3.2.1 基于深度学习的单目人体 3D 姿态估计 …………………… 060

3.2.2 弱/自监督单目人体 3D 姿态估计 …………………………… 060

3.3 自监督人体 3D 姿态估计方法 ………………………………… 061

3.3.1 双分支自监督训练网络结构 ……………………………… 061

3.3.2 损失函数 …………………………………………………… 062

3.3.3 训练 ………………………………………………………… 064

3.4 实验结果 ………………………………………………………… 065

3.4.1 实验设置 …………………………………………………… 065

3.4.2 模型控制变量分析与实验结果 …………………………… 066

3.4.3 性能比较 …………………………………………………… 070

3.5 本章小结 ………………………………………………………… 071

**第 4 章 基于人体形状与相机视角一致分解的人体 3D 姿态估计** …… 072

4.1 引言 ……………………………………………………………… 072

4.2 相关工作 ………………………………………………………… 074

4.2.1 基于字典学习的单目人体 3D 姿态估计方法 ……………… 074

4.2.2 运动恢复非刚体结构 ……………………………………… 075

4.3 问题定义 ………………………………………………………… 075

4.4 一致分解网络 …………………………………………………… 076

4.5 层次化字典学习 ………………………………………………… 077

4.6 模型训练 ………………………………………………………… 079

4.7 实验结果 ………………………………………………………… 079

4.7.1 实验设置 …………………………………………………… 079

4.7.2 模型控制变量分析与实验结果 …………………………… 080

4.7.3 性能比较 …………………………………………………… 083

4.8 本章小结 ………………………………………………………… 084

**第 5 章 基于多时空特征的人体动作识别** ………………………………… 086

5.1 引言 ……………………………………………………………… 086

5.2 相关工作 ………………………………………………………… 088

5.2.1 基于表观的时空表示学习 ………………………………… 088

5.2.2 基于骨架序列的时空表示学习 …………………………… 089

5.3 多时空特征人体动作识别方法概述 …………………………… 089

5.4 多层级表观特征聚合 ………………………………………………… 090

　　5.4.1 局部演化描述符提取 ………………………………………… 090

　　5.4.2 局部演化描述符编码 ………………………………………… 092

　　5.4.3 深度监督的多层级特征聚合 ……………………………… 092

5.5 时空图卷积网络 …………………………………………………… 093

　　5.5.1 时空图卷积 …………………………………………………… 094

　　5.5.2 网络细节 ……………………………………………………… 095

5.6 实验结果 …………………………………………………………… 096

　　5.6.1 实验设置 ……………………………………………………… 096

　　5.6.2 模型控制变量分析与实验结果 ………………………… 097

　　5.6.3 性能比较 ……………………………………………………… 099

5.7 本章小结 …………………………………………………………… 100

第 6 章　基于扁平式互动关系分析的多人动作识别 …………… 101

6.1 引言 ………………………………………………………………… 101

6.2 相关工作 …………………………………………………………… 109

6.3 特征表征 …………………………………………………………… 111

　　6.3.1 肢体角度描述符特征 ……………………………………… 113

　　6.3.2 空间布局特征 ………………………………………………… 114

　　6.3.3 基于融合受限玻尔兹曼机的特征融合 ………………… 116

6.4 线索互动关系模型 ………………………………………………… 126

6.5 扁平式动作识别方法 ……………………………………………… 127

6.6 局部线索与局部识别 ……………………………………………… 129

6.7 基于目标子空间度量的动作相关性分析 ……………………… 130

6.8 全局线索整合与动作识别 ……………………………………… 131

　　6.8.1 全局-局部线索整合算法 …………………………………… 131

　　6.8.2 改进全局-局部线索整合算法 …………………………… 132

6.9 实验结果与分析 …………………………………………………… 136

　　6.9.1 数据集及实验设置 ………………………………………… 136

　　6.9.2 算法结果与分析 …………………………………………… 138

　　6.9.3 与现有方法的对比 ………………………………………… 146

6.10　本章小结 ………………………………………………………… 149

第 7 章　基于层级式互动关系分析的群组动作识别 …………… 150

7.1 引言 ………………………………………………………………… 150

7.2 相关工作 …………………………………………………………… 152

7.3 混合群组动作模型 ………………………………………………… 154

7.4 混合群组动作模型的概率分布 ………………………………… 157

7.5 基于混合群组动作模型的动作识别算法 ················· 161

7.6 实验与算法分析 ················· 162

    7.6.1 数据集和实验设置 ················· 162

    7.6.2 算法结果和分析 ················· 163

    7.6.3 与现有方法的对比 ················· 168

7.7 本章小结 ················· 170

**第 8 章 融合动作相关性的群体动作识别** ················· 171

8.1 引言 ················· 171

8.2 相关工作 ················· 172

8.3 问题定义 ················· 173

8.4 动作表示 ················· 173

    8.4.1 多尺度特征 ················· 174

    8.4.2 动作表示提取 ················· 175

8.5 动作关系推理 ················· 177

    8.5.1 动作相关性 ················· 177

    8.5.2 关系推理 ················· 179

    8.5.3 算法描述 ················· 180

8.6 时空表示 ················· 181

8.7 模型训练 ················· 184

8.8 实验分析 ················· 185

    8.8.1 数据集与评价指标 ················· 185

    8.8.2 实验设置 ················· 187

    8.8.3 实验结果分析 ················· 187

8.9 本章小结 ················· 193

**第 9 章 结论与展望** ················· 194

# 第 **1** 章
# 绪　论

## ✅ 1.1　研究目的和意义

图像理解（Image Understanding）是计算机视觉领域的核心研究内容之一[1]。它旨在通过计算机系统对静态图像进行解析，从数字图像中抽象出有关内容的概念，类似人类或其他高等生物，在通过生物视觉对周围世界进行感知的基础上，形成对周围世界的认知[2-5]。图像理解以模式识别和机器学习方法为基础，面向人工智能和多媒体应用，具有重要的研究价值[6-10]。研究人类动作的神经生理学家指出，人类通常以图像中的人物动作作为图像中的第一主要内容[11-13]。人体动作识别是对视觉信号更加高级的分析和理解，旨在识别出具有更高层语义的人体动作。客观环境的多样性，以及人体运动的复杂性造成基于视觉的人体姿态估计和动作识别是极具挑战性的任务[14]。本书主要研究个体动作识别和多人动作识别。这里的多人动作是指由相同或者不同的个人动作构成、多人所具有的共同性活动，如跨栏比赛。

人体动作识别的研究具有重要的理论意义，它涉及计算机视觉、机器学习、图像处理和认知科学等多个学科领域[15]，并且对研究大脑的视觉认知机理也具有重要的科学意义。一方面可以对大脑的认知机理相关研究提供实验证明，另一方面还可以通过实验对认知科学进行反馈和促进[16]。除此之外，人体动作识别也具有广泛的应用前景，在智能安防监控、人机交互、体育运动分析等领域均有广泛的应用。

（1）智能安防监控，人体姿态估计和动作识别技术与安防技术的结合可以大大提高安防监控的数据处理效率和能力。对于现如今海量的监控视频数据，人体姿态估计技术可以实现对监控视频中的人体的检测和定位，动作识别技术可以更进一步理解人体的动作，从而自动检测视频中的异常动作，提高安防监控系统的实时性，减少人力成本。

（2）人机交互，人体姿态估计和动作识别技术的深入研究有助于更好地获取和理解人依靠肢体运动发出的指令，从而实现更加自然友好的人机交互体验。随着计算机视觉技术的发展，基于肢体运动控制的新型人体交互技术成为新的研究热点，同时表现出巨大的市场潜力。

（3）体育运动分析，依靠人体姿态估计和动作识别技术可以从运动员的训练视频中重构其人体姿态，然后结合人体生理学、物理学等领域知识进行量化分析，可以科学地对运动员的体育运动进行分析，摆脱纯粹依靠经验的状态。

近年来，随着网络数据的爆发式增长，各国政府安全部门与科技公司对可自动化识别图像中人物动作的方法与系统产生了更迫切的需求。例如，美国白宫官员造访硅谷，商讨扩大对网络社交媒体和其他形式网络传播的监督与干预力度。澳大利亚宣布将对社交媒体实行实时监控，建立相关项目预警恐怖主义活动和控制恐怖主义宣传。自动化的人物动作识别系统可以帮助政府安全部门自动监控上传到社交媒体网站上的图片，从中发现危害及潜在危害公共安全的内容，甚至恐怖主义活动，形成快速自动预警机制。

目前，在基于图像的人体动作识别研究中，很多图像聚焦在人物身上，包含单一人物、少数与动作相关的物品和比较单一的背景，以下将这种图像简称为聚焦图像，如图 1.1 给出了聚焦图像的示例。在真实应用中捕获的图像往往具有更广的视角，包含多个人物、杂乱繁多的物品和复杂的背景，以下将这种图像简称为广角图像。本书中的多人动作识别主要关注这类图像，如图 1.2 给出了广角图像的示例。广角图像中的多人动作可以以不同粒度进行分析：人物可进行不同的个人动作；也可能构成若干群组，进行群组动作。群组动作识别具有广泛的应用前景。

图 1.1 聚焦图像的示例[1]

图 1.2 广角图像的示例[2]

本书的研究对象是图像或视频数据，研究内容主要分为两部分：第一部分是利用人体姿势等研究个体动作识别；第二部分是利用人物互动关系研究多人动作识别。无

---

1 图像出自于 Pascal 数据集[17]

2 图像出自于论文[18-20]，以及互联网

论是针对单人还是多人或群组，本书均采用"动作"一词来表示其动作或行为。对于多人动作识别，基于图像的识别方法无法像基于视频的识别方法那样，仅依靠低语义级特征就做出足够准确的动作识别，它需要分析图像中的高语义级特征，即上下文线索（Contextual Cue）分析[21-23]。低语义级特征是指直接从图像中提取的特征，如颜色直方图、方向梯度直方图等；高语义级特征是对低语义级特征做出一定程度的抽象和识别的结果，如图像中出现的物品等。在基于视频的方法中，低语义级特征是时空特征（Spatial-Temporal Features），如时空兴趣点特征（Space-Time Interest Point，STIP）[24]。视频可以提供足够的时空特征刻画和判断某个人物的动作。然而，图像中不存在时间维度特征，仅用空间特征不足以刻画人物动作。因此，基于图像的人物动作识别通过在图像中发现某种上下文线索帮助确定人物动作，但现有上下线索在包含多人物、多物品、复杂背景的广角图像中可以发挥的作用受限。

现有上下文线索可分为动作相关物品线索（Activity Related Object Cue）、人物-物品互动线索（Human-Object Interaction Cue）和场景线索（Scene Cue）[25]。在广角图像中，动作相关物品线索[26-28]和人物-物品互动线索[29-32]的使用受限于多个人物与杂乱物品。它们使判断物品是否与动作相关及关联物品与对应人物成为难题。场景线索[33-35]可以用于区分不同图像中人物的动作，但是对于区分同一图像中不同人物的动作并无作用。因此，现有基于上下文线索的个人动作识别方法无法直接在广角图像中取得可以接受的识别表现。

对于广角图像，也有研究者研究其中的群组动作识别[26,30,33,36-40]。他们将研究的重点放在如何由多个人物的个人动作构建某种群组动作，如 Choi 等人的研究[41]，因此往往选用只含有一个群组动作的图像，并在训练和识别中先验性地假设每幅图像中只含有一个群组和一种群组动作。也有研究考虑并允许图像中出现不同的群组动作，如 Tian Lan 等人的工作[42]，但是他们把图像中出现的多个群组的互动（多元互动）拆散成两两群组之间的互动组合（二元互动）。这种拆分是一种相对"武断"的近似方式，而且无法计算误差上限。这限制了相应的群组动作识别方法的准确率。因而，在识别广角图像中可能的多个群组的动作时，现有的单一群组动作识别方法及考虑了二元互动群组动作识别方法的识别效果受限。

本书在统一框架下解决广角图像中个人动作识别和群组动作识别的问题：对于个人动作识别，在单幅图像中，与人体动作识别紧密相关但尚没有被充分开发利用的信息是人物之间的互动关系（以下简称互动关系）。互动关系和物品、场景相同，可以作为人物识别的线索。参考常识，生活中人物的动作往往存在相关性并互相提供识别线索。比如，摄影师拍摄人像，意味着模特在摆姿势；篮球比赛中，有运动员在投篮，则有防守者在干扰、队友在掩护、裁判在执法与观众在观看。因此，本书构建一种基于互动关系线索的个人动作识别方法，称为扁平式动作识别方法。该方法使用单层模型，连接关系简单；利用少量互动线索确定人物动作而绕过寻找群组（Group Discovery）的过程。以上特点使该方法具有计算轻量化的优点，并避免寻找群组过程的误差对个体动作识别结果的影响。

对于群组动作识别，本书寻找更合理、可以适用于单幅图像中出现多群组情况的层级模型。该模型对场景、群组动作、个人动作及以上各层级之间的互动关系进行建模，合理表达多元互动关系。基于该模型的层级式群组动作识别方法可以综合利用某个人物自身内在的多个层级之间的关系，以及和周围人物的互动关系，交叉验证信息，实现更准确的群组动作识别。

# 1.2　国内外研究现状

基于图像的人体动作识别（Image-Based Human Action Recognition）和基于视频的人体动作识别（Video-Based Human Action Recognition）属于基于视觉的人体动作识别（Vision-Based Human Action Recognition）的两个分支。基于视觉的人体动作识别是计算机视觉和人工智能领域最经典的内容之一。

研究者们在图像理解领域视野的扩展、世界顶尖研究机构和团队的关注与加入、政府及工业界投入的增加、社会对相关技术需求的日益显现，促使基于图像和视频的人物动作识别研究成果大量涌现。

## 1.2.1　人体姿态估计

人体姿态估计，也称为人体关节点定位，旨在从图像或视频中重建人体的姿态参数。人体姿态估计可以划分为人体 2D 姿态估计和人体 3D 姿态估计，分别在二维空间和三维空间中估计人体关节点的位置。

### 1. 人体 2D 姿态估计

根据输入数据类型的不同，人体 2D 姿态估计可以分为基于图像和基于视频的人体 2D 姿态估计。

1）基于图像的人体 2D 姿态估计

早期的基于图像的人体 2D 姿态估计研究方法多是自底向上基于部件（Bottom-up Part-based）的方法。该方法将人体姿态表征为一系列人体部件的集合，并使用可变形模型（Deformable Model）来描述人体部件之间的空间关系。自底向上基于部件的方法最早可追溯到 Fishler 等人[43]于 1973 年提出的基于图结构（Pictorial Structures）的视觉物体表征方法。随后，Felzenszwalb 等人[44]基于图结构表征方式提出了通用的物体识别模型，从此图结构模型被广泛地应用于物体识别与检测领域。在此基础上，一系列基于图结构模型的方法[43-52]被逐渐提出，并成为人体 2D 姿态估计领域的主流方法。例如，Yang 和 Ramanan[46]基于图结构模型提出了一个通用且灵活的混合模型，通过融入人体部件的朝向信息更好地解决具有铰链结构的人体 2D 姿态估计问题；Pishchulin 等人[47-48]提出了使用 Poselet 先验来强化图结构模型。这些方法主要依赖手工构建的特征（Hand-Crafted Features），如梯度方向直方图（Histogram of Oriented Gradient，HOG）、尺度不变特征变换（Scale-Invariant Feature Transform，SIFT）等，检测人体部件，然后使用动态规划算法得到最优的人体姿态配置。然而对于真实自然场景的图片或视频，受复杂场景、严重遮挡、光照变化和服饰差异等因素的影响，这些方法通常无法得到准确的人体 2D 姿态估计结果。

近年来，随着深度学习技术在图像分类和物体检测等领域取得巨大的成功，越来越多的研究人员尝试将深度学习技术应用于人体 2D 姿态估计。不同于传统的基于人体部件的方法，由于卷积神经网络（Convolutional Neural Network，CNN）可以通过堆叠的卷积和池化操作学习到更高级的、全局的图片视觉特征，基于深度学习的方法通常将人体 2D 姿态估计形式化为自顶向下的关节点位置预测问题。基于深度学习的人体 2D 姿态估计方法已经成为主流，并在真实复杂图片或视频场景中取得了远超传统方法的性能。大规模人体姿态数据集，如 FLIC[53]、MPII[54]和 Microsoft COCO[55]的提出使训练深度网络成为可能。Jain 等人[56]和 Toshev 等人[57]首次通过训练卷积神经网络学习全局的图片特征并预测人体关节点的位置。相比于传统方法需要手工构建特征、训练人体部件检测器、建模人体部件之间的空间关系多阶段处理过程，基于深度学习的方法可以实现端到端（End-To-End）的人体关节点预测，同时具有更好的性能和泛化性。因此，一系列基于深度学习的方法被提出，这些方法致力于设计更加适用于人体 2D 姿态估计任务的网络结构。例如，Belagiannis 等人[58]使用循环神经结构迭代提升结果的准确性；Wei 等人[59]和 Newell 等人[60]分别提出了卷积姿态估计机（Convolutional Pose Machine，CPM）和堆叠沙漏网络结构（Stacked Hourglass Networks，SHNs），它们都将中间层输出的热图（Heatmaps）作为网络下一阶段的输入，从而使网络能够考虑到更大的空间上下文（Spatial Context）信息；随后，为简化网络的训练过程，Li 等人[61]提出了一个新的在线知识蒸馏框架 OKDHP，其通过训练一个多分支网络，能在有效提升人体姿态估计模型预测准确率的同时，减少计算量；Cao 等人[62]基于 CPM 网络结构引入了部件相似性字段（Part Affinity Fields，PAFs）来学习人体关节点之间的关联；Li 等人[63]提出将残差似然估计引入深度卷积网络，通过 flow 方法，估计出模型输出关节的分布概率密度，从而促进模型的回归训练。这些方法都遵循多级级联的网络结构设计，使网络能够捕获到更大的空间上下文信息，从而提升关节点位置预测的精准度。这种设计已成为主流并在许多基于图像的人体 2D 姿态基准测试中表现出了良好的性能。

另外，一些工作[64-68]探索融合卷积神经网络不同层次的多尺度特征用于姿态估计。例如，He 等人[66]和 Chen 等人[64]将特征金字塔网络（Feature Pyramid Network，FPN）[69]应用到人体 2D 姿态估计网络中；Yang 等人[65]设计了金字塔残差模块（Residual Pyramid Module，RPM），在多分支网络中使用不同的子采样率学习特征金字塔；Wang 等人[70]结合两种简单的卷积结构（Fusion Deconv Head 和 Large Kernel Conv），设计了一个新的单分支架构 LitePose，有效增强了姿态估计模型的性能。此外，还有一些方法[71-73]尝试以端到端的方式将卷积神经网络与图结构模型组合起来，显式地对人体关节点之间的空间关系进行约束。例如，Tompson 等人[72]将卷积神经网络和马尔可夫随机场（Markov Random Field，MRF）统一到一个端到端的网络中；Chu 等人[73]提出了利用深度结构化特征学习框架与人体部件的卷积特征图（Feature Map）之间的相关性进行建模。

2）基于视频的人体 2D 姿态估计

尽管基于静态图像的方法可以直接应用于视频数据，但无法利用视频数据中固有的时序信息，因此在视频数据上通常只能获得次优的性能。下面将总结现有的基于视频的方法，分析其如何通过探索视频时序信息来提升基于视频的人体 2D 姿态估计的性能。早期的方法[74-80]通过在图结构模型中添加时间维度上的连接以考虑视频数据中的时序信息。例如，Cherian 等人[77]将基于视频的人体 2D 姿态估计问题转化为具有时空连接的图模型中的优化问题。

最近的一些研究试图将时序线索集成到深度学习模型中。其中最常用的是基于光流（Optical Flow）的方法[81-84]。这类方法使用光流捕获相邻帧之间的几何变换，进而对相邻帧预测的热图进行对齐增强。例如，Song 等人[83]使用光流挖掘视频中的时空信息以克服遮挡、运动模糊等挑战；Pfister 等人[81]利用光流对齐相邻视频帧输出的热图并用于增强最后的预测结果。另外一些方法[85-86]利用循环神经网络（Recurrent Neural Network，RNN）建模视频时序信息。为更好地应对视频中快速运动和姿态遮挡问题，Liu 等人[87]提出了一种新的层次对齐框架，它利用从粗到细的变形来逐步更新相邻的帧，以便在特征级别上与当前的帧对齐，确保有用的互补线索被提取，有效提升了模型应对复杂情况的能力；由于长短时记忆（Long Short-Term Memory，LSTM）网络[88]引入门控机制使其具有更好的长时序建模能力，因此 LSTM 已经成为处理时序数据的主要工具。Luo 等人[86]提出了 LSTM Pose Machine 模型将 LSTM 用于视频人体 2D 姿态估计；Gkioxari 等人[85]提出了基于 CNN 的链式模型，其中人体 2D 姿态不仅仅取决于当前时刻的输入帧，还取决于前一时刻的输出。此外，还有一些方法使用三维卷积（3D Convolution，C3D）学习视频片段的时空表示。例如，Girdhar 等人[89]将 Mask R-CNN 中的二维卷积扩张为三维卷积，从而利用视频片段的时序信息生成更加精确的人体 2D 姿态；为更好地利用视频中的时序信息，还提出了直接从视频预测人体形状和姿态的新方法，即人体估计视频推断（Video Inference for Body Estimation，VIBE）[90]，方法在各方面都有了很大的提升，达到了 SOTA 的效果。

### 2. 人体 3D 姿态估计

人体 3D 姿态估计是指根据单视角和多视角图像重建出人体 3D 骨架的过程。据此可以将人体 3D 姿态估计划分为多视角人体 3D 姿态重建和单目人体 3D 姿态估计。

（1）多视角人体 3D 姿态重建：多视角人体 3D 姿态重建需要对相机进行校准（Calibration），计算出相机的内参（Intrinsic）和外参（Extrinsic），然后利用多个视角下的人体 2D 骨架重建出人体的 3D 姿态。这一领域早期的代表性工作包括基于 3D 图结构（3D Pictorial Structure，3DPS）模型的方法[91-92]和基于视觉几何的方法[93]。

基于 3D 图结构模型的方法会构建一个概率图模型，其中的节点表示人体关节点的 3D 位置，即编码了关节点之间的空间关系。关节点位置的状态空间通常由一个离散的 3D 空间网格表示，每一个位置对应的条件概率为将其投影到人体 2D 关节点热图上的置信度；关节点之间的空间关系通常使用骨骼长度约束或者人体 2D 身体部件检测器的输出表示。最后场景中人体的 3D 姿态通过最大化后验概率推断得到。基于视觉几何的方法使用三角投影算法（Triangulation）通过解一个超定的方程组来计算人体关节点的 3D 齐次坐标（Homogeneous Coordinate）。当人体关节点的 2D 坐标无法被准确估计时，通常使用随机抽样一致算法（Random Sample Consensus，RANSAC）和 Huber 损失搜索最佳解。

最近，一些方法[94-98]将深度学习技术引入多视角人体 3D 姿态重建中以提高算法的强健性。例如，Iskakov 等人[94]提出了一个端到端的卷积神经网络可以直接从多视角的图像输入重建出人体 3D 姿态；Dong 等人[95]提出了一个实时的多人 3D 姿态重建算法，着重解决了多视角多人场景下的人体匹配问题，大大提高了算法的准确性和实时性。此外，还有一些研究[99-100]试图在无标记运动捕捉系统（Markerless Motion Capture System）中获取精准的人体 3D 姿态标注，为单目人体 3D 姿态估计算法提供训练数据标注。近期，Wu 等人[101]结合匹配重建，以及 3D 空间体素化的优势，提出了一种基于图卷积神经网络的、自顶向下（Top-Down）的两阶段算法，该算法包括：3D 人体中心点定位和 3D 人体姿态估计，最终可得到更为精确的输出结果。这些方法虽然使用了深度学习技术，如人体 2D 姿态估计或多视角人体匹配，但其核心的人体 3D 骨架重建算法还是基于传统的 3D 图结构模型或多视角几何。而随着编码器-解码器架构在自然语言处理领域中表现出的巨大优势，研究者们开始尝试引入该架构处理多视角人体 3D 姿态估计问题，Shuai 等人[102]基于 Transformer 架构，将自适应的多视角时间融合转换器用于三维人体姿态估计，并取得了不错的效果。

（2）单目人体 3D 姿态估计：近年来，越来越多的研究工作试图利用单视图输入估计人体的 3D 姿态。一方面得益于深度神经网络强大的拟合能力，另一方面由于多个大规模人体 3D 姿态数据集的构建，如 Human3.6M[103]和 MPI-INF-3DHP[104]，一系列基于深度学习的单目人体 3D 姿态估计方法被提出并取得了极大的进展。不同于多视角人体 3D 姿态重建，由于单视图信息不完备，因此现有方法通常只能估计人体关节点之间的 3D 相对位置[105]，而无法获得人体在世界坐标系或相机坐标系下的绝对位置。

由于人体关节点 3D 位置的标注是一项劳动密集且成本昂贵的工作，除全监督方法外，越来越多的研究关注于弱监督或自监督（Weakly/Self-Supervised）学习范式，即在需要少量或不需要人体 3D 关节点位置标注的情况下有效地训练姿态估计网络。下面将从全监督方法和弱监督或自监督方法两个方面进行介绍。

全监督方法：全监督方法主要致力于设计高效的人体 3D 姿态估计网络结构。现有的方法通常可以分为两类，即两阶段方法和单阶段方法。两阶段方法[105-110]首先使用人体 2D 关节点检测器，如堆叠式沙漏网络[60]和层叠金字塔网络[64]等，获得图像中人体关节点的 2D 位置，然后通过 2D 到 3D 姿态映射网络（Lifting Network）估计人体的 3D 姿态。此类方法的关键在于第二个阶段，即学习到人体关节点 2D 和 3D 位置之间的映射关系，为此各种姿态映射网络被提出。例如，Martinez 等人[105]提出了一个简单的基线网络，该网络虽然结构简单，性能却不错，后续被广泛使用；由于人体骨架具有图结构，Zhao 等人[111]和 Ci 等人[112]尝试使用最新的图卷积网络（Graph Convolutional Network，GCN）学习人体关节点之间的空间关系，实现更加精准的人体 3D 关节点回归预测。此外，还有一些研究[113-116]挖掘视频片段中的时序信息以产生更加平滑的预测结果，而近期谷歌的研究者[117]提出了一个新颖的端到端的深度神经网络，来从单张彩色图片重建具有真实感的穿着衣服的人体 3D 模型。

单阶段方法[118-123]使用端到端的卷积神经网络直接从输入图像中预测人体关节点的 3D 位置。大部分的单阶段方法[104,122,124]采用关节点位置回归的策略。除此之外，Sun 等人[121]提出了积分回归方法，使用 {soft-argmax} 操作以可微分的方式从关节点热图得到关节点的坐标向量，并且同时使用人体 2D 和 3D 姿态数据用于人体 3D 姿态估计网络的训练，大大提高了网络的泛化性。Pavlakos 等人[119]对人体关节点目标位置周围的 3D 空间进行离散化，提出了一种更加自然的人体 3D 姿态表示方法，并训练卷积神经网络预测每个关节点对应体素（Voxel）的概率值。近期，Li 等人[125]指出大多数现有的工作都试图通过利用空域和时域关系来解决这两个问题。然而，这些工作忽略了一个事实，即存在多个可行解（假设）的逆问题，因此其提出一种 3D 人体姿态估计方法 MHF ormer，即 Multi- Hypothesis Transformer，学习多个合理姿势假设的时空表示，最终的表征得到了增强，合成的姿势更精确。

弱监督或自监督方法：单目人体 3D 姿态估计是一个逆图形（Inverse Graphic）的过程，一些研究工作引入相机几何先验构造监督信号[126]以实现人体 3D 姿态估计网络的弱监督或自监督训练。其中，重投影损失（Re-projection Loss）是最广泛使用的技术[113,127-131]，它利用相机投影矩阵通过透视投影（Perspective Projection）或正交投影（Orthogonal Projection）将网络预测的人体 3D 骨架投影回 2D 空间，然后通过计算重投影和输入的人体 2D 姿态的误差构建损失函数。重投影过程可以看作特殊的、没有可训练参数的解码器网络。然而由于投影不确定性（Projection Ambiguity）问题[93,132]，重投影损失无法有效地约束网络的输出。为了解决该问题，现有的方法通常采用以下 4 种策略。

（1）人体骨骼约束：为了避免不合理的预测结果，一些研究[99,113,120]通过约束骨骼长度使预测的人体 3D 姿态满足人体运动学（Kinematics）。例如，Pavllo 等人[113]在目标函数上添加人体骨骼长度软约束作为网络的优化目标。

（2）对抗损失：受对抗生成网络（Generative Adversarial Network，GAN）技术的启发，对抗损失（Adversarial loss）[126,133]被广泛地用于解决投影不确定性问题。对抗损失通过引入真/假人体 3D 姿态判别器来约束网络的输出，使其分布在真实人体 3D 姿态的流形上。Tung 等人[126]提出了对抗逆图形网络（Adversarial Inverse Graphic Network，AIGN），引入重投影损失并使用对抗损失逼近预测与真实 3D 数据的分布，并且该框架可以应用在人体 3D 姿态估计和运动恢复结构等多种任务上。类似地，Wandt 等人[129]提出了对抗重投影网络，利用对抗损失实现了网络的弱监督训练。这些方法在训练过程中通常需要提供额外未配对（无人体 2D 姿态和 3D 姿态对应关系）的人体 3D 姿态标注。此外，Zhang 等人[134]提出 PISE 方法，将完整任务分解为基于 GAN 的稠密动作描述的生成和相应外貌描述的填充，先预测人体部位的语义分布，再补全颜色和问题，提升了整体算法的生成能力。

（3）多视角几何约束：最近的研究[135-138]引入了多视角几何约束训练人体 3D 姿态估计网络。不同于多视角人体 3D 姿态重建方法，这些方法仅在训练阶段需要多视角图像作为输入。例如，Rhodin 等人[136]根据一个视角的图像预测另一个视角以训练编码器-解码器网络，这种无监督的预训练方法可以学习到人体的视觉几何特征，从而更好地用于人体 3D 姿态估计；Kocabas 等人[137]对检测到的多视角下的 2D 关节点位置使用三角投影算法，生成"真实"的人体 3D 姿态，用于训练人体 3D 姿态估计网络；艾青林等人[139]利用几何和运动约束，将特征点分为多种状态，以不同权重进行相机位姿估计。林凯等人[140]利用重投影深度差累积图[141]分割场景动静态区域，以此对特征点进行剔除和静态概率估计，将静态区域特征点和动态区域特征点以不同权重加入位姿优化。

（4）基于字典的方法：上述方法直接回归人体关节点的深度值或 3D 坐标，也有一些方法将人体 3D 姿态表示为一系列人体形状基元的组合，并通过神经网络预测编码向量。这类方法旨在约束所允许的人体关节点坐标空间，使网络在满足人体运动学的子空间内进行预测。例如，Tung 等人[126]在方向对齐的训练集数据上采用主成分分析（Principal Components Analysis，PCA）获得人体形状字典，并将人体 3D 姿态表示为人体形状基元的线性组合；Novotny 等人[142]将人体形状字典视为神经网络线性层的权重，并以端到端的方式与人体 3D 姿态估计网络共同进行学习。最近的一些研究在运动恢复非刚体结构方面（Non-Rigid Structure from Motion，NRSfM）取得了进展，NRSfM 是一种经典的从 2D 关键点恢复 3D 形状的技术。Kong 和 Lucey[143]提出了 Deep-NRSfM 网络以解决多层级稀疏字典学习问题，实现了高质量的人体 3D 姿态重建；Wang 等人[144]提出了适用于 Deep-NRSfM 的知识蒸馏（Knowledge Distillation）算法，实现了人体 3D 姿态估计网络的弱监督学习。Kim 等人[145]通过使用一种简单而有效的正则化方法提出了渐进自蒸馏，通过将前一次的训练完成的模型作为教师网络，实现了人体 3D 姿态估计网络的自适应性调整。

## 1.2.2　基于视频的人体动作识别

从视频的 RGB 帧序列中提取有效的视频时空表示是视频人体动作识别的关键。根据特征提取方式的不同，下面分别介绍基于手工构建特征的方法和基于深度学习的方法。

### 1. 基于手工构建特征的方法

早期的研究致力于理想场景下的人体动作识别。这一时期常用的公开数据集包括 Weizman 数据集[146]、KTH 数据集[147]等，这些数据集中的视频背景相对静止、视角固定，视频中的人体动作由研究人员录制获得。为了实现人体动作的分类，各种手工构建的时空特征被提出[148]，如三维梯度直方图（Histogram of 3D Gradient Orientations，HoG3D）[149]、光流直方图（Histogram of Optical Flow，HoF）[150]和运动边界直方图（Motion Boundary Histograms，MBH）[151]等。基于上述时空特征，一系列人体动作识别方法被提出，这些方法通过统计以时空兴趣点（Spatial-Temporal Interest Points，STIP）为中心的区域内的时空特征构建人体动作表示，进而用于视频人体动作的分类。例如，Wang 等人[152]提出了增强密集轨迹（Improved Dense Trajectory，IDT）沿着视频中密集采样的轨迹点提取视频的表观和运动特征，该方法在所有早期人体动作识别方法中表现最佳。尽管早期的方法针对视频人体动作识别提出了不同的解决方案，并且在早期的公开数据集上取得了不错的效果，但这些方法并不能很好地适用于真实复杂场景下的人体动作识别。

### 2. 基于深度学习的方法

多媒体技术的快速发展使互联网上的视频数据量迅速增长，基于真实场景的人体动作识别受到越来越广泛的关注。多个基于真实场景的人体动作数据集被陆续提出，如 UCF101 数据集[153]、HDMB51 数据集[154]、Hollywood 数据集[155]、Kinetics 数据集[156]等。由于光照、视角、人体外形、背景的变化，以及相机移动等问题，传统的基于手工构建特征的动作识别方法难以在这些数据集上取得理想的效果。最近，得益于深度学习在计算机视觉领域的快速发展，研究人员将深度神经网络用于人体动作识别。Karpathy 等人[157]首次在 Sports-1M 数据集上训练卷积神经网络，在单帧级别识别人体动作。然而现有的卷积神经网络只能对单帧进行建模，缺少直接对视频中的运动信息进行建模的能力。为了建模视频中的时空信息，现有的深度学习方法可以归纳为以下 4 类。

#### 1）双流网络

牛津大学 VGG（Visual Geometry Group）的 Simonyan 等人[158]开创性地提出了双流网络（Two-Stream Network），以 RGB 帧和光流分别作为网络的输入，分别对视频的静态表观信息和运动信息进行建模，并将两个流的预测融合得到最终的识别结果。双流网络首次超越基于传统手工特征的人体动作识别方法，并且后续一系列基于双流网络的改进算法[156,159-163]被提出，极大地推动了人体动作识别领域的发展。Feichtenhofer 等人[159]在双流网络的基础上详细地讨论了不同的时空特征融合策略，通过选用更好的融合策略，进一步提高了双流网络的动作识别准确率；Wang 等人[161]提出了一种层次融合策略，使用双线性融合操作充分地利用时间和空间特征之间的交互关系。主流的双流网络都依赖于密集间隔采样，只能处理较短的时间范围信息；Wang 等人[163]提出时间片段网络（Temporal Segment Network，TSN），该网络使用视频级别的监督信号，将视频分成多个片段，对每一个片段进行采样以更好地挖掘视频中的长时序信息，并且该网络简单有效，成为了通用且强大的基线网络，被广泛使用；Feichtenhofer 等人[162]对双流网络进行了详细的可视化探索，得到了一系列启发性的结论，如跨流（Cross-Stream）融合策略可以学习到真正的时空（Spatiotemporal）特征，而如果仅是两个独立的流，RGB 分支只能学习到表观特征，光流分支只能学习到运动特征。

2）三维卷积网络

为了能够直接利用神经网络从视频原始输入中学习到时空特征，Tran 等人[164]首次提出了三维卷积核，设计了三维卷积网络用于视频人体动作识别并取得了良好的效果。与双流网络相比，三维卷积网络避免了额外的光流计算，但三维卷积核存在着参数量大、计算时间复杂度高的问题，因此网络相对较浅（只有 11 层）。为了解决上述局限性，Qiu 等人[165]提出了伪三维卷积（Pseudo-3D Convolution，P3D），利用 1×3×3 的二维空间卷积和 3×1×1 的一维时域卷积模拟常用的 3×3×3 三维卷积，大大减少了参数量，从而可以实现更深的三维卷积网络（可达到 199 层）。类似地，Carreira 等人[156]提出了膨胀三维卷积（Inflated 3D Convolutional，I3D）网络，将卷积神经网络结构中的二维卷积核和池化核扩展为三维，从而可以无缝地利用 ImageNet 数据集[166]上预训练的参数来初始化网络。这样大大减轻了三维卷积网络训练的难度。此外，该研究总结了主流的人体动作识别模型，并创造性地将三维卷积应用到了双流网络中。Wang 等人[167]提出将音频信号作为多模态信息输入三维卷积网络中进行姿态识别，深受研究者关注。Huang 等人[168]通过量化的方式分析了三维卷积网络是否真正利用了视频中的运动信息，得到结论：现有的三维卷积网络并没有充分地利用视频中的运动信息，仍然有提升的空间。

3）循环神经网络

循环神经网络通过隐藏层的循环连接能够有效地从时序数据中学习特征，因此循环神经网络也被广泛地应用于视频人体动作识别，常用的循环神经网络结构包括长短时记忆（Long Short-Term Memory，LSTM）[169]和门控循环单元（Gated Recurrent Unit，GRU）[170]等。例如，Srivastava 等人[171]使用多层 LSTM 网络学习视频级的动作表示；Richard 等人[172]将输入视频分成片段，使用 GRU 对长时序的复杂视频信息进行建模。由于传统的 LSTM 和 GRU 的输入为特征向量，不能很好地处理图像中的空间信息，Shi

等人[173]提出了卷积长短时记忆网络（Convolutional LSTM，ConvLSTM），将 LSTM 中的全连层替换为卷积层，从而可以更好地学习时空特征。Li 等人[174]将 ConvLSTM 用于人体动作识别，并引入了基于运动的注意力机制。

4）时空特征编码

除上述方法外，深度特征编码也是一类常用的方法，即在视频帧的卷积特征的基础上采用时空编码或池化方法构建全局的视频特征。例如，Lan 等人[175]和 Wang 等人[163]采用了不同的池化方法，即平均池化（Average Pooling）和最大值池化（Max Pooling），融合多视频帧的卷积特征。此外，一些研究[176-178]将基于词袋模型（Bag of Words，BoW）的编码技术，如 Fisher Vector、VLAD 等，整合到卷积神经网络中。这些方法虽然能够得到全局的视频表示，但是构造的视频表示是无序的，没有考虑到视频帧与帧之间的时序和演变关系。Bilen 等人[179]提出了一种时序池化方法，通过优化排序函数（Ranking Function），使用排序函数的参数建模视频的时序演变信息。随着 Transformer 凭借其出色的自注意力机制，能有效提取全局特征，近年来也被广泛应用于视频图像处理领域，如微软亚洲研究院提出的 Video Swin Transformer[180]等纯 Transformer 方法，以及 CNN 与 Transformer 结合形式的方法（如 Uniformer[181]等）。

## 1.2.3　基于骨架序列的人体动作识别

随着人体姿态估计技术的逐渐成熟，上文介绍的最新的人体姿态估计算法可以得到可靠的人体 2D 或 3D 骨架。骨架序列包含了丰富的人体结构信息，并且与表观信息相比，骨架序列对光照变化、复杂背景等问题适应性更强。基于骨架序列的人体动作识别受到越来越多的关注。早期的方法通过手工构建特征建模人体骨架序列的动态信息[182]。例如，Hussein 等人[183]利用随时间变化的人体关节点位置的协方差矩阵作为人体动作描述符；Fan 等人[184]整合人体关节点之间的距离、骨骼的水平和垂直方向、骨骼之间的角度，以及关节点的运动轨迹多种特征构建高级的基于人体骨架的动作描述符。近年来，基于循环神经网络和卷积神经网络的数据驱动的方法慢慢成为主流。基于循环神经网络的方法[185-189]通常将人体骨架数据表示为坐标向量序列，其中每一个向量表示某一时刻人体 3D 关节点的位置坐标。例如，Liu 等人[186]提出了一种新的门控机制 LSTM 用于解决骨架序列中的噪声问题，可以更好地从骨架数据中学习到时空特征。除此之外，一些方法[190-193]使用卷积神经网络处理骨架序列数据，这些方法将人体关节点坐标序列转换成"帧"的形式，然后使用卷积神经网络学习时空特征。由于卷积神经网络相比于循环神经网络有着可并行训练、更容易收敛的特点，基于卷积神经网络的方法近些年来更受欢迎。

基于循环神经网络和卷积神经网络的方法都将人体骨架表示为关节点坐标向量，然而人体骨架本身具有图结构特性，这些方法无法充分地利用人体骨架的结构信息。最近，图卷积网络（Graph Convolutional Network，GCN）[194-197]受到了广泛的关注。图卷积对图上的节点及其相邻节点做卷积操作，并设计特定的规则对卷积结果进行归一化操作。通过这种方式，图卷积网络可以保留输入数据的空间结构，并且实现高效的运算。基于此，Song 等人[198]提出了一种时空上下文感知光流估计网络：STC-FLOW，将包含潜在运动信息的光流信息视为视频中的单尺度动作信息，用于识别人体动作。此外，Yan 等人[199]提出了时空图卷积网络（Spatiotemporal Graph Convolutional Network，ST-GCN），直接将骨架序列以时空图的形式输入模型进行动作分类。该方法首次将图卷积网络应用在基于骨架序列的人体动作识别上，后续基于图卷积的方法成为研究热点，一系列改进方法[200-203]被提出。例如，Si 等人[201]提出了注意力增强的图卷积 LSTM（Attention Enhanced Graph Convolutional LSTM Network，AGC-LSTM），将 LSTM 中的神经元替换为图卷积操作，使 LSTM 能够直接处理图结构数据；Shi 等人[200]提出自适应的图卷积网络能够通过梯度反向传播自适应地学习图拓扑结构。

## 1.2.4　基于互动关系的视觉人体动作识别

基于图像的人体动作识别与基于视频的人体动作识别在技术上不完全独立。视频由连续的图像组成，图像可以视为单帧的视频。基于图像的方法和基于视频的方法在步骤中可以互相借鉴，如在图像中或视频的一帧中提取类似的特征、使用相同的人物检测算法、使用同类的上下文线索。因此，基于视频和基于图像的人体动作识别技术与方法是作为一个整体而发展的。

相比于基于视频的人体动作识别研究，基于图像的研究具有较短的历史（Guo 等人[25]认为基于图像的人体动作识别始于 2006 年[204]）。人体动作识别首先在视频中被提出、研究与发展。相比之下，单幅静态图像中只抓取到某一时刻的动作，这给基于图像的人体动作识别带来巨大的困难。但是，如图 1.1 所示，人类可以很容易地、无偏差地识别出图像中人体的动作，这支撑了开发识别单幅静态图像中人体动作算法的可行性[25]。在网络大数据时代的背景下，互联网上存在大量的图像，自动化分析与识别图像中人体动作的算法具有应用价值。

计算机视觉领域科学家李飞飞领导的美国斯坦福大学计算机视觉与模式识别实验室团队在 2016 年初正式上线了"视觉基因组计划（Visual Genome）"，其宗旨是要把语义和图像结合起来，推动人工智能的发展[205]。李飞飞教授指出，"教会计算机解析视觉图像是人工智能非常重要的任务，这不仅可以带来有用的视觉算法，而且也能训练计算机进行更为高效的沟通。在表达真实世界的时候，语言总是会受到很大限制的。实现图像理解，可以有效地打破这个限制。新一代计算机视觉应该是语义视觉"。识别图像中的人物动作是图像理解及其应用的一个方向，攻克基于图像的人物动作识别问题会成为人工智能研究中的一个里程碑。

## 1. 个人动作识别方法

在基于图像的个人动作识别中，包含单个人物的图像或图像分割块所能提供的低级、直接的特征（如颜色特征、方向梯度特征等）不能足够完备地定义一个动作，即仅使用低级特征不能从其他动作中区分出该动作。因此，个人动作识别通常对低级特征进行一定程度的识别，将识别结果作为高级特征支持个人动作识别。低级特征与高级特征的高低级是指在语义（Semantic）级别中的高级与低级[206]。高级语义相比低级语义具有更抽象的含义和概念。高级特征包含两类：①人体线索，包括整体人体线索（Human Body）和局部人体线索（Body Parts）；②上下文线索（Contextual Cues），包括动作相关物品线索（Activity related Object Cue）、人体-物品互动关系线索（Human-Object Interaction Cue）和场景线索（Scene Cue）。人体线索是个人动作识别的基础，被所有方法用到；上下文线索决定人体动作识别方法的特点与性能上限。以下介绍人体线索和上下文线索发展的现状。

### 1）整体人体线索

整体人体线索是基于图像的人体动作识别的重要线索，实质上是在图像中尽可能准确地找到人物的位置和范围，并从包含人物的图像分割块中提取特征。整体人体线索的人物位置和范围由人体自动探测方法找到[207-211]或人工标注[17,29,212-215]，通常以人物的边框（矩形框或不定型框）标记，在边框区域内的图像上提取特征用于人体动作识别。

最基本的整体人体线索是直接提取人物范围内的低级特征。例如，Li 等人[214-215]定义了一种称为 Ememplarlet 的模板，手动选择和切分边框来获得覆盖面积最小的且包含足够视觉信息来辨认人体和分析动作。他们证实了提取自人体本身区域的低级特征相比于其他区域的低级特征对人体动作识别起主要作用。Wang 等人[204,216-217]使用人体的形状（边界）作为整体人体线索，他们用 Canny 边缘检测方法[218]找到的边缘点集作为特征对人体动作进行聚类或者分类。随着深度学习的发展，Fieraru M 等人[219-221]提出利用深度神经网络学习整体人物的形状，他们将多个关于人体关键点的内容信息注意力机制[222]与 CNN 整合来预估人体边界框。Delaitre 等人[223-224]尝试同时从人体及人体周边提取特征。他们将人体周围 1.5 倍人物面积的区域切割出来，用图像处理的方法调整至统一大小，从中提取低级特征。

其他整体线索从人体范围内的低级特征中提取了一些中层特征和属性。例如，Thurau 等人[13,225]从人体边界内的图像中识别各个肢体的位置，然后以肢体位置分类的方式替代低级特征分类的方式对人体动作分类。他们使用一种非负矩阵分解基集合（A Set Of Non-negative Matrix Factorization Bases）[226]来代表提取的姿势。不同于 Thurau 等人提出的方法，Ikizler 等人[227-230]使用由边缘和区域内特征构建的两种可变条件随机场（Conditional Random Field，CRF）模型[231]提取人物的姿势。Yao 等人[40,232-233]使用支持向量机分类器节点随机森林[234]算法寻找关键区域（Critical Patches），并用一种显著性分布图（Saliency Map）[235]记录找到的关键信息。Yao 等人[236]训练一组基于全局表示属性[237]的二元分类器（是/否），寻找人体属性与其动作间的关联。Tao 等人[238-240]通过训练多个部件检测器，采用"分治"的检测思想，将人体分解，利用每个部件检测器确定各个肢体位置，最后集成各检测器得分推断人体整体信息。后续，Zheng 等人[241-242]对上述方案进行改进，将 CNN 和部件检测器联合学习，以降低计算成本和训练时间。

### 2）局部人体线索

相比于整体人体，与某种动作更直接关联的是人体的某一部分。在区分一些动作时，某些人体部分的位置、姿势的差异会起到决定性作用。比如，拉大提琴和拉小提琴具有相似的整体人体姿态，但在手臂位置和姿势上具有差异。局部人体线索就是更精细地使用人体的姿势，把整体线索中的整体的人体姿势细分成各个肢体的姿势，做出更精细的推断。在实际使用中，局部人体线索可以与整体人体线索共同使用，也可以独立于整体人体线索使用。

一种典型的局部人体线索使用方式是提取肢体的局部特征。比如，Delaitre 等人[223-224]把一个事先训练好的局部人体检测器的打分与其他特征进行融合，使用融合后的特征进行个人动作识别。他们在 Willow Dataset[223]、Sports Dataset[243]和 PPMI Dataset[244]三个数据集上通过实验验证了融合有局部检测器的打分人物动作识别具有更高的准确率。Maji 等人[245-248]、Zheng 等人[35]使用从局部人体中抽取出的 Poselet 特征[95]进行个人动作识别。Poselet 是一种捕获于某种动作中的具有显著性特征的姿势特征。Yang 等人[249-250]使用了一种变种 Poselet，称为粗糙模板 Poselet（Coarse Exemplar-based Poselet），它是一种具有特定动作（Action-Specific）的 Poselet，即每个肢体针对不同的动作会有不同的 Poselet。

另一种典型的局部人体线索是结构化的局部肢体姿势、位置等。比如，Raja 等人

[251]设计了一种带有 6 个节点的图模型来匹配动作标签节点与头、左手、右手、左脚、右脚节点间的关系,该模型使用手脚的位置代表人体姿势。Yao 等人[40]设计了一种 2.5D 图模型,对单一人体图像中人体的动作进行建模,该模型中的节点对应人体中的关键节点,边对应节点间的位置关系。每个节点的信息包括 3D 位置和局部 2D 外观特征。其中,节点 3D 位置的计算方法如下:使用一种人体形象化结构(Pictorial Structure)[252],找到人体关键节点的 2D 位置;使用加入了肢体相对长度限制[253]的人体关节运动(动作)约束(Kinematic Constraints)[254]还原人物可能的 3D 姿势,从而得到深度(Depth)信息;通过计算两幅图像对应的 2.5D 图模型的相似性,识别人体动作。近年来,编码器–解码器结构在多尺度特征融合上的巨大优势在 NLP 领域得到了验证。因此,一些研究[255-257]提出将 Transformer[258]引入人体动作识别领域,旨在将语义信息更丰富的高层卷积特征和低层卷积特征进行融合,以实现更为准确的 2D-3D 人体关键点识别。

### 3)动作相关物品线索

很多人体动作与某种物品相关,如"骑自行车"中的自行车、"打电话"中的电话、"打篮球"中的篮球等。动作相关物品线索通过在图像中找到有关物品,以佐证图像中的人体动作。

绝大多数动作相关物品线索基于物品探测器判断某种物品是否在图中出现。比如,Prest 等人[259]找到图像块的 Objectness[260]计算结果与人体动作之间的关联。Objectness 为某个图像块是某个物品的可能性。这种方法忽略了物品的具体种类,因而可能找到多个与动作相关的候选物品。Sener 等人[27,104,261]提取图像中的多个候选物品区域,使用多实例学习(Multiple Instance Learning,MIL)[262]框架对人体动作进行识别。他们基于 Objectness[260]计算从单幅图像中采样 100 个窗口,并构建相应的特征向量,依据特征向量将窗口聚为 10 类,并用聚类中心作为候选物品区域,最后以相应的 10 个聚类中心构成的词袋进行多实例学习。Yao 等人[36,40,263-264]构建了一个由物品和人体姿势组成的局部模型(Part Model)。物品包括由人体操纵的物品(如自行车)和场景物品(如草地)。他们基于 ImageNet 数据集[265]中给出的含有物品的图像分割块训练可变局部模型(Deformable Part Model,DPM)[266]用作物品探测。Le 等人[26,267]把图像识别出的物品分解为若干组,然后用语言模型(Language Model)给出所有的含有这些物品和某种动作的描述语句。

也有少数动作相关物品线索将物品探测与场景分类整合。比如,Zheng 等人[35]设计的动作分类器同时提取前景物品和背景物体作为线索。

4）人体-物品互动关系线索

人体-物品互动关系线索通过利用人体和物品互动关系，如相对位置、角度等，进一步区分涉及相同物品的人体动作，如骑马与牵马。此外，相比于动作相关物品线索单独识别人体姿势和物品种类，人体-物品互动关系线索同时考虑人体姿势与物品种类的关系，可以提高物品识别的准确性，进而提高人体动作识别的准确性，如"骑马"动作中的马应该在图像中占据相比人更大的面积、"打电话"中的手机应该在图像中占据相比人更小的面积。

简单的人体-物品互动关系线索是直接在计算中加入相对位置、角度、面积等关系的变量。比如，Desai 等人[207-208] 和 Shapovalova[268]等人在他们的动作模型中加入了人体与物品的相对空间布局关系。相对空间布局关系是由 Desai 等人提出的判别模型[269]计算得到的一个六维稀疏二元向量（Sparse Binary Vector）表达。每种相对布局关系互斥地激活该向量中的某一维度。6 种相对空间布局关系包括高于（Above）、在上（On Top）、低于（Below）、紧邻（Next-to）、较近（Near）和较远（Far）。人体动作识别通过计算人体与物品的布局和提前学习到的某种动作的人物与物品的布局匹配得分实现。Prest 等人[259]在他们提出的模型中同时考虑了 4 种不同的空间关系，依据 Objectness[260]的计算结果，从大量候选窗口中找到候选物品。这 4 种空间关系包括：物品与人体的相对大小关系、物品与人体的欧氏距离、物品与人体重叠面积占人体面积的比例、人体与物品相对位置关系。Maji 和 Bourdev 等人[245-247]设计了一种融入人体边框与物品边框相对位置关系的混合模型（Mixture Model）。他们对每种物品学习一个该混合模型中的模式以表达该种物品与人体的可能相对位置关系。Chao 等人[270]提出三分支网络 HO-RCNN，用于提取人体空间关系的特征，最终通过全连接层将视觉和空间特征融合。随后，又有多项工作在此基础上进行优化和改进[271-273]，以便更准确地输出人物交互的相对空间关系。

另一种人体-物品互动关系线索的实现方法是对互动关系建模。比如，Yao 等人[36,244,263,264]提出了一种用来建模人体与物品互动关系的图模型。他们同时对物品与多个局部人体的位置关系，以及物品与原始图像中的证据进行建模。他们的后期模型[36,264]可以对一个人物和多个物品的互动进行建模。Delaitre 等人[224]设计了一种基于人体-物品互动关系表示人体动作的中级特征（Mid-level Feature）。该特征是一棵含有一个根节点和一个叶子节点的树，其中两个节点分别表示检测到的人体和物品。叶子节点的位置和大小取决于其相对于根节点的尺度偏移（Scale-space Offset）和空间形变损失（Spatial Deformation Cost）。

5）场景线索

严格意义上，场景线索是指从图像背景中，即去掉了前景人体和物品（由人体操控的物品）的图像区域中，提取可辅助分析或确定人体动作的信息。实际上，当前景人体和物品只占据较小区域时，也可以不去掉前景，直接在整幅图像上提取场景线索。场景线索的实质是利用某些动作发生在某些特定场景下的事实来帮助动作识别。比如，游泳发生在水中、篮球比赛发生在篮球场上等。

场景线索的一种实现方式是在特征级或者决策级考虑背景中的信息。比如，Delaitre 等人[223]基于"特征袋"（Bag-of-Features）方法研究了分别使用整幅图像的特征、仅人体区域的特征和综合使用两种特征的人体动作识别效果。实验结果表明，结合使用人体图像区域和空间锥形背景（Spatial Pyramids of Background）可以取得更好的人体动作识别效果。Prest 等人[259]和 Sener 等人[27]同时在特征级或决策级加入背景信息。Prest 等人[259]从整幅图像中提取 GIST 特征融入人物姿势特征。Sener 等人[27]通过从整幅图像中提取 HOG、BoW 等多种特征来共同表示场景信息。

另一种场景线索的实现方式是把场景作为动作模型的一部分。比如，Gupta 等人[113,274]设计贝叶斯模型（Baysian Model）对人体动作及其所处的场景进行建模。该模型含有 4 种节点，分别对应场景或事件（Scene/Event）、场景物品（Scene Object）、前景物品/人体操作物品（Manipulable Object）和人体（Human）。Li 等人[33]提出一种从场景节点出发的生成模型，由场景生成图像中的背景特征和物品特征。

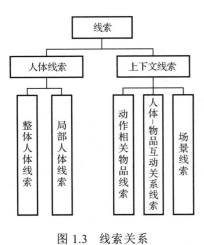

图 1.3　线索关系

图 1.3 中给出了上述线索之间的关系。人体线索（包括整体人体线索和局部人体线索）构成图像中人物动作识别的基础，上下文线索（包括动作相关物品线索、人体-物品互动关系线索和场景线索）决定了人体动作识别方法的特点、适用情形、识别能力上限和识别局限性。在广角图像中，这 3 种上下文线索不能取得令人满意的效果，原因在于，对于动作相关物品和人体-物品互动关系线索，广角图像中出现的物品多且杂乱，这首先导致广角图像中物品种类的识别变得更加困难；更重要的是，这将导致判断物品是否与人物动作相关及与哪个人物互动变得非常困难，甚至不可行。对于场景线索，同一幅图像中的同一背景对于区分这张图片中不同人物的动作无法提出有用信息。因此，本文试图从人物与人物之间互动关系的角度给出一种新的基于人物互动关系的线索。

**2．群组动作识别方法**

群组动作（Group Activity）识别也被称为集合动作（Collective Activity）识别，如 Choi 等人[41,275-276]的研究，或者事件（Event）识别，如 Li 等人[33]和 Wei 等人[277]的研究。本文中将这些研究统一称为群组动作识别。有关单纯基于图像的群组动作识别的论文数量较少，而一些基于视频的方法可以被用于图像中。因此，本节对基于图像和视频的群组动作识别方法共同进行分析。

群组动作识别最早出现于对一些特定群组动作的建模。比如，Intille 等人[278]提出了一种在美式橄榄球视频中依据人物轨迹识别特定群组动作的方法，如进攻、防守等。他们使用贝叶斯网络对这些群组动作进行建模和识别。Kong 等人[279-280]、Li 等人[281]和 Swears 等人[282]分别使用局部运动描述符（Local Motion Descriptor）、时间流型结构（Temporal Manifold Structures）和非固定核隐藏马尔科夫模型（Non-stationnary Kernel Hidden Markov Models）解决这个问题。Zhang 等人[283]提出了一种双层隐马尔可夫模型框架（Two-Layer HMM Framework）对会议中的群组动作进行建模。Ryoo 等人[284]利用局部运动特征建模了视频中由两个人互动产生的动作，如推搡、拥抱等，其动作识别依靠两个双人动作模型间的相似度度量。但手工构建特征的方法无法处理庞大的数据，因而近年来研究者们[285-286]引入深度学习网络对图像或视频进行建模，以实现对外观、姿态、交互等特征的自动化学习和训练。

基于视频的群组动作识别往往依赖于时空特征或者时空描述符：

（1）最典型的特征是轨迹类特征。Khan 等人[287]使用视频中群组人物构成的多边形及其随时间的形变代表群组动作并进行分类。Xiang 等人[288]发表了一种用动态贝叶斯网络（Dynamic Bayesian Networks）对多个人物的轨迹进行建模并识别相应群组动作的方法。Ni 等人[289]提出了一种更有效的在视频中使用人物轨迹识别群组动作的方法。他们同时考虑所有单一人物轨迹、所有一对轨迹之间和整组轨迹之间的因果性（Causality information），综合这些轨迹特征进行人物动作识别。Wei 等人[290]使用时空兴趣点特征（Space-Time Interest Points）识别视频中的群组动作。时空兴趣点效果类似于一种不区分个体的自动多目标跟踪，其工作实质类似于人物轨迹。Chang 等人[291]设计了一种使用多相机（Multi-camera）、多轨迹的方法对群组动作进行分类和识别。Zha 等人[292]进一步发展了基于多相机的群组动作识别方法。Cheng 等人[293]把高斯过程加入人物轨迹分析中，识别视频中的群组人物动作。Choi 等人[41,294]设计了一种统一多目标跟踪与群组动作识别框架（Unified Framework），用来同时跟踪视频中的多个人物，以及识别他们的群组动作。他们利用了人体运动轨迹和人体动作之间的关联来帮助人体动作识别。Khamis 等人[295-296]提出了一种结合每帧线索（Per-frame Cue）和每条轨迹线索（Per-track Cue）的用于视频中的多人动作识别模型，该模型可以用统一方式建模运动轨迹线索和场景类型线索。

随着神经网络的出现，视频场景下的群组动作识别任务，开始引入循环神经网络（Recurrent Neural Network，RNN）[297-299]和图卷积网络[300-301]结构，提炼群组中个体之间的高级语义信息，以及核心事件特征。Li[302]提出了一种基于 RNN 的意图推理模型，以周围个体的运动轨迹信息作为输入，结合个体状态，推断当前个体的运动轨迹。Tran 等人[24,303-304]提出了基于图模型表达和分类视频中多个群组动作的方法，该图模型的节点表示对应人物，边表示人物之间的关联程度。关联程度依照给出的两个人物的 3D 运动轨迹关系计算。但是由于图像中没有轨迹类特征，因此这类特征无法在图像中使用。

（2）除了轨迹类特征，视频中存在一些与时间相关的其他特征。Brendel 等人[305]提出了一种在可能存在模糊、遮挡、动态背景的视频中识别事件（Event）的方法。他们提出在推理一个事件时，完整事件中的时间间隔和时间长度约束对于事件的识别非常重要，并依此设计了一阶概率事件逻辑（Probabilistic Event Logic，PEL）表达事件中的时间约束。Morariu 等人[306]将同样的一阶逻辑用于识别视频中的结构化事件（Structured Events）。其中，结构化事件是指一个事件中涉及的人物严格按照某种显式规则进行活动。Cheng 等人[307-308]设计了一个三层动作模型，使用多核学习（Multiple Kenerl Learning）方法融合人物运动信息和外观信息进行视频中的群组动作分析。Yin 等人[309]设计了一种类似 Cheng 等人[307-308]提出的结构化高斯过程特征表示视频中人物群组的内部结构。随着注意力机制在基于编码器-解码器结构中的广泛使用，研究者意识到引入注意力机制可以提高网络的特征提取能力。因此，Ji 等人[310]使用双向长短期记忆单元（Bi-direction Long Short-Term Memory，BiLSTM）作为编码器，对输入视频的上下文信息进行编码，使用引入注意力机制的 LSTM 作为解码器，在群体动作分析领域取得了优异的效果，但这些特征也无法用于基于图像的识别任务。

（3）基于视频方法也常使用时空描述符。Choi 等人[275]提出了一个经典的用于在视频中表达群组动作的时空描述符（Spatio-Temporal Descriptor）。该描述符沿时间轴收集锚定人物（Anchor Person）周围区域的特征，包括周围的人物分布和人物姿势随时间的变化情况。随后，他们进一步提出了从数据中自动学习时空描述符结构的方法，使该描述符可适应更多数据集[276]。Zhu 等人[311]设计了一种四元描述符（Quaternion Descriptor）描述视频群组动作中互动关系的 4 个元素：外观（Appearance）、动态（Dynamic）、因果（Causality）和反馈（Feedback）。Zhang 等人[312]提出了识别视频中多个群组构成的整体事件的方法，事件包括群组的离散、形成、靠近、接触争斗等。他们通过使用随时间变化的描述群组分布的描述符来识别事件。Li 等人[313]设计了一种紧凑判别式描述符，称为时间特征互动矩阵（Temporal Interaction Matrix），用来捕获视频中的群组运动。该描述符包含一对人物在不同帧中的低级特征之间的关系，学习过程不需要先验知识。近年来，深度学习方法被广泛应用于视频事件识别领域。Xu等人[314]提出了一个融合网络，将视频分成空间和时间两个部分，利用空间流和光流图表示视频中人或物体外表与运动的信息。Lee 等人[315]提出了包含运动模块的运动特征网络 MFNet，该运动模块可以在端到端训练的统一网络中的相邻帧之间编码时空信息。Jiang 等人[316]将 2D 网络作为主干架构，提出了一个简单且高效的 STM 模块用于编码空间和运动信息。Borja-Borja 等人[317]通过一种行为描述向量（Activity Description Vector）得到 LRF（Left Right Frequency）图像和 UDF（Up Down Frequency）图像的数据，并分别输入 Res Net 中进行深度特征的提取，最后将两种特征融合后通过分类器实现群组动作分类。图像可视为只具有一帧的视频，基于图像的方法可以从以上描述符中借鉴思想。

群组动作识别通常需要对多个层级的动作建立动作模型：

（1）基于概率的模型。Li 等人[33]提出了用于事件识别的生成模型，使用概率生成关系表达图像中事件、背景特征和物品特征之间的关系。Ryoo 等人[22]提出了一种随机方法，用于视频中群组动作的表达与识别。其中，表达群组动作的概率描述了群组动作中个人动作在时间、空间、逻辑上的组织方式；人体动作识别通过最大后验概率方式匹配模型与图像中的人物特征得到。Amer 等人[318]提出了一种称为和乘积网络（Sum-Product Networks，SPNs）的统计模型，用来统计视频中特定位置视觉信息特征（Visual Words）出现的频度，并证明这种统计可区分不同场景下的动作。

（2）基于与-或图（AND-OR Graph）的模型。Gupta 等人[37]提出了一种基于与-或图的故事情节模型（Storyline Model），用来识别运动视频中的群组动作。该模型用与-或图描述了构成某种动作的一系列动作之间的因果性（Causal Relationship）。Amer等人[319]提出了一种利用与-或图[320]识别高分辨率视频中多级动作（其中包括群组动作）的方法。高分辨率视频拍摄更大的场景，包含多种不同的动作，可对视频进行放大（Zoom-in）以找到更细节的特征。他们使用了一个三层与-或图建模群组动作。

（3）多层判别模型。Lan 等人[42,321-323]提出了一系列带有隐变量的判别模型配合支持向量机的方法识别图像[321-322]或视频[42]中的群组动作。他们在判别模型中包含了每个个人动作标签和这个人的图像特征向量的匹配得分（Image-Action Potential）、个人动作标签与群组动作标签的匹配得分（Activity-Action Potential）、每对个人动作标签的匹配得分（Action-Action Potential）和群组动作标签与全图特征向量的匹配得分（Image-Activity Potential）。Kim 等人[324]提出了一种基于显著子事件的判别组群上下文特征（Disentangled Graph Collaborative Filtering，DGCF）模型来识别群组动作。多个人物之间的互动关系由所有可能人物对之间的动作标签之间的匹配得分和来表达。他们在基于图像的方法[321-322]中默认每幅图像只含有一个群组动作，在随后提出的基于视频的方法[42]中加入了两个群组动作标签的匹配得分（Activity-Activity Potential），多组互动关系表达为群组两两匹配的得分和。该方法隐藏节点的结构可以自动学习，可以识别多级别的人物动作（个人动作、群组动作）。Kong 等人[325-326]设计了一种基于生成互动短语（Interactive Phrases）描述视频中两个人物之间互动关系的判别模型。该模型给出包括上肢、下肢的互动信息描述。上述方法虽然能够构建交互关系，但提取的交互关系依然是浅层的、单层次的，为了获取紧凑细致的交互关系表征，Ibrahim 等人[327]通过关系层来细化关系图，并且将关系层中每对单独的交互特征都映射成一个共享的新特征，并借助去噪自动编码器变体，推断上下文交互信息实现对群组动作的识别。Zhao 等人[328]将判别模型配合支持向量机框架[42,321-323]用于图像中的人体动作识别。与 Lan 等人[42,321-323]相似，Zhao 等人[328]用累加两两人物之间互动关系的方式计算多个人物之间的互动关系。Chang 等人[329]提出了一个相似互动模型（Similar Interaction Model），用于图像中群组动作的识别。该模型使用某个人物与周围人物及场景的互动模式定义人物动作；提出人物联合上下文特征（Person-joint-context）和基于优化的相似度计算的方法识别新图像中的人物动作。Chang 等人[330]在他们以往研究[329]的基础上提出了一种仅依靠个人与个人之间（Person-Person Interaction）的原子动作（Atomic Activity）互动模式识别视频中群组动作的方法。为更加关注群组中的关键人物，研究者们[331-333]尝试引入注意力机制处理群组动作识别问题，王传旭等人[332]提出基于注意力机制的网络模型来提取图像特征，使用"循环注意力"在活动的不同阶段辨认出关键人物，为场景中的人物分配不同的注意力权重，使时空特征更具代表性，进而提升模型泛化性。Tang 等人[333]通过 CCG-LSTM 模型捕捉与群组动作相关人物的运动，并通过注意力机制量化个体动作对群组动作的贡献，通过聚合 LSTM 聚合个人运动状态，从而实现对群组动作类别的判断。他们证明了计算个人–个人互动在群组动作识别中具有重要作用，甚至仅依靠个人–个人互动模式、不依靠其他常用过程（如个人动作识别、轨迹跟踪等）就可以达到媲美已有方法的识别准确率。该方法可以自动归纳一种群组动作中个人与个人之间的互动模式。Zhao 等人[334]提出了一种同步群组动作识别的方法[335]，用于自动标注手机视频（Mobile Videos）中的群组动作。

（4）基于随机场的模型。Amer 等人[336]提出了一种层级随机场模型（Hierarchical Random Field，HiRF），用来捕获视频中范围变化大、高阶依赖的视觉特征之间的关系，从而识别视频中的群组动作。该方法是对条件随机场模型（Conditional Random Field）[337-338]的变化与应用。

除此之外，还有其他模型用于解决群组动作识别相关的不同问题。Mehran 等人[339]设计了一种社团关系力模型（Social Force Model），用来判断一段视频中是否出现异常群组动作。他们定义社会关系力为视频中各人物之间相互关联紧密程度的大小，并通过社团关系力的异常变化发现异常动作。London 等人[340]使用链式损失马尔可夫随机场（Hinge-loss Markov Random Fields，HL-MRFs）依靠高层级的推理提升底层级动作特征检测器的准确性，HL-MRFs 是一种连续实数值图模型（Continuous-valued Graphical Model）。Antic 等人[341]提出了一种最大边距多实例学习方法（Max-margin Multiple Instance Learning）来识别视频中的群组动作。该方法不关注人物位置，只关注人物采样特征。它可以学习构成群组动作的个人动作分量，以及学习多个群组动作之间的差别。Deng 等人[342-344]设计了一种基于深度神经网络的层级模型，用于识别监控视频中的群组动作。他们使用深度神经网络识别个人动作，之后使用神经网络模拟基于概率的方法计算构成一个群组动作的个人动作两两之间的匹配得分。Kirill 等人[345]从自然语言处理中借鉴 Transformers 建模时序信号提取特征的方法，提出了一种 Actor-Transformers 模型，提取每一个活动参与者（Actor）的 2D 姿态表示和 3D CNN 表示，将其输入 Transformers 模型中。Hu 等人[346]指出，在群体活动识别中，少数关键人物动作定义了活动类别，模型应该强化重要人物的动作特征，抑制无关人物动作特征，并提出使用强化学习提取渐进关系，进行群体活动识别。Gori 等人[347]提出了一种基于机器人第一视角视觉视频的多类型人物动作识别方法。该方法使用一种称为关系历史图（Relation History Image，RHI）的统一中层描述符（Mid-level Descriptor）表达多种类型的人物动作，包括个人动作（第三视角个人动作）、双人动作及某个人物与该机器人的互动动作（第一视角个人动作）。统一中层描述符使该方法不需要先验知识判断每个人物所参与的动作类型。

除了动作识别，也有些研究在广角图像中关注其他问题。例如，群组发现问题：Amer 等人[348]从一个新的角度研究视频中出现的多个人物，判断一个人物应该属于多个群组中的哪一个。他们提出了一种链式模型（Chain Model）来解决这个问题。Odashima 等人[349]关注了在含多个人物的广角图像中人物分组（Localization）的问题，即判断一个人物应该属于图像中出现的多个群组中的哪一个。他们提出了一种上下文空间锥模型（Contextual Spatial Pyramid Model，CSPM），用于捕获场景中人物动作之间的关系，并划分群组。Kaneko 等人[350]在他们之前的图像中人物分组的方法[349]中加入时间特征和全连接的条件随机场（Fully Connected Conditional Random Field）模型，从而在视频中找到人物分组。Choi 等人[351]也对图像中的人物分组问题进行了研究，提出了从 2D 图像数据中学习人物 3D 互动模式的方法，并依此找到发生互动的人物群组。例如，Ehsanpour 等人[352]认为通常情况下，社会群组需要被分成若干子群体，每个子群体可能从事不同的社会活动，该算法首先识别单人动作，再将场景特征和群组特征合并，构成整体场景特征，进而分类得到群组的动作属性。其他相关的问题，比如 Li 等人[353]提出一种依据个人对之间的互动模式，发现多人大场景视频中与小场景视频中相似的互动群组。Raptis 等人[354]提出了一种在视频中找到双人互动关键姿势的方法，通过对包含关键姿势的关键帧的描述表达视频中的人物动作。Fu 等人[335]提出了一种用于在视频中同步识别群组动作的方法。他们使用个人动作特征、一定区域内其他人物的动作特征与目标人物动作标签的匹配得分，以及动作时长（Activity Duration）共同识别视频中的动作。

综上所述，对于广角图像中人物动作识别的问题，现有的群组动作识别研究存在以下局限性：

（1）在已发表的研究成果中关于图像中群组动作的研究较少，可供借鉴的方法很少。主要因为，相比于视频，图像中可以提供的信息量少，给识别个人动作，以及更复杂群组动作带来了巨大困难。在基于图像的群组动作识别研究中，可以使用的公共数据集少，可以直接对比的方法和实验结果少。考虑到基于图像人物动作识别的应用前景，该领域研究欠发展的情况是本书选题的动机与为相关学科发展做出贡献的契机。

（2）时空特征在基于图像的群组动作识别中无法使用。在基于视频的方法中起到关键作用的时空特征，如人物轨迹[278,281-282,287,290]、各种运动描述符[275,279-280,290,307-308]、上下文描述符[41,294-296,330]等，在图像中不再可用。这导致了基于视频的方法无法被直接应用到基于图像的研究中。这是图像中可用信息少的具体体现，也明确了基于图像研究的核心是尽可能有效地充分利用单幅图像中提供的有限信息。

（3）现有动作模型在表达多元（包括群组和个人）互动关系时存在局限性。现有动作模型（包括基于视频和基于图像的模型）主要建模一个群组动作内部之间的关系[283,287-288,321,323]、一对动作（群组或个人）之间的互动[279,284,325-326]关系，多元互动被拆分成二元互动之间的累加[24,42,303-304,328,334]。前两种建模方式无法表达单幅图像中出现多个群组的情况；第三种方式的简单拆分只是一种近似，没有数学依据，其误差会随着参与互动的人物或者群组数量上升而上升，且无法估计误差上限。

为此，本书设计了一种可以有效表达广角图像中可能出现的多个群组、多种动作的层级模型。该模型可以表达群组与场景之间的互动关系、多个群组之间的互动关系，以及群组内部多个人物与人物之间的互动关系。

## 1.2.5　视频群体动作识别

### 1. 基于上下文线索的群体动作识别方法

1）多镜头上下文

随着互联网的发展与硬件的升级，在校园和机场等公共场所几乎都建立了提供更大视野的多摄像机监视系统。因此，在多摄像机场景下解决群体活动识别的算法存在着广泛的社会需求，少数研究者开始对多镜头上下文进行探索。为了检测和预测可疑的危险动作，Chang 等人[355]使用多摄像机中拍摄的多个轨迹来提取个体的时空特征，并同时考虑两种用于对个体进行分组的方法，即聚集聚类和决定性聚类，使用相异性来度量跟踪目标之间的距离。该算法具有极高的应用价值，与实时运行的系统集成在一起，可以成功地检测出惩戒人员在模拟监狱环境中实施的非常真实的攻击行为。Zha 等人[356]提出了一种用于多摄像机群体动作检测的新方法，可以同时利用摄像机内部和摄像机之间的上下文无须进行拓扑推断直接通过优化图模型的结构自动探索上下文结构。他们提出了一种新的时空特征以表征某个区域中运动的数量和外观，该特征对群体动作的表示非常有效，并且易于从动态且拥挤的场景中提取。多摄像机的视频监控能够避免单一角度存在的视觉盲点问题，但是如何有效地整合多个不同角度和距离的视频内容依然存在着难以突破的挑战。为了更好地在群体动作识别中学习角色的时空关系，Dual-AI[357]提出了一种独特的双路角色交互框架，能够灵活地用不同的顺序调度空间和时间 Transformer，从不同视角中获取有用信息来增强角色关系。

2）交互式上下文

上下文线索是解决计算机视觉领域问题常见的突破点。对于上下文线索，个体的动作识别问题更加关注背景中物体与动作的关系，如寻找篮球对于识别打篮球这一动作非常重要。与个体的动作识别不同，周围人物的动作是识别群体中每个个体动作的重要线索。Choi 等人[358]利用场景中行人的空间分布，以及他们的姿态和运动，以实现强健的动作识别。为了在群体中检索个体动作，Lan 等人[359]引入了一种新的特征表示，即动作上下文（Action Context），将个体自身的动作与周围人物的动作融入编码中。在动作上下文的基础上，Kaneko 等人[360]提出了相关动作上下文（Relative Action Context）描述符，引入人物之间的相对关系（如在过马路的时候人物的朝向是相同的），该描述符具有视角不变性，能够与动作上下文互补，提高识别效果。但上述方式集中在利用单一的一种上下文来标定整个特征通道，很难适用于处理不同的视频活动。因此，Hao 等人[361]提出使用成对时空关注来重新计算跨轴上下文的特征，该方法将特征通道分解为若干组，并在不同的轴向上下文下分别并行细化。

个体之间的交互信息是构建群体动作上下文的另一条重要线索。Lan 等人[362]提出了一个自适应的隐式学习框架，致力于学习群体与个体、个体与个体之间的上下文交互信息，从而构建出融合了自身动作与他人动作的动作描述符。Ramanathan 等人[363]在研究中引入社会角色的概念，提出了一个条件随机场模型（CRF），以构建社会角色之间的交互，能够同时完成群体动作分类与角色发现两项任务。2011 年，Choi 等人[364]认为群体动作是个体在时间和空间上相干动作的共同体现。基于这一思想，作者通过随机森林结构对输入视频的时空区域采样，使用 3D 马尔可夫随机场以定位场景中的群体动作。次年，Choi 等人[365]再次提出了一个统一的框架，该框架能够同时追踪群体中的人物和评估群体的动作。该框架证明了集体活动中的上下文线索能够增强目标追踪的强健性；反过来，目标的估计轨迹与群体动作的标签能够帮助构建人物之间更准确的交互信息。这些方法大多数使用图模型来构建群体内部的交互结构，以表达群体各个部分的相互关系。近期，李骏等人[366]提出使用时间上下文模块，在增强时序信息的基础上，通过建立多个个体关系图来模拟个体之间的相互关系，将每个个体的全部特征描述为图模型的每个节点，通过图模型的推理，完成动作分类。Shu 等人[367]利用时空 AND-OR[368]图模型对群体、事件和人物角色进行联合推理。事实证明，在深度学习之前，基于图模型的方法在一定程度上能够有效捕获群体内部个体之间的交互式上下文信息，从而得到更具判别力的视频特征表达。

交谈场景中的上下文线索如图 1.4 所示。

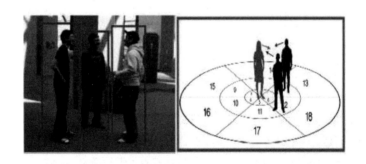

图 1.4　交谈场景中的上下文线索

## 2．基于层次时序的群体动作识别方法

与个体动作识别不同，群体动作识别需要在多人特征上进行推理。因此，如何设计出能够区分群体动作的时空进化是该任务的一个关键挑战。其中，LSTM 已经被成功应用在序列任务中，如语音识别、图像字幕生成。对于群体动作识别任务，一些学者已经尝试使用 LSTM 去构建一个层次结构表示，从而推断出个体动作与群体动作。图 1.5 为群体动作识别中经典的两阶段 LSTM 结构，使用层次结构分别构建个体与群体两个层级的时序进化。

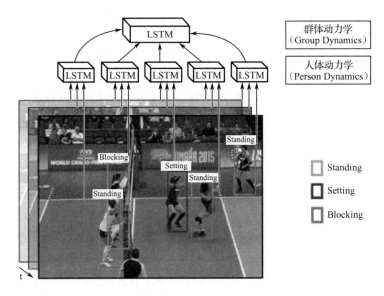

图 1.5　基于两阶段 LSTM 的群体动作识别框架

Ibrahim 等人[369]提出的两阶段层次的深度时序模型（Hierarchical Deep Temporal Model，HDTM）就是群体动作识别任务中的第一个两阶段 LSTM 方法，为后续工作提供了研究基础。在第一阶段中，该模型以个体的特征作为输入，使用个体层级的 LSTM 对个体的动作进行建模；在第二阶段中，一个群体层级的 LSTM 用以融合个体层级的信息，从而形成群体动作的整体特征。除个体层级与群体层级的交互外，群体动作还与子群体（Sub-Groups）之间的交互存在密切关联。在前一工作的基础上，Wang 等人[370]提出了一种基于 LSTM 网络的递归交互式的上下文建模方案。通过利用 LSTM 的信息传播/聚集能力，该方案统一了单人动态信息、群体内部和群体之间的交互特征的建模过程，使用上下文编码器生成个体层级、群体层级与场景层级的交互上下文。现有的群体动作识别领域的公共数据集存在规模太小的问题，导致难以训练一个强健的 LSTM 框架。针对这一问题，Shu 等人[371]提出了一个置信能量递归网络（Confidence-Energy Recurrent Network，CERN），该网络通过引入置信度和基于能量的模型，扩展了 LSTM 框架的两级层次结构，从而允许能量网络层在 CERN 中的所有 LSTM 上能够获得强健的端对端的训练。但是上述方案没有考虑到，往往群组中只有一个核心人物，其他关键人物应该根据与核心人物的相关性来定义。因此，为了解决以上问题，Liu 等人[372]提出了一种新的基于深度学习的网络架构，结合层级关系网络和关键人物建模，首先提取每个群组成员的时空特征，经 LSTM 后进一步利用视频的长时序上下文关系，形成组群的时空级联特征；同时，定义群组中运动特征最强的一个成员为核心人物，依据与核心人物的空间距离和运动特征相关性，定义其他关键人物；再将所有关键人物的特征输入 Bi-LSTM，学习关键人物之间隐含的交互关系来进行群组识别。

由于群体动作自身的复杂性，该问题还可以从多个角度进行考虑。从文本的角度考虑，群体动作可以从一系列的句子描述中推断出来。基于这一思想，Li 等人[373]展示了一个基于语义的结构（SBGAR）。在第一阶段中，通过一个 LSTM 模型生成每个视频帧的字幕；在第二阶段中，另一个 LSTM 模型通过视频帧序列对应的字幕来预测群体动作。这是第一个跨模态的群体动作识别方法，并取得了当时最先进的成果。从群体动作的局部子事件考虑，不同的群体动作中存在相同的局部个体动作，从而导致群体动作的误分类问题。为了降低容易混淆的个体动作的影响，Kim 等人[374]提出了一种考虑显著子事件的可判别群体上下文特征（DGCF）。个体动作和子事件特征被同时考虑，通过门控循环单元（Gated Recurrent Units）以构建视频整体的时序进化。与单人动作识别，只需要单一标签相比，群体动作识别存在需要手工标记大量个体动作的问题。为了解决该问题，Gammulle 等人[375]首次尝试将 GAN 引入群体动作识别任务中，提出了一种基于 LSTM 架构的多层级序列生成对抗网络（MLS-GAN）。这种方法不使用人工标注的个体动作，而是通过生成对抗网络自动学习与最终群体动作相关的适当子动作。在该子动作的学习中，生成器用个体层级和场景层级的特征序列进行训练以学习动作表示，判别器则用以完成群体动作识别任务。从体育运动视频中复杂的多人运动表示考虑，Wu 等人[376]提出了一种全局动作模式。全局动作模式是通过光流算法提取得到的，然后作为 CNN 和 LSTM 网络的输入，用以构建事件中的空间与时序特征。该方法进一步扩展了 GMP 框架，以两阶段的方式对篮球运动事件进行分类。在第一阶段中，利用事件发生时的片段和事件发生后的片段分别对事件进行分类和判断一次进攻的成败；在第二阶段中，将事件分类结果与进攻执行成功或失败的分类结果相结合，得到事件分类的最终结果。

综上所述，LSTM 框架的两级层次结构能够有效构建个体层级的动作与群体层级的动作。然而，这类方法忽略了不同个体的动作是同时发生的，在时间维度上是存在交互关系的。因此，面对存在丰富交互关系的场景，这些群体动作识别方法难以构建准确表达全局场景的群体动作表示。

### 3．基于深度关系的群体动作识别方法

建立个体之间的关系对于识别高语义层次的群体动作非常重要。然而，群体动作识别任务要求只有个体动作和群体动作标签情况下分析群体动作，故构建个体之间的关系是群体动作识别中的一个挑战。丰富的语义关系在大量的视觉识别工作中起到关键作用，在群体动作识别领域，许多研究已经探究了如何捕获场景中个体之间的上下文信息与交互关系。传统方法还需要考虑提取到的视觉特征的通用性，而深度网络能够自动学习到更加通用、有效的视觉特征，基于深度网络的方法更加关注如何利用多层神经网络来构建模型场景中复杂的关系。

2015 年，Chang 等人[377]对人与人之间的交互进行建模，构建交互矩阵来度量群体中任意一对动作之间的联系，通过组合这些度量来建立一个交互响应（Interaction Response）模型，从而学习人与人之间不同的交互模式。除了个体之间的联系，群体动作中的关系还可以从群体与场景等多个角度进行分析。2015 年，Deng 等人[378]展示了一个基于神经网络的层次图模型，能够同时识别监控场景中的个体动作与群体动作。该模型通过一个多层感知机来捕获个体动作、群体动作和场景标签的依赖关系，并且将消息传递与推断识别结合到一个统一的框架里面。次年该工作得到进一步扩展，该模型[379]（见图 1.6），被称为结构推理机（Structure Inference Machines），其将图模型与深度卷积神经网络统一到一个框架中，利用递归神经网络在个体之间传播信息，通过在节点之间设置门控函数来学习适当的推理结构，从而形成群体动作的高层次概念。此外，该方法中的门控函数能够抑制场景中无关人物的影响，增加模型对群体动作的表达能力。尽管上述工作取得了积极的成果，但基于图模型的方法在健壮性、互操作性和可伸缩性方面受到限制。因此，Duan 等人[380]提出了一种基于骨骼的动作识别新方法 PoseC3D，它依赖于 3D 热图堆栈而不是图形序列作为人类骨骼的基本表示，该方法在学习时空特征方面更有效，对姿态估计噪声的强健性更强，并且在跨数据集设置中泛化效果更好。针对群体动作分析，检索是另一项具有挑战的任务，并且可以识别任务与共享个体特征。2018 年，Ibrahim 等人[381]提出了一个层次关系网络，以监督与无监督两种学习范式来完成分类与检索任务，并且以共享计算的方式提取出个体特征以生成关系表示。

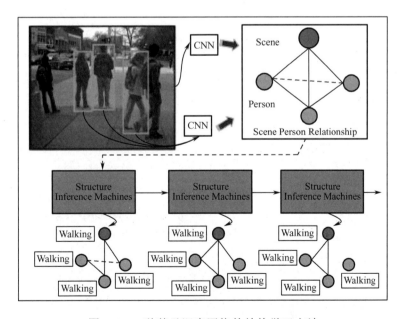

图 1.6　一种基于深度网络的结构学习方法

随着图模型在构建群体中交互信息工作的推进，许多学者以交互模式作为模型的推理方式，引入包含交互信息的语义关系的概念。在交互信息的基础上，Qi 等人[382]

提出了结合时空注意力机制和语义图的模型（stagNet），利用注意力机制以寻找视频中的关键场景，以及场景中的关键任务，采用带有结构化 RNN 的语义图进行时空要素共享与消息传递，从而对个体之间的空间关系进行推断。值得注意的是，stagNet 对群体动作分析设计了个体层级的空间注意力和视频帧级别的时间注意力，分别用以自动挖掘关键人物和关键帧。群体动作中除了个体自身执行的动作，多个个体的空间相对位置也是影响关系构建的重要因素，然而上述的方法都没有考虑空间位置这一线索。Azar 等人[383]提出了一种端对端的深度卷积神经网络 CRM（Convolutional Relational Machine），能够利用图像或视频中人物之间的空间关系来识别群体动作。该模型能够通过个体和群体两个层级生成群体的空间表示，并通过多阶段细化组件来减少空间表示中的错误预测，最终生成准确的群体表示。Hu 等人[384]提出了一种基于深度强化学习的渐进式关系学习框架，包含特征蒸馏和关系门控两个代理模块，其中特征蒸馏代理逐步细化群体动作中的低层次特征，关系门控代理会在语义关系图中进一步细化高层次关系。Wu 等人[385]同时关注到外观关系与位置关系，采用稀疏采样视频帧的方式高效地建立视频的动态进化，以图卷积网络（Graph Convolution Network，GCN）的方式推理人物之间的相关关系。

# 1.3　研究内容

本书针对图像或视频数据，主要研究个体动作识别和多人动作识别。这些研究在计算机视觉及人工智能领域中极富科研价值与应用前景。本书得到了国家自然科学基金项目、国家重点基础研究发展计划项目，以及北京自然科学基金的大力支持。

本书的主要内容如下。

（1）针对现有基于深度学习的人体 2D 姿态估计方法无法高效地挖掘视频时序一致性信息的问题，本书提出了时序一致性探索（Temporal Consistency Exploration，TCE）模块，它使用可学习的偏移量字段在特征级别捕获相邻帧之间的空间几何变换。与现有的基于模型的方法相比，TCE 模块可以显式地在端到端的网络中建模视频中的时序一致性信息；与现有的基于后增强的方法相比，TCE 不需要额外的光流计算，是一种更加高效的方法。此外，本书将 TCE 与空间金字塔紧密集成，提出了多尺度 TCE 模块，有助于探索多尺度空间上的时序一致性。本书提出了基于视频的人体 2D 姿态估计网络，该网络在编码器-解码器网络结构的基础上融合了用于探索时序一致性的多尺度 TCE。实验结果表明，该网络在视频人体 2D 姿态估计精度和计算效率上都取得了较好的表现。

（2）针对现有的弱/自监督人体 3D 姿态估计方法需要额外标注的问题，本书提出了一种完全利用几何先验知识，不需要任何人体 3D 关节点标注的自监督人体 3D 姿态估计方法。为此提出了变换重投影损失，可以在网络训练的过程中利用多视角一致性信息有效地约束人体 3D 姿态。同时它使用 2D 关节点预测的置信度来集成多个视角的重投影损失，以缓解自遮挡问题造成的影响。此外，本书引入了根位置回归分支，在训练期间恢复人体 3D 姿态的绝对位置，从而保留重投影人体 2D 姿态的尺度信息，有效地提高了人体 3D 姿态估计的精确度。最后，本书提出了基于多视角一致性的网络预训练技术，使得双分支网络可以有效且快速地收敛。实验结果表明，该方法与最近的弱监督或自监督方法相比，取得了更好的性能。

（3）针对上述基于多视角信息的自监督方法仍然需要标定相机外参的问题，本书提出了基于一致分解网络的自监督人体 3D 姿态估计方法。该方法将人体 2D 姿态分解为与视角无关的标准人体 3D 姿态和相机视角，从而得到不同视角间的几何关系，同时克服投影不确定困难。为了将两部分充分解耦，本书利用多视角信息设计了一个简单且有效的损失函数用于约束标准人体 3D 姿态。此外，为了重建出强健的标准人体 3D 姿态，本书将人体 3D 姿态表示为一系列人体形状基元的组合，并利用人体 3D 姿态的几何信息，通过解决运动恢复非刚体结构问题从人体 2D 姿态数据中学习层次化字典。该层次化字典在不需要人体 3D 姿态标注的情况下即可获得，且具有更强的表达能力。实验结果表明，该方法可以最大限度地解耦人体 3D 形状和相机视角，并重建出精确的人体 3D 姿态。

（4）针对基于视频表观信息的人体动作识别方法易受背景、光照等因素影响的问题，本书提出了基于多时空特征的人体动作识别模型。该模型同时考虑视频表观和骨架序列信息用于人体动作识别。针对表观信息，本书提出了多层级的特征聚合网络，充分利用卷积神经网络强大的分层表示，采用深度监督的方式对多层级特征进行聚合、构建多层级视频表示。对于每一个层级，对特征每个空间位置的时间演变信息建模，并使用 VLAD 算法将其编码为基于元动作的语义级视频表示。针对骨架信息，利用图卷积和时序卷积从人体骨架关节点序列构成的时空图中自动学习强健的时空表示。实验结果表明，该方法可以构建有效的表观时空特征和骨架时空特征，取得了更准确的人体动作识别结果。

（5）针对广角图像个人动作识别的多层模型连接关系复杂、计算量大的问题，本专著提出一种基于全局-局部线索整合算法的扁平式动作识别方法，构建了单层线索模型，对图像中人物动作之间的互动关系进行建模。它采用特征子空间度量算法计算人物动作相关性，利用有效互动关系线索确定人物动作，该方法因不寻找群组过程，从而避免了其冗余计算和额外误差。

（6）针对广角图像群组动作识别现有的层级模型用二元互动关系组合近似计算多元互动关系带来的误差问题，本书提出了一种层级式互动关系分析方法，构建混合群组动作生成模型，以层级之间的生成关系对多元（包括群组和个人）互动关系进行统一建模，提出基于混合群组动作生成模型。本书提出的层级式动作识别方法，利用多层级关系的综合分析和交叉验证，获得了更准确的人物群组动作识别结果。

（7）针对视频中群体间存在动作相关性的特点，本书提出了融合动作相关性的视频群体动作识别方法。首先设计了一种面向群体动作识别的动作关系推理算法，基于群体场景中复杂的关系结构，以及人物之间的空间相对位置，通过多层局部关系图（Local Relation Graph，LRG）网络推理建立人物之间的动作关系，为群体动作分析提供局部上下文信息；然后构造整合多个视频帧中内容的聚合模块，从时间和空间两个维度同时编码，将融合动作相关性的个体表示的描述符空间划分为若干个元动作单元，以残差向量的形式进行聚合，从而形成更加合理、简洁的时空表示。该特征能够同时捕获群体在时间和空间维度上的动态变化，有效地增强对视频群体的表示能力；进而通过群体动作分类网络将动作表示、动作关系与时空表示三条线索融合到一个统一的框架中，构造端对端的深度模型。该建模过程从多个层次分析群体动作，有效地结合了局部信息和全局表示，获得更准确的视频群体动作识别结果。

## ✅ 1.4　本书结构安排

围绕上述研究内容，本书的结构安排如图 1.7 所示。

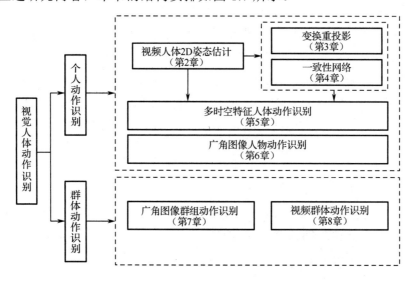

图 1.7　本书的结构安排

　　第 1 章概述本书相关研究内容的背景和研究意义。本章围绕研究目标分析相关研究现状，并概述了本书的主要研究内容和结构安排。

　　第 2 章研究视频人体 2D 姿态估计，建立基于时序一致性探索的视频人体 2D 姿态估计计算框架。

　　第 3 章研究自监督的人体 3D 姿态估计，建立两阶段的人体 3D 姿态估计计算框架：第一阶段为人体 2D 姿态估计，第二阶段为 2D 到 3D 姿态映射，其中第一阶段基于第 2 章提出的人体 2D 姿态估计计算框架。

　　第 4 章研究基于人体形状和相机视角分解的自监督人体 3D 姿态估计方法，解决第 3 章所提出的计算框架在训练时仍然需要相机标定外参的问题，是第 3 章的进一步拓展。

　　第 5 章研究视频人体动作识别，在上述人体姿态估计研究的基础上建立了基于表观和骨架多时空特征的人体动作识别计算框架。

　　第 6 章研究广角图像人物动作识别，提出基于人物互动关系的扁平式人物动作识别方法。

　　第 7 章研究广角图像群组动作识别，提出基于人物互动关系层级式群组动作识别方法。

　　第 8 章研究视频群体动作识别，提出融合动作相关性的视频群体动作识别方法。

　　第 9 章对本书研究的领域做了总结和展望。

扫一扫看本章参考文献

# 第 2 章
# 基于时序一致性探索的人体 2D 姿态估计

## ✅ 2.1 引言

人体 2D 姿态估计是计算机视觉领域的一项基本任务，有着广泛的应用场景。例如，人体动作识别[1]、运动分析[2]和人机交互[3]。人体 2D 姿态估计的目标是定位并识别出人体关键点。早期的方法依赖于手工构建的表观特征，然而当面临真实复杂场景中的肢体遮挡、光照变化、服饰多样性等问题时，这些方法面临很大的挑战。最近，由于大规模的人体姿态数据集[4-5]的构建，以及卷积神经网络[6-7]的迅速发展，大量基于深度学习的方法被提出，人体 2D 姿态估计取得了重大进展。基于深度学习的模型[8-20]通常都从单个静态图像中预测人体 2D 姿态。尽管基于深度学习的方法可以直接应用于视频数据，但由于缺少对视频数据中固有时序信息的利用，因此只能获得次优性能。本章专注于探索视频数据中的时序信息，以改进视频中的人体 2D 姿态估计。

已经有一些方法[21-27]尝试将时序信息整合到深度学习模型当中，用于视频中的人体 2D 姿态估计。这些方法通常可以分为两类：第一类是基于深度学习模型的方法，采用三维卷积[25]或循环卷积网络[21,23]学习视频片段的时空特征。虽然这类方法可以以端到端的方式对视频的时间和空间信息进行建模，但三维卷积和循环卷积网络探索视频相邻帧时序一致性（相邻帧人体部件位置的几何变换）的能力有限。第二类是后增强方法[22,24,26-27]，通常使用光流（Optical Flow）对齐相邻帧预测的热图来增强目标帧的预测结果。光流定义了图像亮度的运动信息，可以显式地揭示相邻帧的时序一致性。尽管后增强方法取得了不错的效果，但光流估计的计算量较大，并且容易受到遮挡和运动模糊等问题的影响，这在一定程度上会影响人体 2D 姿态估计的性能。

为了解决上述两个问题，本章提出了一个基于视频的人体 2D 姿态估计模型。该模型的核心是时序一致性探索（Temporal Consistency Exploration，TCE）模块。受到卷积特征图会保留输入图像的空间信息这一事实的启发[18]，TCE 模块在特征级别通过可学习的方式显式地建模视频时序一致性信息，不需要额外的光流计算和后处理操作，更加高效。TCE 模块整体上遵循循环架构。具体来讲，TCE 模块首先通过偏移字段捕获相邻帧特征图之间的几何变换，然后将相邻的特征图对齐，最后将对齐后的特征图与原始特征图通过时序融合的方式生成增强的特征图。对于预测人体关节点的位置，由于其前向和后向的时序信息是互补的，所以 TCE 模块被设计为双向的。除此之外，最近的研究工作还发现丰富的空间上下文信息在人体 2D 姿态估计中起着至关重要的作用[11-12,17]。因此，本章进一步将 TCE 模块与空间金字塔紧密集成，提出了多尺度 TCE 模块。空间金字塔提升了 TCE 模块的感受野，有助于 TCE 模块探索多尺度空间水平上的时序一致性。最后，本章在编码器-解码器网络结构的基础上嵌入了用于探索时序一致性的多尺度 TCE 模块，提出了视频人体 2D 姿态估计网络。本章在两个通用的视频人体 2D 姿态数据集（Sub-JHMDB[28]和 Penn[29]）上对所提出的模型进行了综合评估和分析。实验结果表明，所提出的模型优于最近的相关方法，并且在两个数据集上均达到了最佳性能。总而言之，本章的工作主要具有以下 3 点贡献：

（1）提出了一个基于视频的人体 2D 姿态估计模型。为了充分且高效地探索视频中的时序一致性信息，设计了 TCE 模块，在特征级别通过偏移字段捕获相邻帧特征图之间的几何变换。

（2）将 TCE 模块进一步与空间金字塔紧密集成，以探索多尺度空间水平上的时序一致性，从而进一步提高模型的性能。

（3）所提出模型使用 PCK@0.2 评测指标分别在 Sub-JHMDB 和 Penn 数据集上实现了 96.4%和 99.2%的平均准确率，优于最新的视频人体 2D 姿态估计方法，达到了良好的性能。

本章其余部分组织如下：2.2 节对本章的相关工作进行总结；2.3 节给出问题的定义；2.4 节介绍所提出的基础的图像人体 2D 姿态估计网络；2.5 节介绍所提出的时序一致性探索模块；2.6 节介绍所提出的视频人体 2D 姿态估计网络；2.7 节对所提出的方法在不同的数据集上进行性能分析、评估，以及与其他相关方法比较；2.8 节对本章内容进行总结。

## 2.2  相关工作

本节首先对近年来基于深度学习的视频人体 2D 姿态估计方法进行总结，然后对卷积长短时记忆网络和可变形卷积进行介绍。

### 2.2.1  基于深度学习的视频人体 2D 姿态估计

尽管基于静态图像的人体 2D 姿态估计方法可以直接应用于视频数据，但无法利用视频数据中固有的时序信息（Temporal Information），因此在视频数据上通常无法取得最优性能。最近的研究工作试图将视频时间线索集成到深度学习模型当中以提高视频人体 2D 姿态估计的性能。主流的方法包括基于光流的方法，如 FlowingNet 模型[22]、Thin-Slice 模型[24]、Personalized-CNN 模型[26]和 Simple-Baseline 模型[27]等；基于循环神经网络的方法，如 Chained 模型[21]和 LSTM PM 模型[23]等；基于三维卷积网络的方法，如 Detect-and-Track 模型[25]等。基于光流的方法通过光流得到相邻帧之间的几何变换，用于增强预测的人体关节点热图。但光流估计计算量较大，并且在严重遮挡或运动模糊的情况下容易带来误差。基于循环神经网络和三维卷积网络的方法通过数据驱动的方法建模视频的时序信息，但是不能显式地利用视频相邻帧之间的时序一致性信息。

### 2.2.2  卷积长短时记忆网络和可变形卷积

卷积长短时记忆（Convolutional LSTM，ConvLSTM）网络[30]是传统的全连接长短时记忆（Fully Connected LSTM，FC-LSTM）网络的扩展，将 FC-LSTM 网络内部的全连接层替换为卷积层，从而可以保留输入特征的空间信息，进而更好地建模时空相关性。类似地，卷积门控循环（Convolutional GRU，ConvGRU）网络[31]后续也被提出。

这些方法在像素级别的分类任务（如语义分割[32]、显著物体检测[33]等）中被广泛使用。传统的卷积神经网络的卷积核对几何变换建模的能力有限，最近的研究[34-35]提出了可变形卷积（Deformable Convolution），对标准卷积核中每个采样点的位置都增加了一个偏移量。这样不再局限于之前的规则卷积，从而可以提升卷积神经网络对几何变换建模的能力。可变形卷积试图学习单个静态图像内的空间几何变化。为了显式地探索视频时序一致性信息，本章在 ConvLSTM 网络的基础上引入了偏移量字段，在特征层级预测时间维度上的偏移量，建模相邻帧之间的几何变换。该方法可以在不需要光流的情况下高效地建模视频时序一致性信息，从而获得更加精确的人体 2D 姿态估计结果。

# 2.3　问题定义

给定一个视频帧序列 $\{I_t \in \mathbb{R}^{H \times W \times 3}\}_{t=1}^T$，包含 $T$ 帧，每一帧的分辨率为 $H \times W$，本章方法的目标是生成对应的人体关节点热图序列 $\{M_t \in \mathbb{R}^{h \times w \times K}\}_{t=1}^T$，其中人体关节点热图的分辨率为 $h \times w$，$K$ 表示要估计的人体关节点数量。为了控制模型的参数量，人体关节点热图的分辨率通常小于输入帧的分辨率。人体关节点热图的每个位置都对应一个分数值，指示当前位置属于该人体关节点的置信度（Confidence）。为了获得人体关节点的准确位置，定位人体关节点热图置信度最高的位置并将其缩放到输入帧的尺度大小。最近的一些研究通常将视频视为一系列独立的帧，然后学习一个卷积神经网络将输入帧投影到卷积特征图 $X_t$ 上，最后使用全卷积网络（Fully Convolutional Network，FCN）预测人体关节点的热图：

$$X_t = \mathrm{CNN}(I_t), \quad M_t = \mathcal{F}_{\mathrm{FCN}}(X_t) \tag{2.1}$$

然而，这些方法忽略了视频数据中固有的时序信息。

本章专注于探索视频中的时序一致性信息以提升视频人体 2D 姿态估计的性能。具体来讲，本章提出了时序一致性探索（Temporal Consistency Exploration，TCE）模块。该模块以目标帧 $I_t$ 及其前向和后向的 $N$ 个相邻帧的特征图作为输入，通过探索相邻帧之间的时序一致性，将原始特征图 $X_t$ 与增强特征图 $H_t$ 相关联，然后将增强特征图 $H_t$ 输入到全卷积网络生成人体关节点热图：

$$\begin{aligned} H_t &= \mathcal{F}_{\mathrm{TCE}}(X_{t-N}, \cdots, X_t, \cdots, X_{t+N}), \\ M_t &= \mathcal{F}_{\mathrm{FCN}}(H_t) \end{aligned} \tag{2.2}$$

# 2.4 图像人体 2D 姿态估计网络

本节提出了一个健壮的图像人体 2D 姿态估计基础网络，为后续的视频人体 2D 姿态估计网络提供了坚实的基础。如图 2.1 所示，该网络基于编码器-解码器结构，编码器提取输入图片的高级卷积特征，解码器用于生成人体关节点热图。其中，编码器使用残差网络（Residual Network，ResNet）[6] 的前 4 个残差块；解码器使用 3 个反卷积层逐步扩大特征图的尺寸；最后使用一个卷积核大小为 1×1 的卷积层生成人体关节点热图。在此基础上，本节从两个方面来提升基础网络的性能。

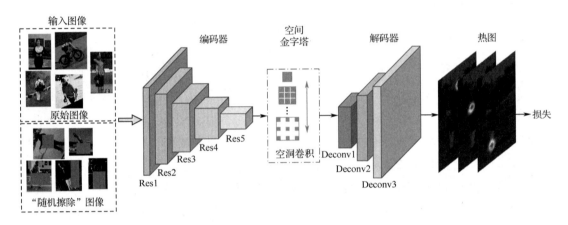

图 2.1　基于编码器-解码器结构的基础人体 2D 姿态估计网络

一方面，如图 2.2 所示，本节引入了空洞空间金字塔（Dilated Spatial Pyramid，DSP）模块以充分利用图像中丰富的空间上下文信息。DSP 模块的核心是利用空洞卷积（Dilated Convolution）捕获多尺度的空间上下文信息。空洞卷积可以在任意感受野下计算卷积特征，且不会降低特征图的分辨率。为了减少模型的参数量，DSP 模块包含降维-拆分-合并（Reduce-Split-Merge）三个步骤。首先使用逐点卷积将高维卷积特征图投影到低维空间中；然后同时使用多个不同空洞率的空洞卷积在特征图上进行卷积；最后将多个空洞卷积的输出级联，并通过残差连接与输入特征图求和得到最终的输出。

另一方面，由于人体 2D 姿态数据集中的样本通常在遮挡方面表现出有限的多样性，受 Zhong 等人研究[36] 的启发，本节使用随机擦除（Random Erasing）数据增强技术提高模型对遮挡问题的强健性。训练网络时，在训练批次（Batch）中随机选择输入图像做"擦除"操作，即在图像上随机选择任意大小的矩形区域，将该区域内的像素值替换为数据集的平均像素值，如图 2.1 所示。通过上述方法，可以生成多种遮挡级别的数据样本，从而训练出对遮挡问题更加强健的姿态估计网络。除了使用随机矩形框，Sarandi 等人[37]还讨论了使用其他形状（如圆形）用于随机擦除的情况。为了简化实验设置，本章使用简单且有效的矩形形状进行随机擦除。

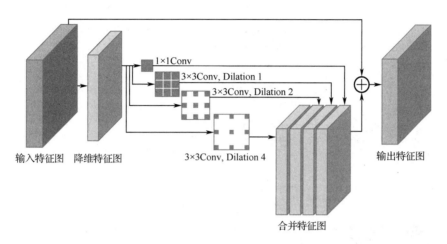

图 2.2　空洞空间金字塔模块的结构

## 2.5　视频时序一致性探索

本节将详细介绍所提出的 TCE 模块。TCE 模块对前向和后向相邻帧的时序一致性信息进行建模，为了清晰地对其进行介绍，本节首先仅考虑前向的相邻帧。具体来讲，给定一个输入帧 $I_t$ 及其前向的 $N$ 个相邻帧 $\{I_{t-N}, \cdots, I_{t-1}\}$，使用图 2.1 中的编码器可以生成对应的特征图 $\{X_{t-N}, \cdots, X_t\}$。TCE 模块遵循循环网络结构，通过以下方式生成目标帧 $I_t$ 的增强特征图：

$$
\begin{aligned}
H_t^p &= \mathcal{T}(X_t, \mathcal{A}(H_{t-1})) \\
H_{t-1} &= \mathcal{T}(X_{t-1}, \mathcal{A}(H_{t-2})) \\
&\cdots \\
H_{t-N} &= X_{t-N}
\end{aligned}
\tag{2.3}
$$

其中，$\mathcal{A}$ 表示变形操作（Deform Operation）；$\mathcal{T}$ 表示聚合操作（Aggregation Operation）；$H_{t-1}, \cdots, H_{t-N}$ 表示隐状态（Hidden State），$H_{t-N}$ 使用原始特征图 $X_{t-N}$ 初始化。经过一系列变形和聚合操作，可以得到 $I_t$ 的增强特征图 $H_t^p$。TCE 模块的细节如图 2.3 所示，接下来对变形操作和聚合操作分别进行介绍。

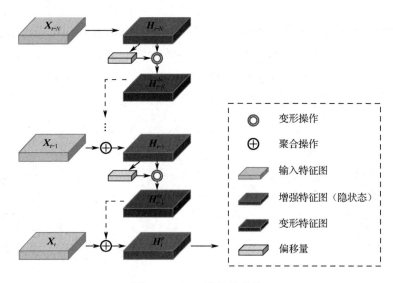

图 2.3　TCE 模块的结构

## 2.5.1　变形操作

变形操作通过捕获相邻特征图之间的几何变换实现相邻特征图的对齐，为后续的特征融合提供准备。具体来讲，变形操作通过隐状态预测偏移字段，并根据偏移字段变形使其与相邻特征图对齐。变形操作 $\mathcal{A}$ 可以形式化表示为

$$\Delta \boldsymbol{P} = \boldsymbol{W}_{\text{of}} * \boldsymbol{H}_{t-1}$$
$$\boldsymbol{H}_{t-1}^{\text{de}} = \text{Deform}(\boldsymbol{H}_{t-1}, \Delta \boldsymbol{P}) \tag{2.4}$$

其中，偏移字段 $\Delta \boldsymbol{P}$ 由每一个空间位置的偏移量组成，通过对 $\boldsymbol{H}_{t-1}$ 做卷积运算获得；$*$ 为卷积操作；$\boldsymbol{W}_{\text{of}}$ 指卷积核的参数。偏移字段与 $\boldsymbol{H}_{t-1}$ 有相同的空间分辨率，通道数为 2 对应于每个空间位置的二维 $(x, y)$ 偏移。接下来，对于 $\boldsymbol{H}_{t-1}^{\text{de}}$ 的每一个空间位置 $\boldsymbol{p}$，根据对应的偏移量 $\Delta \boldsymbol{p}$，通过双线性插值可以得到变形的特征图 $\boldsymbol{H}_{t-1}^{\text{de}}$：

$$\begin{aligned} \boldsymbol{H}_{t-1}^{\text{de}}(\boldsymbol{p}) &= \boldsymbol{H}_{t-1}(\boldsymbol{p} + \Delta \boldsymbol{p}) \\ &= \sum_{\boldsymbol{q}} G(\boldsymbol{q}, \boldsymbol{p} + \Delta \boldsymbol{p}) \cdot \boldsymbol{H}_{t-1}(\boldsymbol{q}) \end{aligned} \tag{2.5}$$

其中，$\boldsymbol{q}$ 枚举 $\boldsymbol{H}_{t-1}$ 上的所有空间位置；$G(\cdot, \cdot)$ 是双线性插值运算，可以表示为

$$G(\boldsymbol{q}, \boldsymbol{p}) = g(q_x, p_x) \cdot g(q_y, p_y) \tag{2.6}$$

其中，$g(a, b) = \max(0, 1 - |a - b|)$。

所提出的变形操作与常用于物体检测的可变形卷积（Deformable Convolution）[34] 不同，可变形卷积试图学习单个图像内的空间变形，而 TCE 模块的变形操作试图在时间维度上预测相邻帧特征图之间的几何变换。

## 2.5.2　聚合操作

聚合操作可以有多种实现方法，其中最直接的方法是使用求和运算：

$$H_t^p = X_t + H_{t-1}^{\mathrm{de}} \tag{2.7}$$

为了进一步提高 TCE 模块的性能，本节使用 ConvLSTM 结构及其门控机制。ConvLSTM 可以保留输入特征的空间信息并对长时序特征进行聚合。$\mathcal{T}$ 可以形式化表示为

$$
\begin{aligned}
i_t &= \sigma(W_i^X * X_t + W_i^H * \mathcal{A}(H_{t-1})) \\
f_t &= \sigma(W_f^X * X_t + W_f^H * \mathcal{A}(H_{t-1})) \\
o_t &= \sigma(W_o^X * X_t + W_o^H * \mathcal{A}(H_{t-1})) \\
c_t &= f_t \circ c_{t-1} + i_t \circ \tanh(W_c^X * X_t + W_c^H * \mathcal{A}(H_{t-1})) \\
H_t^p &= o_t \circ \tanh(c_t),
\end{aligned}
\tag{2.8}
$$

其中，$i_t$、$f_t$、$c_t$ 分别表示输入门、遗忘门和输出门；$\sigma$ 和 tanh 分别是 S 型激活函数（sigmoid）和双曲正切激活函数（tahn）；$\circ$ 表示 Hadamard 积。为了简单起见，这里省略了偏置项。值得一提的是，用于生成偏移字段的卷积核与 ConvLSTM 的卷积核同时以端到端的方式学习，这保证了 TCE 模块的高效性。

## 2.5.3　双向时序一致性探索

上述内容仅讨论了前向相邻帧，事实上来自前向和后向相邻帧的时序一致性信息对于预测人体 2D 关节点位置都是十分重要且互补的。对于 $N$ 个后向相邻帧的原始特征图 $\{X_{t+1}, \cdots, X_{t+N}\}$，TCE 模块以相同的方式处理：

$$
\begin{aligned}
H_t^s &= \mathcal{T}(X_t, \mathcal{A}(H_{t+1})) \\
H_{t+1} &= \mathcal{T}(X_{t+1}, \mathcal{A}(H_{t+2})) \\
&\cdots \\
H_{t+N} &= X_{t+N}
\end{aligned}
\tag{2.9}
$$

其中，$H_{t+1},\cdots,H_{t+N}$ 是隐状态；$H_t^s$ 是后向相邻帧生成的增强特征图。最后，$H_t^p$ 和 $H_t^s$ 求和生成 $I_t$ 最终的增强特征图 $H_t$：

$$H_t = H_t^p + H_t^s \qquad (2.10)$$

## 2.5.4　多尺度时序一致性探索

为了在多尺度空间上建模视频的时序一致性信息，本节在空洞空间金字塔模块的基础上设计了多尺度 TCE 模块。具体来讲，首先应用逐点卷积将高维特征图投影到低维空间中；然后利用 DSP 模块生成多尺度的特征图并输入到多个 TCE 模块中；最后将多个 TCE 模块的输出级联得到融合了多尺度时空信息的增强特征图 $H_t^*$：

$$H_t^* = [H_t^1, \cdots, H_t^M] \qquad (2.11)$$

其中，$[\cdot, \cdot]$ 表示级联操作；$H_t^*$ 表示 $M$ 个 TCE 模块的输出。

# ✅ 2.6　视频人体 2D 姿态估计网络

本节将介绍所提出的视频人体 2D 姿态估计网络，该网络的整体结构如图 2.4 所示，网络的底部使用 ResNet50 的前 4 个残差块作为编码器。给定一个输入帧 $I_t \in \mathbb{R}^{256\times256\times3}$ 及其前向和后向两个方向的 $N$ 个相邻帧，即 $\{I_{t-N},\cdots,I_{t-1}\}$ 和 $\{I_{t+1},\cdots,I_{t+N}\}$，编码器提取对应的卷积特征图 $\{X_i \in \mathbb{R}^{8\times8\times2048}\}_{i=t-N}^{t+N}$。

接下来，使用逐点卷积将特征图 $\{X_i\}_{i=t-N}^{t+N}$ 投影到低维空间 $\mathbb{R}^{8\times8\times512}$；然后使用 4 个不同感受野的卷积核，包括一个 1×1 卷积和 3 个不同空洞率{1,2,4}的 3×3 空洞卷积核，生成 4 种特征图。多尺度 TCE 模块包含 $M=4$ 个并行的 TCE 模块，以 4 种不同感受野的特征图作为输入。TCE 模块的变形操作使用 3×3 的卷积核生成偏移字段 $\Delta P \in \mathbb{R}^{8\times8\times2}$，聚合操作使用 3×3 卷积核的 ConvLSTM；最后 4 个 TCE 模块的输出级联得到增强特征图 $H_t^* \in \mathbb{R}^{8\times8\times2048}$。

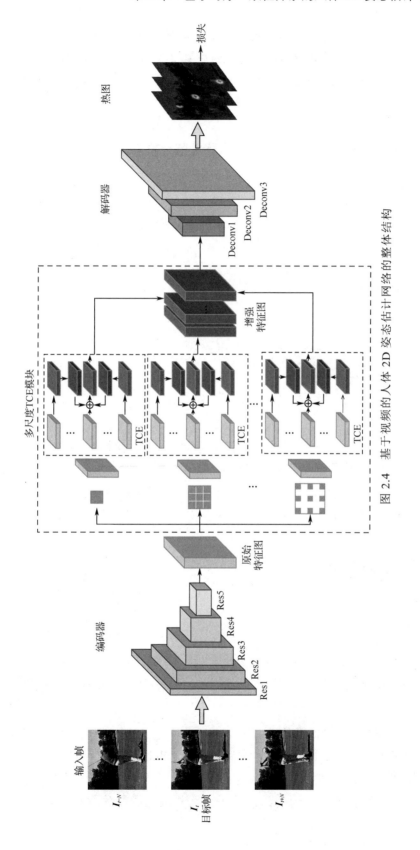

图 2.4　基于视频的人体 2D 姿态估计网络的整体结构

解码器包含 3 个反卷积层，每一个反卷积核的大小为 4×4、步长（Stride）为 2、填充（Padding）为 1、通道数为 256，可以达到 2×2 的上采样率。多尺度增强特征图 $H_t^*$ 被输入到解码器中，再通过一个 1×1 的卷积层生成大小为 64×64 的人体关节点热图 $M_t$。

损失函数：假设第 $t$ 帧的第 $k$ 个人体关节点的真实热图为 $M_t^{*k}$，网络训练的优化目标为最小化预测和真实人体关节点热图的距离。因此损失函数可以表示为

$$\mathcal{L} = \sum_{k=1}^{K} \sum_{p} \| M_t^k(p) - M_t^{*k}(p) \|^2 \qquad (2.12)$$

其中，$p$ 枚举热图上所有的空间位置。

# ✅ 2.7 实验结果

本节将首先介绍实验采用的数据集、实验的评价指标和网络训练细节（见 2.7.1 节内容）；之后提供了在两个公共的人体 2D 姿态数据集上的详细实验结果，以及与其他代表性方法的比较结果（见 2.7.2 节内容）；最后对本章所提出的模型进行了控制变量实验（见 2.7.3 节内容）。

## 2.7.1 实验设置

### 1. 数据集

为了验证所提出模型的性能，本节在 Sub-JHMDB[28]和 Penn[29]两个公共的视频人体 2D 姿态数据集上进行实验分析。两个数据集的具体信息如下所示。

● Sub-JHMDB 数据集包含 316 个视频片段，共有 11200 个视频帧，每一帧都包含完整的人体、15 个人体关节点标注。Sub-JHMDB 数据集具有 3 个不同的训练集和测试集划分。本节在这三个划分的训练集上分别训练模型，并取在 3 个划分的测试集上得到的结果的平均值与最近的相关方法比较。

- Penn 数据集是另一个大规模基于视频的人体 2D 姿态数据集。它总共包含 2326 个视频片段，其中 1258 个用于训练、1068 个用于测试。数据集的所有视频帧中都标注了 13 个人体关节点，包括头部、肩膀、肘部、腕部、臀部、膝盖和脚踝，同时标注了人体关节点在当前帧中是否可见。

尽管 Sub-JHMDB 和 Penn 已经是大规模的视频人体 2D 姿态数据集，但考虑到同一视频帧间的高度相关性，训练数据的数量仍然有所不足。为了提高模型的泛化能力，这里使用大规模图像人体 2D 姿态数据集 MPII[4]对基础网络进行了预训练。MPII 数据集包含从多个人体动作类别图像中标注的人体 2D 姿态，具有约 25000 张图像。考虑到图像中通常包含多个人，MPII 数据集总共可以提供 40000 个人体 2D 姿态标注样本（28000 个用于训练，11000 个用于测试）。

数据扩充：数据扩充可以增加数据的多样性，对学习强健的人体 2D 姿态估计模型至关重要。具体来讲，首先以目标人物框为中心对视频帧进行裁剪。这里使用数据集提供的真实人物框，其中 Penn 数据集对每个图像均标注了人物边界框，Sub-JHMDB 数据集中的人物边界框从用于分割的人物掩码标注中推导得到。然后扩展人物边界框的高度或宽度，使其宽高比满足 1 : 1，再乘以缩放因子 1.25 放大边界框以覆盖部分空间上下文区域。接下来随机选择人物边界框旋转角度[-40°,40°]、随机选择缩放比例[-25%,25%]，以及随机翻转图像进行数据扩充，同一个视频中帧的变换保持一致。最后调整人物边界框大小为 256×256。

除了上述数据扩充操作，还利用随机擦除方法以提高数据集的遮挡多样性。图像随机擦除的概率设置为 0.5，擦除矩形区域与原始图像面积的比率在[0.02,0.4]之间随机指定，矩形宽高比在 $\left[0.3, \frac{1}{0.3}\right]$ 之间随机指定。

评估指标：为了对网络性能定量评估，本节采用正确关节点百分比（Percent of Correct Keypoint, PCK）[38]作为评估指标。如果某个人体关节点的估计位置与标定位置之间的距离在 $\alpha \cdot \max(h, w)$ 内，其中的 $h$ 和 $w$ 表示人物边界框的高度和宽度，则该人体关节点被视为一个正确预测。在下面的实验中，$\alpha$ 被设置为 0.2 以便与其他相关方法公平比较。

### 2．网络训练细节

网络的训练过程分为两个步骤。第一步，在 MPII 数据集上对基础网络进行预训练。具体设置是：批大小（Batch Size）为 32；使用 Adam 算法[42]优化网络参数，学习率初始化为 0.001，在第 90 个 Epoch[1]和第 120 个 Epoch 时将学习率分别下降到 0.0001
和 0.00001，总共训练 140 轮。第二步，分别在 Sub-JHMDB 和 Penn 数据集上训练视
频人体 2D 姿态估计网络。这里使用预训练的基础网络的参数初始化编码器，然后固
定编码器的参数，只训练多尺度 TCE 模块和解码器。具体参数设置为，Batch 大小为
24 个视频帧序列，其中 $N=6$；使用 Adam 算法优化网络参数，学习率初始化为 0.001，
学习率每 20 个 epoch 变为原来的 1/10，总共训练 50 个 epoch。该网络使用 PyTorch[43]
深度学习框架实现，并使用配置了 Intel Xeon E5-2698 2.2GHz 和一个 NVIDIA Tesla
V100 GPU 的服务器进行了训练。

## 2.7.2　性能比较

本节在 Sub-JHMDB 和 Penn 数据集上将所提出的方法与最近的视频人体 2D 姿态
估计方法进行比较。其中，N-best[39]、ST-Part[40]和 ACPS[41]是传统的依赖手工构建特
征的方法。它们使用图模型，如时空与或图模型[40]，对视频时序信息进行建模。
Thin-Slicing[24]和 LSTM PM[23]是最近的基于深度学习的模型，使用卷积神经网络提取
视频帧的卷积特征，然后通过光流场或者 LSTM 利用视频中的时序信息。其中 LSTM
PM 使用了两个图像数据集（MPII[4]和 LSP[44]）对模型进行预训练。

表 2.1 和表 2.2 展示了最终的比较结果，并且两个表中分别列出了使用和不使用
MPII 数据集进行预训练时的结果。所提出的模型在两个数据集上分别取得了 96.4%和
99.2%的 PCK@0.2，相对于最近提出的模型（LSTM PM）分别取得了 2.8%和 1.5%的
准确率提升。与基于光流场的方法相比，所提出的模型在不使用图像数据集预训练的
设置下也取得了更好的性能。这说明 TCE 模块能够在不使用光流的情况下有效地利用
了视频中的时序信息。在使用图像数据集预训练的设置下，所提出的方法在
Sub-JHMDB 数据集上的性能提升要多于 Penn 数据集。这说明在图像数据集上对模型
进行预训练可以有效减小模型在较小规模的视频数据集上过拟合的风险，并提高模型
的泛化能力。

表 2.1　在 Sub-JHMDB 数据集上，与其他代表性视频人体 2D 姿态估计方法比较结果

| 方法 | 预训练 | 光流 | Head | Sho | Elb | Wri | Hip | Knee | Ank | Mean |
|------|--------|------|------|-----|-----|-----|-----|------|-----|------|
| N-best[39] | — | — | 79.0% | 60.3% | 28.7% | 16.0% | 74.8% | 59.2% | 49.3% | 52.5% |
| ST-Part[40] | — | — | 80.3% | 63.5% | 32.5% | 21.6% | 76.3% | 62.7% | 53.1% | 55.7% |

---

1　整个数据集被完整地迭代一次用于神经网络的训练，称为一个 Epoch。

续表

| 方法 | 预训练 | 光流 | Head | Sho | Elb | Wri | Hip | Knee | Ank | Mean |
|---|---|---|---|---|---|---|---|---|---|---|
| ACPS[41] | — | — | 90.3% | 76.9% | 59.3% | 55.0% | 85.9% | 76.4% | 73.0% | 73.8% |
| Thin-Slicing[24] | — | | 97.1% | 95.7% | 87.5% | 81.6% | 98.0% | 92.7% | 89.8% | 92.1% |
| LSTM PM[23] | MPII&LSP | — | 98.2% | 96.5% | 89.6% | 86.0% | 98.7% | 95.6% | 90.9% | 93.6% |
| 本章提出的方法 | — | | 97.5% | 97.8% | 88.9% | 85.7% | 98.9% | 94.5% | 90.1% | 93.3% |
| 本章提出的方法 | MPII | — | 99.3% | 98.9% | 96.5% | 92.5% | 98.9% | 97.0% | 93.7% | 96.4% |

表 2.2　在 Penn 数据集上，与其他代表性视频人体 2D 姿态估计方法比较结果

| 方法 | 预训练 | 光流 | Head | Sho | Elb | Wri | Hip | Knee | Ank | Mean |
|---|---|---|---|---|---|---|---|---|---|---|
| ST-Part[40] | — | — | 64.2% | 55.4% | 33.8% | 24.4% | 56.4% | 54.1% | 48.0% | 48.0% |
| ACPS[41] | — | — | 89.1% | 86.4% | 73.9% | 73.0% | 85.3% | 79.9% | 80.3% | 81.1% |
| Chain[21] | — | — | 95.6% | 93.8% | 90.4% | 90.7% | 91.8% | 90.8% | 91.5% | 91.8% |
| Thin-Slicing[24] | — | — | 98.0% | 97.3% | 95.1% | 94.7% | 97.1% | 97.1% | 96.9% | 96.5% |
| LSTM PM[23] | MPII&LSP | — | 98.9% | 98.6% | 96.6% | 96.6% | 98.2% | 98.2% | 97.5% | 97.7% |
| 本章提出的方法 | — | — | 99.3% | 98.5% | 97.6% | 97.2% | 98.6% | 98.1% | 97.4% | 98.0% |
| 本章提出的方法 | MPII | — | 99.8% | 99.7% | 99.2% | 98.6% | 99.2% | 99.2% | 98.7% | 99.2% |

　　图 2.5 提供了所提出的方法在两个数据集下不同的 PCK 阈值 $\alpha$ 的精准率（Precision）-召回率（Recall）曲线。除此之外，图 2.6 给出了在一些有挑战性的视频样本下的可视化结果，这些结果表明本章所提出的方法对于运动模糊、遮挡和尺度多样性等复杂问题具有强健性。

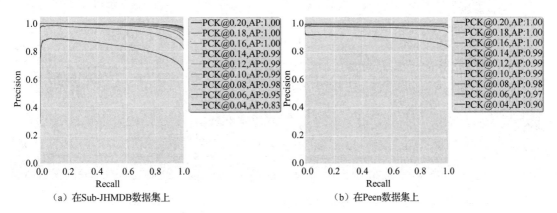

（a）在Sub-JHMDB数据集上　　　　　　（b）在Peen数据集上

图 2.5　在 Sub-JHMDB 和 Penn 数据集上，不同 PCK 阈值 $\alpha$ 对应的精准率<br/>（Precision）-召回率（Recall）曲线

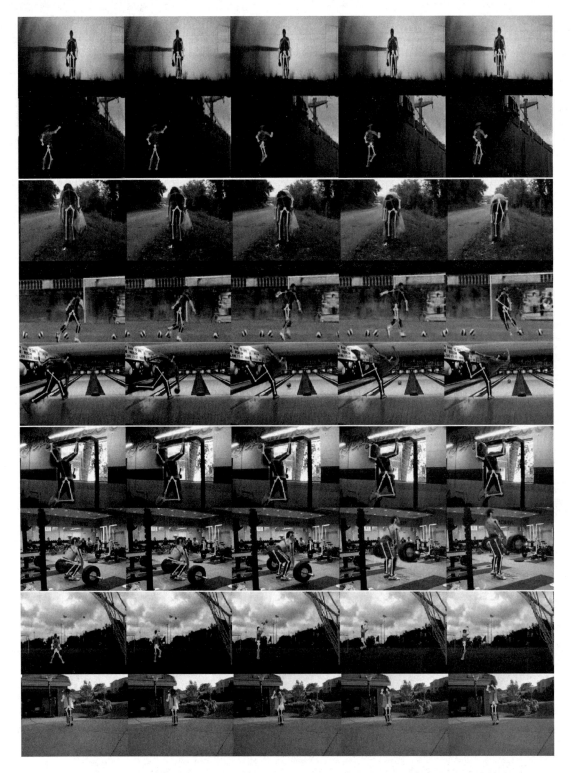

图 2.6　在 Sub-JHMDB 和 Penn 数据集中一些有挑战性的测试样本的可视化结果

（第 1、2、3、4、5 行对应遮挡和运动模糊问题；第 6、7、8、9 行对应尺度多样性问题）

## 2.7.3　模型控制变量分析与实验结果

### 1．TCE 模块分析

为了评估 TCE 模块的有效性，本节设计了一个基线和多个变体，在 Sub-JHMDB 数据集的第一个划分集上进行实验，并且对比分析。基线和变体的具体信息如下所示。

● Res50 是基线，仅考虑单帧输入；基于 2.4 节介绍的编码器-解码器网络，使用 ResNet-50 作为编码器。

● Res50-OF 旨在与基于光流的后增强方法进行比较。使用 Flownet v2.0[45]提取输入视频的前向和后向光流，然后基于 Pfister 等人提出的方法[22]使用光流对齐相邻帧的人体关节点热图，最后与目标帧的关节点热图取平均值得到最终的输出。

● Res50-TCE-S 使用了所提出的 TCE 模块建模时序信息，并使用最基础的求和运算作为聚合操作。

● Res50-TCE-C 与上一个变体不同，该变体采用 ConvLSTM 作为聚合操作。

● Res50-TCE-BC 在 Res50-TCE-C 的基础上同时考虑前向和后向相邻帧的时序一致性信息。

本节使用预训练的 Res50 对变体的编码器进行初始化，然后分别在 Sub-JHMD 数据集的第一个划分集上进行训练和测试。对比实验结果如表 2.3 所示，可以观察到即使是基线网络，其也能取得优于其他方法的性能；Res50-OF 与 Res50 相比，可以实现 0.8%的准确率提升；使用了 TCE 模块的变体，其性能总体上优于 Res50-OF。具体来讲，Res50-TCE-S 的性能相对于 Res50 提升了 1.1%；使用了 ConvLSTM 作为聚合操作的 Res50-TCE-C 的性能，提升达到了 1.7%；Res50-TCE-BC 的性能得到了进一步的提升，比 Res50 的性能提升了 2.0%。

表 2.3　在 Sub-JHMDB 数据集的第一个划分集上，基线和变体模型对比实验结果

| 模型 | Head | Sho | Elb | Wri | Hip | Knee | Ank | Mean | Speed(ms) |
|---|---|---|---|---|---|---|---|---|---|
| Res50 | 98.2% | 96.0% | 91.2% | 88.0% | 98.5% | 95.0% | 93.2% | 94.0% | 10.1 |
| Res50-OF | 99.1% | 97.6%[†] | 92.8% | 88.7% | 98.5% | 95.5% | 93.3% | 94.8% | 101.2[†] |
| Res50-TCE-S | 98.8% | 97.2% | 92.5% | 89.9% | 98.5% | 96.4% | 94.4% | 95.1% | 11.7 |

| 模型 | Head | Sho | Elb | Wri | Hip | Knee | Ank | Mean | Speed(ms) |
|---|---|---|---|---|---|---|---|---|---|
| Res50-TCE-C | 99.4% | 97.9% | 94.1% | 91.0% | 98.7% | 96.8% | 94.0% | 95.7% | 14.0 |
| Res50-TCE-BC | 99.3% | 97.9% | 94.8% | 91.7% | 98.8% | 97.0% | 94.2% | 96.0% | 23.5 |

†表示需要额外的光流计算。

为了验证 TCE 模块对于视频输入可以获得更加平滑的预测结果，图 2.7 给出了人体 2D 关节点预测结果平滑度的可视化和定量分析。提供了两个动作类别，即拉起（pullup）和射门（shoot_ball），给出了它们随时间变化的平均误差（关节点预测位置与真实标定的距离，以像素为单位）曲线。结果表明，与基于独立单帧的方法（Frame-based Method）和基于光流的方法（Optical Flow-based Method）相比，Res50-TCE-BC（Our Method）显著降低了动作随时间变化的平均误差，提高了视频预测结果的平滑性和稳定性。此外，图 2.7 还对两个视频样本通过三种方法获得的结果进行了可视化分析，可以观察到所提出的方法对于遮挡比较严重的关节点，如肘和手，效果有明显的提升。

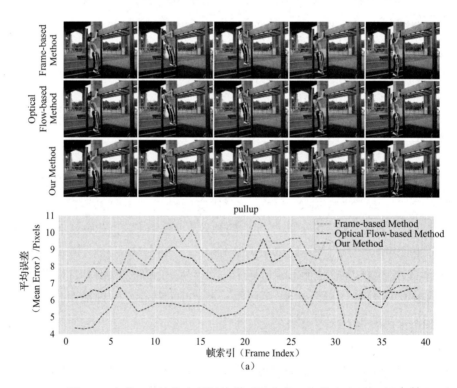

图 2.7　人体 2D 关节点预测结果平滑度的可视化和定量分析

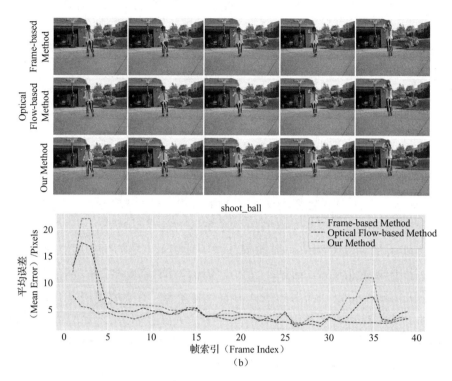

图 2.7　人体 2D 关节点预测结果平滑度的可视化和定量分析（续）

为了分析 TCE 模块的运行效率，表 2.3 提供了基线和变体的处理速度。所有方法均在相同的实验配置下进行评估。Res50 将视频片段视为一组独立的帧，可实现每帧 10.1ms 的处理速度。Res50-OF 在不考虑光流计算时间的情况下，处理一帧需要消耗 17.2ms。本节使用 Flownet2[45]提取视频前向和后向的光流，每帧花费需要大约 84ms，因此 Res50-OF 处理一帧总共需要 101.2ms。相比之下，基于 TCE 模块的方法需要较少额外的处理速度开销，远远少于基于光流的方法（需要约 9 倍的额外速度开销）。

### 2. 损失函数分析

表 2.4 提供了不同损失函数在 Sub-JHMDB 数据集的第一个划分集上基于 PCK@0.2 评估指标的对比实验结果。这里共对比了 3 种主流的损失函数在 Res50 和 Res50-TCE-BC 变体下的性能。这 3 个损失函数为热图损失（Heatmap Loss）、回归损失（Regression Loss）和积分损失（Integral Loss）。其中，热图损失，即本章方法所采用的损失函数。使用回归损失时，将解码器替换为全连接层，直接预测人体 2D 关节点坐标向量，然后计算人体关节点预测与真实位置之间的距离。积分损失[46]由 Sun 等人最近提出，在人体关节点热图的基础上使用 soft-argmax 将其以可微分的方式转换为人体关节点坐标向量，然后计算回归损失。如表 2.4 所示，热图损失总体上表现最佳。除此之外，与基线模型相比，Res50-TCE-BC 变体在每个损失函数上均取得了性能的提升。这表明 TCE 模块对于人体 2D 姿态估计中常用的损失函数具有通用性。

表 2.4　在 Sub-JHMDB 数据集的第一个划分集上，不同损失函数的对比实验结果

| 模　　型 | Regression Loss | Integral Loss | Heatmap Loss |
|---|---|---|---|
| Res50 | 92.0% | 92.8% | 94.0% |
| Res50-TCE-BC | 93.8% | 95.4% | 96.0% |

### 3. 空洞空间金字塔和随机擦除技术分析

本部分将介绍如何评估空洞空间金字塔和随机擦除技术的有效性。首先，本部分设计了 Res50-MS-TCE-BC 变体，该变体使用了多尺度 TCE 模块，并在 Sub-JHMDB 数据集的第一个划分集上与 Res50-TCE-BC 变体比较性能差异。与 TCE 模块相比，多尺度 TCE 模块增加了输入到解码器的特征图的通道数。为了验证性能的提升确实是由空洞空间金字塔模块造成的，这里还设计了 Res50-SS-TCE-BC 变体，该变体的空洞空间金字塔模块使用 4 个相同的卷积核（3×3 的卷积核，空洞率为 1）。此外，本部分考虑了使用和不使用随机擦除两种数据扩充策略来训练网络。如表 2.5 中的结果所示，Res50-MS-TCE-BC 的准确率始终高于 Res50-TCE-BC 和 Res50-SS-TCE-BC，这证明了空洞空间金字塔和 TCE 模块的融合可以进一步提升视频人体 2D 姿态估计的性能。同时，使用了随机擦除技术训练得到的模型取得了更高的准确率，尤其是对于肘部（Sho）和手腕（Head）等易被遮盖的关节点部位。

表 2.5　在 Sub-JHMDB 数据集的第一个划分集上，空间金字塔和随机擦除技术的对比实验结果

| 模　　型 | Random Erasing | Head | Sho | Elb | Wri | Hip | Knee | Ank | Mean |
|---|---|---|---|---|---|---|---|---|---|
| Res50-TCE-BC | - | 99.2% | 97.7% | 93.6% | 90.1% | 98.5% | 96.3% | 93.7% | 95.3% |
| | √ | 99.3% | 97.9% | 94.8% | 91.7% | 98.8% | 97.0% | 94.2% | 96.0% |
| Res50-SS-TCE-BC | - | 98.9% | 98.2% | 93.4% | 89.5% | 99.1% | 96.8% | 93.9% | 95.4% |
| | √ | 99.4% | 98.5% | 95.6% | 91.4% | 98.8% | 97.5% | 93.9% | 96.2% |
| Res50-MS-TCE-BC | - | 99.1% | 97.7% | 94.2% | 90.9% | 97.9% | 97.0% | 93.7% | 95.6% |
| | √ | 99.3% | 98.9% | 96.5% | 92.5% | 98.9% | 97.0% | 93.7% | 96.5% |

### 4. 相邻帧数量和时间跨度分析

本部分首先分析相邻帧数对模型性能的影响。这里考虑两种设置：第一种只考虑前向相邻帧；另一种同时考虑前向和后向相邻帧。然后设置不同的相邻帧数（$N = 0, 2, 4, 6, 8$），分别在 Sub-JHMDB 数据集和 Penn 数据集的第一个划分集上训练多个网络。图 2.8（a）中提供了对比实验结果，结果显示双向时序一致性信息显然更有助于模型实现更好的性能。当 $N = 0$ 时，由于未考虑任何时序信息，准确率下降很多；当 $N$ 增加到 4 时，准确率会逐渐上升，但上升速度会逐渐放缓；当 $N$ 增加到 6 时，准确率趋

于稳定。这说明更多的相邻帧可以提供更多的时序信息，从而提高模型预测的准确率，同时表明距离目标帧较远的帧对输出结果的影响相对较小。

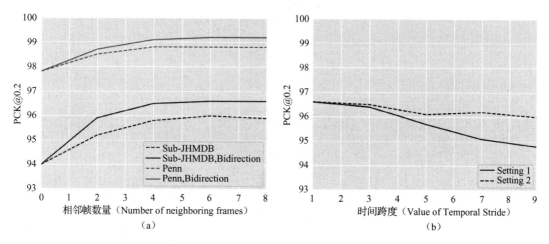

图 2.8　在 Penn 数据集和 Sub-JHMDB 数据集的第一个划分集上，
相邻帧数量和时间跨度的对比实验结果

为了分析不同时间跨度对模型性能的影响，这里固定 $N = 6$、取双向相邻帧，并设置不同的时间跨度值（TS = 1, 3, 5, 7, 9），在 Sub-JHMDB 数据集的第一个划分集上训练多个网络。这里考虑两种不同的实验设置：第一种设置 TS = 1 训练网络，使用不同的时间跨度值用于测试；另一种在训练和测试时使用相同的时间跨度值。对比实验结果如图 2.8（b）所示，从图中可以观察到，在第一个设置（Setting 1）中，随着时间跨度值变大，模型性能会下降。这表明训练和测试期间的时间跨度值应该相同。在第二设置（Setting 2）中，曲线的波动很小，这说明时间跨度值对模型最终性能的影响有限。

## ✅ 2.8　本章小结

本章提出了一个视频人体 2D 姿态估计模型，该模型可以有效地利用视频中的时序一致性信息，从而得到更准确且平滑的人体 2D 姿态序列。为此，本章提出了 TCE 模块，在特征级别建模相邻特征图之间的几何变换。该模块遵循循环网络结构，引入偏移量字段，以可学习的方式显式地建模时序一致性信息。此外，本章进一步地将 TCE 模块与空洞空间金字塔集成在一起以探索多尺度空间上的时序一致性。最后，本章使用多尺度 TCE 模块扩展编码器-解码器基础网络结构，提出了基于视频的人体 2D 姿态估计模型。本章在两个主流的视频人体 2D 姿态数据集（Sub-JHMDB 和 Penn）上评估所提出的模型的性能。大量实验结果表明，所提出的方法可以高效地生成更加准确且平滑的人体 2D 姿态序列。相比于最新的相关方法，所提出的方法能够得到更加准确的估计结果。

扫一扫看本章参考文献

# 第3章

# 多视角几何驱动的自监督人体 3D 姿态估计

## ✅ 3.1　引言

人体 3D 姿态估计因其广泛的应用价值，如人机交互、虚拟现实和动作识别等，吸引了研究人员的广泛关注。近年来，随着深度学习技术的快速发展，一些研究[1-2]将深度神经网络应用于单目人体 3D 姿态估计。基于深度学习的方法主要面临如下两个挑战。首先，深度神经网络的训练通常依赖大规模的标注数据集，然而通过运动捕捉系统（Motion Capture System，MoCap）对人体 3D 关节点进行标注是一项劳动密集且成本昂贵的任务。这导致现有大规模人体 3D 姿态数据集数量有限，且训练样本往往缺乏多样性。其次，2D 骨架到 3D 骨架的映射存在着通用的几何理论基础，简单地使用神经网络来近似该过程会导致网络对训练数据产生过拟合。

为了解决上述问题，最近越来越多的研究[3-6]开始探索弱/自监督的学习范式（Weakly/Self-Supervised Learning）。其中，重投影损失（Re-Projection Loss）[7]已成为弱/自监督方法中最常用的技术。重投影损失根据相机投影矩阵将神经网络估计得到的人体 3D 姿态重投影到 2D 空间，并将计算输入和重投影的人体 2D 姿态之间的误差作为网络训练的损失函数。但是由于投影不确定性问题（Projection Ambiguity），即同一个人体 2D 姿态可以对应无数个人体 3D 骨架，重投影损失在训练过程中无法有效地约束姿态估计网络。如图 3.1（a）所示，由于重投影损失仅在某一个特定的相机角度约束人体 3D 姿态，因此当从另一个角度进行观察时可能会得到不合理的人体 3D 姿态。常用的解决投影不确定性问题的方案有对抗损失（Adversarial Loss）[7-8]和骨骼长度约束[2,9]。它们通过使用额外的约束将神经网络的输出约束到一个语义子空间中，但需要一些额外的人体 3D 姿态标注（无须 2D-3D 姿态映射）。

人体 3D 姿态数据集[10-11]通常是在配置有多个已校准相机的场景下采集的，最近的弱/自监督方法并未充分地探索多视角之间的一致性信息。Kocabas 等人[12]在多视角视图下检测人体 2D 姿态，然后使用三角投影法（Triangulation）生成伪真实的 3D 姿态标注，用于训练人体 3D 姿态估计网络。然而，人体 2D 姿态检测可能会引入噪声，从而导致通过三角投影法得到的人体 3D 姿态有误差，进而造成无法计算出精确的损失。因此，这种对多视角几何进行简单利用的方法无法取得最佳性能。

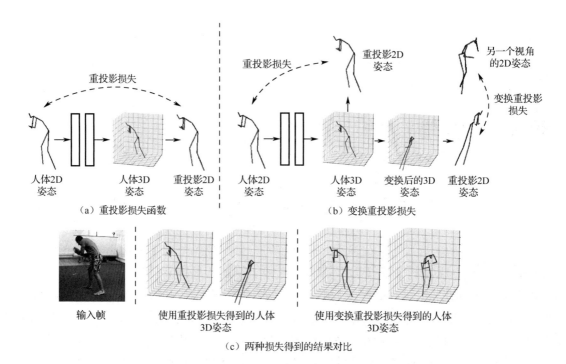

图 3.1　重投影损失函数、变换重投影损失和两种损失得到的结果对比

本章提出了一种完全利用几何先验知识训练人体 3D 姿态估计网络的自监督方法。该方法总体上包含两个阶段：人体 2D 关节点估计和 2D 到 3D 姿态映射。第一个阶段可以通过任一人体 2D 姿态估计模型实现，本章主要研究如何在不使用任何人体 3D 关节点标注的情况下训练 2D 到 3D 姿态映射网络。具体来讲，为了解决投影不确定性问题，本章提出了变换重投影损失（Transform Re-Projection Loss）。如图 3.1 所示，它通

过刚体变换将人体 3D 姿态从当前相机视角变换到随机选择的另一相机视角，然后计算变换后的人体 3D 姿态和对应 2D 姿态之间的重投影损失。变换重投影损失通过考虑多视角一致性信息可以在训练过程中为网络提供有效的约束。此外，由于自遮挡问题（Self-Occlusion），同一人体关节点在不同的相机视图下会有不同的置信度。本章从人体 2D 关节点热图（Heatmp）中获得该置信度，作为不同视角下的重投影损失的聚合参数。这样可以提高网络对噪声人体 2D 关节点的强健性。最后本章引入了根位置（Root Position）回归分支，用于在网络训练期间恢复人体 3D 姿态的绝对位置。这样可以保留重投影人体 2D 姿态的尺度信息，从而度量到更加精准的损失。为了训练所提出的双分支网络，本章还提出了一种预训练技术来帮助网络有效收敛。本章在两个主流的人体 3D 姿态数据集（Human3.6M[10]和 MPI-INF-3DHP[11]）上做了充分的验证和对比。结果表明，本章所提出的人体 3D 姿态估计方法与最近的弱/自监督方法相比可以取得更优的性能。总而言之，本章的工作主要具有以下 3 点贡献。

（1）提出了一种自监督的方法，在不需要任何人体 3D 关节点标注的情况下训练人体 3D 姿态估计网络；该方法完全依靠几何先验知识来构造训练监督信号，可以使网络拥有更好的泛化性。

（2）提出了变换重投影损失函数，它可以在网络训练的过程中有效地利用多视角的一致性信息约束人体 3D 姿态；同时使用 2D 关节点预测的置信度来集成多个视角的重投影损失，以缓解自遮挡问题造成的影响。

（3）与最新的弱/自监督人体 3D 姿态估计方法相比，本章所提出的方法取得了明显的性能提升。

本章其余部分组织如下：3.2 节对相关工作进行总结；3.3 节对本章提出的自监督人体 3D 姿态估计方法进行详细介绍；3.4 节对本章提出的方法在不同的数据集上进行性能分析、评估，以及与其他相关算法进行比较；3.5 节对本章内容进行总结。

## ✅ 3.2　相关工作

本节首先对近年来基于深度学习的单目人体 3D 姿态估计方法进行总结；之后对弱/自监督单目人体 3D 姿态估计进行介绍。

### 3.2.1　基于深度学习的单目人体 3D 姿态估计

人体 3D 姿态估计是计算机视觉领域中一个长期研究的课题。近年来，深度学习在计算机视觉领域取得巨大的成功，单目人体 3D 姿态估计也逐渐被形式化为基于深度学习的框架。这些方法通常可以被分为两类：第一类方法[9,11,13-15]使用端到端的卷积神经网络直接从输入图像中预测人体的 3D 关节点位置。第二类方法[1,16-19]采用两阶段的框架，首先使用现有的人体 2D 关节点检测器，如堆叠沙漏网络（Stacked Hourglass Network，SHN）[20]和层叠式金字塔网络（Cascaded Pyramid Network，CPN）[21]等，获得人体 2D 关节点的位置，然后通过 2D 到 3D 姿态映射网络（2D-to-3D Lifting Network）得到人体的 3D 姿态。为了学习到 2D 和 3D 关节点位置之间的映射关系，各种 2D 到 3D 姿态映射网络被提出，如 ResLinear 网络[1]、Semantic-GCN 网络[22]、TemporalDilated 网络[2]等。更多相关信息参阅本书在 1.2.1 节中的内容。本章方法遵循两阶段的框架，并且所提出的方法适用于任一主干网络。

### 3.2.2　弱/自监督单目人体 3D 姿态估计

由于人体 3D 关节点标注是一项劳动密集且成本昂贵的工作，弱/自监督方法最近受到了广泛关注。为了在没有人体 3D 关节点标注的情况下训练网络，一些研究人员探索相机几何先验知识来构造监督信号。重投影损失[2,4,8,23-25]是其中最为广泛使用的技术。然而由于投影不确定性问题的存在，仅使用重投影损失并不能有效地约束网络。一些研究[2,3,9]通过约束人体 3D 姿态的骨骼长度来解决此问题。还有一些研究[7,8,23,26]受对抗生成网络的启发，引入对抗损失作为额外约束。对抗损失引入真/假人体 3D 姿态判别器来约束网络的输出，使其分布在真实的人体 3D 姿态流形上。上述的人体骨骼长度约束和对抗损失仍然需要额外的人体 3D 关节点标注，分别用来统计骨骼长度和训练判别器。本章旨在提出一个自监督方法，完全依靠相机几何先验知识构造训练监督信号，不需要任何额外的人体 3D 关节点标注。

除此之外，一些研究[27-29]使用自监督的方式挖掘多视角信息用于网络的训练。与早期的多视角人体 3D 姿态重建算法[30]不同，这些方法仅在训练时需要多视角图像输入，在测试期间仅需要输入单目图像。例如，Rhodin 等人[6]将一个视角的图像通过卷积神经网络转换到另外一个视角，通过这种自监督的方式预训练一个编码器-解码器网络，使得编码器能够提取到视角可知的视觉特征，然后利用少量的标注数据对网络进行监督训练便可以得到一个强健的人体 3D 姿态估计网络。Kocabas 等人[12]对多视图下检测到的人体 2D 关节点使用三角投影法生成伪真实的标注，用于训练人体 3D 姿态估计网络。相比之下,本章所提出的方法直接利用多视角信息构建监督信号,而不需要生成伪真实的人体 3D 姿态标注,并且该方法对于人体 2D 关节点噪声具有更好的强健性。

# 3.3 自监督人体 3D 姿态估计方法

如图 3.2 所示,本章所提出的方法总体上遵循两阶段的框架。首先使用人体 2D 姿态估计网络从输入帧中估计人体 2D 姿态。定义 $X \in \mathbb{R}^{N \times 2}$ 为检测到的 $N$ 个人体关节点的 2D 位置坐标,$w \in \mathbb{R}^{N}$ 为对热图做最大化操作所获得的 $N$ 个关节点的置信度。之后通过一个 2D 到 3D 姿态映射网络 $\mathcal{N}$ 将人体 2D 姿态映射到 3D 空间中。类似地,定义 $Y \in \mathbb{R}^{N \times 3}$ 为 $N$ 个人体关节点的 3D 位置坐标。为了与之前的工作保持一致,$Y$ 为以根关节点(骨盆)为中心的 3D 相对位置坐标。

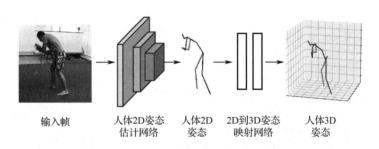

输入帧　　人体2D姿态　　人体2D　　2D到3D姿态　　人体3D
　　　　　估计网络　　　姿态　　　映射网络　　　姿态

图 3.2　两阶段人体 3D 姿态估计方法架构

受 Martinez 等人[1]工作的启发,2D 到 3D 姿态映射网络由 4 个残差模块(Residual Block)组成,每个残差模块都依次堆叠了多个全连接层(1024 个通道)、批归一化(Batch Normalization)层、整流线性单元(ReLU)层和池化(Pooling)层。网络以 $N$ 个级联的人体 2D 关节点坐标为输入,通过 4 个残差模块将输入映射到高维特征空间,最后通过一个 $N \times 3$ 通道的线性层输出人体关节点的 3D 相对位置坐标。

## 3.3.1 双分支自监督训练网络结构

在网络训练阶段,定义 $I^{v1}$ 和 $I^{v2}$ 为任意两个视角在同一时刻捕获的帧,$X^{v1}$ 和 $X^{v2}$ 为对应的人体 2D 姿态,$w^{v1}$ 和 $w^{v2}$ 为对应的关节点置信度向量。将 $X^{v1}$ 和 $X^{v2}$ 输入到 2D 到 3D 姿态映射网络 $\mathcal{N}$ 中可得到人体 3D 相对姿态 $Y^{v1}$ 和 $Y^{v2}$。为了在没有人体 3D 关节点标注的情况下训练 2D 到 3D 姿态映射网络,本节设计了变换重投影损失。该损失涉及透视投影（perspective projection）和刚体变换（rigid transformation）操作，这些操作需要人体关节点的 3D 绝对位置。如果没有绝对位置，将无法获得人体在相机坐标系中的真实深度，进而导致人体 3D 姿态重投影回 2D 空间时无法得到人体在帧上的真实尺度。现有的方法通常对人体 2D 骨架的尺度进行标准化，但这样会降低重投影损失计算的精度。

为了解决上述问题，如图 3.3 所示，本章提出了根位置回归分支，用于辅助 2D 到 3D 姿态映射网络的训练。该分支用于预测相机坐标系下根关节点的位置（$r^{v1}$ 和 $r^{v2}$），并将它们与人体 3D 相对姿态相加得到人体 3D 绝对姿态（$\tilde{Y}^{v1}$ 和 $\tilde{Y}^{v2}$）。根位置回归分支与 2D 到 3D 姿态映射分支具有相同的网络结构，但不共享权重。下面将详细介绍网络的损失函数和训练过程。

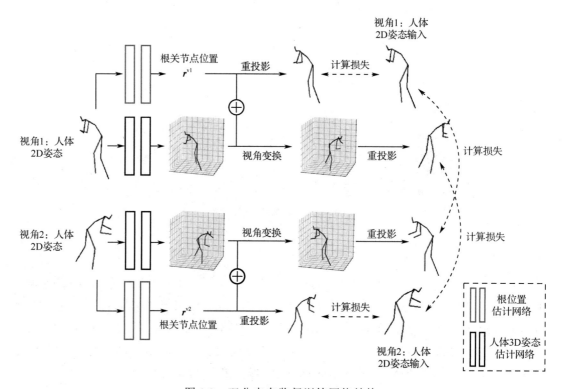

图 3.3　双分支自监督训练网络结构

## 3.3.2　损失函数

得到人体 3D 绝对姿态后，根据透视投影 $\rho$，可将它们重投影回 2D 空间：

$$\rho(\tilde{\boldsymbol{Y}}_i^{v1}) = \begin{bmatrix} f_x^{v1}\tilde{\boldsymbol{Y}}_i^{v1}(x)/\tilde{\boldsymbol{Y}}_i^{v1}(z) + c_x^{v1} \\ f_y^{v1}\tilde{\boldsymbol{Y}}_i^{v1}(y)/\tilde{\boldsymbol{Y}}_i^{v1}(z) + c_y^{v1} \end{bmatrix}$$
$$\rho(\tilde{\boldsymbol{Y}}_i^{v2}) = \begin{bmatrix} f_x^{v2}\tilde{\boldsymbol{Y}}_i^{v2}(x)/\tilde{\boldsymbol{Y}}_i^{v2}(z) + c_x^{v2} \\ f_y^{v2}\tilde{\boldsymbol{Y}}_i^{v2}(y)/\tilde{\boldsymbol{Y}}_i^{v2}(z) + c_y^{v2} \end{bmatrix} \tag{3.1}$$

其中，$f_x^{v1}$ 和 $f_y^{v1}$ 为视角 1 下的相机焦距（Focal Length），$c_x^{v1}$ 和 $c_y^{v1}$ 定义了视角 1 下的主点（Principle Point），$\tilde{\boldsymbol{Y}}_i^{v1}(x)$ 表示视角 1 下 $\tilde{\boldsymbol{Y}}^{v1}$ 的第 $i$ 个关节点的 $x$ 坐标值；$f_x^{v2}$ 和 $f_y^{v2}$ 为视角 2 下的相机焦距，$c_x^{v2}$ 和 $c_y^{v2}$ 定义了视角 2 下的主点，$\tilde{\boldsymbol{Y}}_i^{v2}(x)$ 表示视角 2 下 $\tilde{\boldsymbol{Y}}^{v2}$ 的第 $i$ 个关节点的 $x$ 坐标值。然后计算输入和重投影的人体 2D 姿态之间的 $l_2$ 损失：

$$\mathcal{L}_{\mathrm{reproj}} = \sum_i^N \{ w_i^{v1} \| \boldsymbol{X}_i^{v1} - \rho(\tilde{\boldsymbol{Y}}_i^{v1}) \|^2 + w_i^{v2} \| \boldsymbol{X}_i^{v2} - \rho(\tilde{\boldsymbol{Y}}_i^{v2}) \|^2 \} \tag{3.2}$$

其中，$w_i^{v1}$ 和 $w_i^{v2}$ 分别为第 $i$ 个关节点在两个视角下的置信度。具有较小置信度的视角对损失的贡献较小，从而减小人体 2D 关节点检测噪声对网络训练的影响。

在此基础上，为了解决投影不确定性问题，本章设计了变换重投影损失，从多个视角约束人体 3D 姿态。具体来说，变换重投影损失通过刚体变换 $\tau$ 对人体 3D 绝对姿态的相机坐标系进行变换，如下所示：

$$\tau(\tilde{\boldsymbol{Y}}_i^{v1}) = \boldsymbol{R}_{1\mathrm{to}2}(\tilde{\boldsymbol{Y}}_i^{v1} - \boldsymbol{t}_{1\mathrm{to}2})$$
$$\tau(\tilde{\boldsymbol{Y}}_i^{v2}) = \boldsymbol{R}_{2\mathrm{to}1}(\tilde{\boldsymbol{Y}}_i^{v2} - \boldsymbol{t}_{2\mathrm{to}1}) \tag{3.3}$$

其中，$\boldsymbol{R}_{1\mathrm{to}2}, \boldsymbol{R}_{2\mathrm{to}1} \in \mathbb{R}^{3\times3}$ 为旋转矩阵；$\boldsymbol{t}_{1\mathrm{to}2}, \boldsymbol{t}_{2\mathrm{to}1} \in \mathbb{R}^3$ 为平移向量。当有两个视角下相机的外参（Extrinsic Parameters）$\boldsymbol{R}_1$、$\boldsymbol{t}_1$ 和 $\boldsymbol{R}_2$、$\boldsymbol{t}_2$ 时，视角变换参数可以通过如下方式获得：

$$\boldsymbol{R}_{1\mathrm{to}2} = \boldsymbol{R}_2\boldsymbol{R}_1^{\mathrm{T}}; \quad \boldsymbol{t}_{1\mathrm{to}2} = \boldsymbol{R}_1(\boldsymbol{t}_2 - \boldsymbol{t}_1)$$
$$\boldsymbol{R}_{2\mathrm{to}1} = \boldsymbol{R}_1\boldsymbol{R}_2^{\mathrm{T}}; \quad \boldsymbol{t}_{2\mathrm{to}1} = \boldsymbol{R}_2(\boldsymbol{t}_1 - \boldsymbol{t}_2) \tag{3.4}$$

当没有相机的外参时，可以将两个视角下检测到的人体 2D 关节点位置作为标定点来估计视角变换参数[12]。假设第一个相机中心为世界坐标系原点，这意味着 $\boldsymbol{R}_1$ 是单位矩阵，$\boldsymbol{t}_1$ 是零向量。对于 $\boldsymbol{X}^{v1}$ 和 $\boldsymbol{X}^{v2}$ 中对应的关节点，首先使用 RANSAC 算法找到满足 $\boldsymbol{X}_i^{v1}\boldsymbol{F}\boldsymbol{X}_i^{v2} = 0, i = 1, \cdots, N$ 的基础矩阵（Fundamental Matrix）$\boldsymbol{F}$；再通过 $\boldsymbol{E} = \boldsymbol{P}_{v2}^{\mathrm{T}}\boldsymbol{F}\boldsymbol{P}_{v1}$ 计算本质矩阵（Essential Matrix）$\boldsymbol{E}$，其中 $\boldsymbol{P}_{v1}$ 和 $\boldsymbol{P}_{v2}$ 是相机的投影矩阵；然后通过对

$E$ 进行奇异值分解，便可以得到 $\boldsymbol{R}_{1to2}$ 和 $\boldsymbol{t}_{1to2}$ 的 4 个可能的解；最后使用顺反性检查（Cheirality Check）来得到最终的 $\boldsymbol{R}_{1to2}$ 和 $\boldsymbol{t}_{1to2}$。类似地，使用相同的方法可以获得 $\boldsymbol{R}_{2to1}$ 和 $\boldsymbol{t}_{2to1}$。由于通过上述方法得到的 $\boldsymbol{t}_{1to2}$ 和 $\boldsymbol{t}_{2to1}$ 是单位方向向量，因此需要将它们乘以两个相机中心点的距离。

接下来，根据多视角一致性，即变换后的人体 3D 姿态的 2D 投影应与目标视角的人体 2D 姿态输入相同，可以计算变换重投影损失：

$$\mathcal{L}_{\text{t-reproj}} = \sum_i^N \{ \boldsymbol{w}_i^{\text{v1}} \| \boldsymbol{X}_i^{\text{v2}} - \rho(\tau(\tilde{\boldsymbol{Y}}_i^{\text{v1}})) \|^2 + \boldsymbol{w}_i^{\text{v2}} \| \boldsymbol{X}_i^{\text{v1}} - \rho(\tau(\tilde{\boldsymbol{Y}}_i^{\text{v2}})) \|^2 \} \tag{3.5}$$

这样便完全依靠相机的几何先验和多视角信息构造了有效的损失函数。

### 3.3.3  训练

在没有任何真实标注的情况下训练双分支网络是具有挑战性的。实验发现，如果采用随机初始化的方式，双分支网络将无法收敛。因此，本章设计了一个预训练方法来初始化网络。如图 3.4 所示，该预训练损失可以表示为

$$\mathcal{L}_{\text{pre-train}} = \sum_i^N \{ \| \tau(\tilde{\boldsymbol{Y}}_i^{\text{v1}}) - \tilde{\boldsymbol{Y}}_i^{\text{v2}} \|^2 + \| \tau(\tilde{\boldsymbol{Y}}_i^{\text{v2}}) - \tilde{\boldsymbol{Y}}_i^{\text{v1}} \|^2 \} \tag{3.6}$$

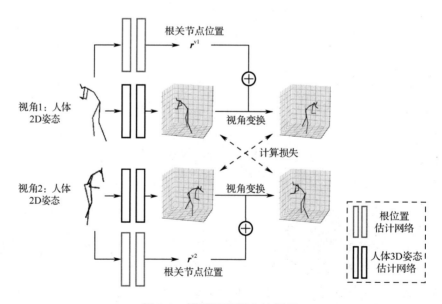

图 3.4  模型预训练方法图示

根据多视角一致性,变换后的人体 3D 姿态和目标视角下的人体 3D 姿态应该相同。尽管该预训练损失无法指导 2D 到 3D 姿态映射分支生成准确的人体 3D 姿态,但可以有效地约束根位置分支的输出空间。它可以看作根位置分支的一种高级初始化方式,大大降低了网络收敛的难度。

经过预训练后,使用重投影损失和变换重投影损失对网络进行训练:

$$\mathcal{L}_{\mathrm{T}} = \mathcal{L}_{\mathrm{reproj}} + \lambda \mathcal{L}_{\mathrm{t\text{-}reproj}} \tag{3.7}$$

其中,$\lambda$ 是一个超参数,针对不同数据集有不同的设置。

# 3.4　实验结果

本节将首先详细介绍实验采用的数据集、实验的评价指标和实验细节;之后对本章所提出的模型进行控制变量分析;最后提供了在两个公共的人体 3D 姿态数据集上的实验结果,以及与其他代表性算法的比较结果。

## 3.4.1　实验设置

### 1. 数据集

本实验使用了两个通用的人体 3D 姿态公开数据集: Human3.6M[10] 和 MPI-INF-3DHP[11]。

● Human3.6M 是目前最大的人体 3D 姿态数据集之一。该数据集包含 11 个演示者、15 个动作场景,如吃饭、坐和走路等,共 360 万个视频帧;由 4 个经过校准的相机从 4 个不同的视角采集获得,并使用运动捕捉系统进行标注,共标注有 17 个人体关节点。该数据集根据不同的演示者划分成 11 个子集(S1～S11),通常使用 S1、S5、S6、S7 和 S8 作为训练集,S9 和 S11 作为测试集。

● MPI-INF-3DHP 是最近提出的一个人体 3D 姿态数据集,它既有室内场景,也包含了复杂的室外场景。本实验使用 5 个胸部高度的相机所采集到的视频帧和与 Human3.6M 数据集一致的 17 个关节点标注作为训练集,并使用官方的测试集(包含 6 个演示者、7 个动作场景,共 2929 个视频帧)对模型进行评估。

**评价指标**:对于 Human3.6M 数据集,本实验使用两种常用的人体 3D 姿态评估指标,即关节点位置平均误差(Mean Per Joint Position Error,MPJPE),单位为毫米(mm),MPJPE 通过计算真实的与估计的人体 3D 关节点位置之间的平均欧氏距离得到;普氏关节点位置平均误差(Procrustes MPJPE,P-MPJPE),P-MPJPE 在计算 MPJPE 之前通过普氏分析法(Procrustes Analysis)计算刚体变换参数将估计的人体 3D 姿态与真实标定对齐。MPI-INF-3DHP 数据集上的评估指标参考 Mehta 等人[11]的研究,包括正确 3D 关键点百分比(Percentage of Correct 3D Keypoints,PCK3D)和相应的曲线下面积(Area Under the Curve,AUC)。其中,PCK3D 表示估计的位置与真实标定位置距离在 15cm 以内的人体关节点所占的百分比。

**数据扩充**:Human3.6M 数据集仅提供了 4 个校准的相机视角。为了扩充数据集,本节使用 Fang 等人[17]提出的数据扩充技术构建了一系列虚拟的相机视角。具体来讲,本节将 Human3.6M 数据集从 4 个视角扩展为 12 个视角,其中包含 8 个虚拟相机视角,并获取了新增虚拟视角下的人体 2D 姿态。

### 2. 实现细节

为了使所提出的双分支网络在没有任何人体 3D 姿态标注的情况下能够有效收敛,本章使用两阶段的训练方法。第一阶段使用 $\mathcal{L}_{\text{pre-train}}$ 损失对网络进行预训练。具体来讲,使用 Adam 优化器、设置学习率为 0.001 并训练 20 个 Epoch。接下来,使用 $\mathcal{L}_T$ 损失对网络训练 300 个 Epoch。学习率初始化为 0.001,每 100 个 Epoch 衰减到原来的 1/10。在测试时,为了与其他相关方法保持一致,仅使用 2D 到 3D 姿态映射分支预测相机空间中的人体相对 3D 姿态,用于评估网络性能。模型使用 PyTorch 实现,在配备有 Intel Xeon E5-2698 2.2GHz 和一块 NVIDIA Tesla V100 显卡的服务器上进行训练。

## 3.4.2 模型控制变量分析与实验结果

### 1. 变换重投影损失分析

为了评估所提出的变换重投影损失的有效性,本节设计了多个变体在 Human3.6M 数据集上分别进行训练,并对比了 MPJPE 和 P-MPJPE 评估指标。表 3.1 给出了定量的对比结果。与常用的对抗损失相比,变换重投影损失实现了更加显著的性能提升,MPJPE 和 P-MPJPE 分别达到 59.0mm 和 45.7mm。这表明变换重投影损失可以帮助网络学习到几何先验知识，从而有效地约束人体 3D 姿态、获得更精准的预测结果。此外，当使用数据扩充时，MPJPE 和 P-MPJPE 进一步减少了 2.0mm 和 1.6mm，这表明训练集中相机视角的扩充有助于提升网络的性能。图 3.5 进一步提供了定性分析，给出了多个有挑战性的样本（如严重的遮挡、远离相机等），使用多个变体分别得到的人体 3D 姿态的可视化结果。显然，仅使用重投影损失会得到不合理的人体 3D 骨架。尽管对抗性损失在一定程度上可以约束人体 3D 姿态，但是它仍然无法生成精确的人体 3D 姿态，尤其是针对严重遮挡的样本。重投影损失可以得到与真实标定最接近的人体 3D 姿态。

表 3.1　在 Human3.6M 数据集上，不同损失函数的对比实验结果

| MPJPE | Direct | Disc | Eat | Greet | Phone | Photo | Pose | Purch. | Sit | SitD | Smoke | Wait | WalkD | Walk | WalkT | Avg |
|---|---|---|---|---|---|---|---|---|---|---|---|---|---|---|---|---|
| Reproj | 390.2 | 441.6 | 479.3 | 422.8 | 503.4 | 479.0 | 400.6 | 471.5 | 568.5 | 662.2 | 483.6 | 423.8 | 473.2 | 414.5 | 413.5 | 468.5 |
| Reproj+ADV | 81.7 | 93.0 | 99.3 | 97.3 | 106.8 | 134.7 | 81.8 | 101.0 | 113.2 | 151.2 | 100.7 | 97.0 | 121.3 | 111.6 | 108.3 | 106.6 |
| Trans_Reproj | 49.7 | 54.5 | 58.0 | 56.8 | 63.4 | 80.0 | 52.4 | 52.7 | 71.4 | 78.3 | 58.9 | 55.2 | 60.0 | 43.8 | 49.6 | 59.0 |
| Trans_Reproj+DA | 48.7 | 53.6 | 54.7 | 55.1 | 61.3 | 76.1 | 51.5 | 50.3 | 68.0 | 75.9 | 56.7 | 53.8 | 58.8 | 42.6 | 47.9 | 57.0 |
| **P-MPJPE** | **Direct** | **Disc** | **Eat** | **Greet** | **Phone** | **Photo** | **Pose** | **Purch.** | **Sit** | **SitD** | **Smoke** | **Wait** | **WalkD** | **Walk** | **WalkT** | **Avg** |
| Reproj | 147.1 | 148.0 | 174.7 | 153.1 | 165.5 | 162.7 | 176.1 | 136.2 | 156.5 | 192.5 | 230.1 | 147.6 | 150.5 | 160.0 | 154.6 | 163.7 |
| Reproj+ADV | 64.8 | 69.4 | 77.4 | 74.4 | 78.4 | 94.2 | 60.4 | 68.9 | 81.5 | 113.1 | 74.3 | 70.4 | 84.8 | 82.4 | 81.6 | 78.4 |
| Trans_Reproj | 39.6 | 42.6 | 45.7 | 46.0 | 47.6 | 57.1 | 41.0 | 39.2 | 55.4 | 59.9 | 46.4 | 42.5 | 47.1 | 34.4 | 41.0 | 45.7 |
| Trans_Reproj+DA | 38.2 | 41.3 | 43.5 | 44.4 | 45.4 | 54.7 | 39.3 | 38.0 | 53.2 | 59.2 | 45.0 | 40.7 | 46.2 | 33.0 | 39.4 | 44.1 |

注：ADV 表示对抗损失；DA 表示网络在训练时使用了数据扩充。

### 2. 主干网络分析

本章所提出的方法不依赖于特定的主干网络，这里将分析不同的主干网络对方法性能的影响。其中，ResLinear[1]是最早且最常用的人体 3D 姿态估计主干网络，它由多个全连接层和残差连接组成。扩张时序（Temporal Dilated）[2]是最新提出的基于时序的主干网络，使用时序膨胀卷积建模时序信息。在本实验中，扩张时序网络在训练和测试时均以 243 个相邻帧作为输入。如表 3.2 所示，当使用最简单的 ResLinear 网络时，所提出的方法依然可以取得有竞争力的结果。这说明本章方法带来的性能提升并不是由于使用了更好的主干网络。当使用扩张时序网络时，得益于对视频时序信息的利用，可以取得进一步的性能提升。以上结果表明本章所提出的自监督训练方法具有很强的通用性，适用于任一人体 3D 姿态估计主干网络。

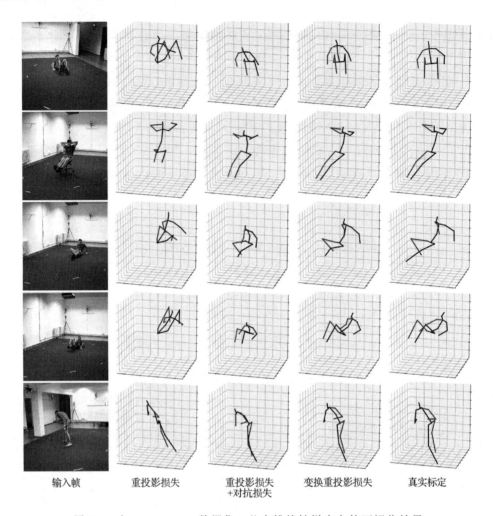

输入帧　　　　重投影损失　　　重投影损失　　　变换重投影损失　　　真实标定
　　　　　　　　　　　　　　　　+对抗损失

图 3.5　在 Human3.6M 数据集一些有挑战性样本上的可视化结果

表 3.2　在 Human3.6M 数据集上，不同主干网络的对比实验结果

| 主　干　网　络 | MPJPE | P-MPJPE |
|---|---|---|
| ResLinear 网络 | 59.7 | 45.0 |
| 本章提出的网络 | 57.0 | 44.1 |
| 扩张时序网络 | 56.1 | 43.2 |

### 3．网络预训练分析

由于本章所提出的双分支网络是在没有任何人体 3D 姿态标注的情况下进行训练的，因此如何让网络有效地收敛是需要解决的重要问题。本节对比了预训练和随机初始化两种设置下的网络训练效果。如图 3.6 所示，随机初始化网络的损失曲线和 MPJPE 曲线剧烈振荡。尽管实验中尽了最大努力调整网络训练的超参数，网络依然无法收敛。相比之下，网络在经过预训练后，损失值可以迅速减小并收敛，且得到较低的 MPJPE

值。这说明所提出的预训练方法对于双分支网络的训练至关重要。

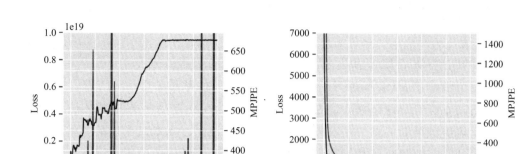

图 3.6　在预训练和随机初始化两种设置下的损失（Loss）和 MPJPE 曲线

### 4．网络泛化性分析

为了评估所提出方法的泛化能力，本部分使用 Human3.6M 数据集训练网络，然后在包含复杂室外场景的 MPI-INF-3DHP 数据集上对其进行评估。图 3.7 展示了 MPI-INF-3DHP 数据集的测试集中一些样本的可视化结果，该结果表明本章所提出的方法可以成功地在没有用于训练的数据集上重建出准确的人体 3D 姿态。

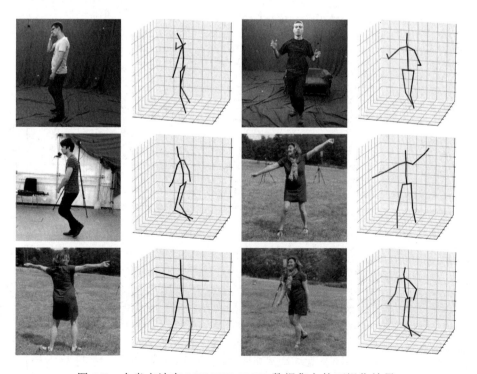

图 3.7　本章方法在 MPI-INF-3DHP 数据集上的可视化结果

## 3.4.3　性能比较

本节与最近的弱/自监督方法进行对比。首先表 3.3 提供了在 Human3.6M 数据集上，基于 MPJPE 和 P-MPJPE 评估指标与相关的弱/自监督方法的对比结果。其中，Tung 等人所提出的方法[7]、Wandt 等人所提出的方法[8]和 Zhou 等人所提出的方法[31]基于重投影损失，需要额外的人体 3D 关节点标注。与之相比，本章所提出的方法取得了显著的性能提升，在两种评估指标下获得了 59.0mm 和 45.7mm 的平均误差。另外，本章所提出的方法也优于最新的基于多视角信息的方法[12]。为了公平比较，表 3.3 中提供的是在该方法使用真实相机外参的情况下获得的结果。这说明了本章所提出的方法可以更有效地利用多视角信息。

表 3.3　在 Human3.6M 数据集上，基于 MPJPE 和 P-MPJPE 评估指标与相关的弱/自监督方法的对比结果

| MPJPE | Direct | Disc | Eat | Greet | Phone | Photo | Pose | Purch. | Sit | SitD | Smoke | Wait | WalkD | Walk | WalkT | Avg |
|---|---|---|---|---|---|---|---|---|---|---|---|---|---|---|---|---|
| Pavlakos 等人提出的方法[27] | — | — | — | — | — | — | — | — | — | — | — | — | — | — | — | 118.4 |
| Tung 等人提出的方法[7](†) | 77.6 | 91.4 | 89.9 | 88 | 107.3 | 110.1 | 75.9 | 107.5 | 124.2 | 137.8 | 102.2 | 90.3 | — | 78.6 | — | 97.2 |
| Wandt 等人提出的方法[8](†) | 77.5 | 85.2 | 82.7 | 93.8 | 93.9 | 101.0 | 82.9 | 102.6 | 100.5 | 125.8 | 88.0 | 84.8 | 72.6 | 78.8 | 79.0 | 89.9 |
| Wang 等人提出的方法[24](*;†) | 50.0 | 60.0 | 54.7 | 56.6 | 65.7 | 52.7 | 54.8 | 85.9 | 118.0 | 62.5 | 79.6 | 59.6 | 41.5 | 65.2 | 48.5 | 63.7 |
| Kocabas 等人提出的方法[12] | — | — | — | — | — | — | — | — | — | — | — | — | — | — | — | 76.6 |
| Ours | 49.7 | 54.5 | 58.0 | 56.8 | 63.4 | 80.0 | 52.4 | 52.7 | 71.4 | 78.3 | 58.9 | 55.2 | 60.0 | 43.8 | 49.6 | 59.0 |
| **P—MPJPE** | Direct | Disc | Eat | Greet | Phone | Photo | Pose | Purch. | Sit | SitD | Smoke | Wait | WalkD | Walk | WalkT | Avg |
| Zhou 等人提出的方法[31](†) | 54.8 | 60.7 | 58.2 | 71.4 | 62.0 | 65.5 | 53.8 | 55.6 | 75.2 | 111.6 | 64.1 | 66.0 | 5.4 | 63.2 | 55.3 | 64.9 |
| Drover 等人提出的方法[32] | 60.2 | 60.7 | 59.2 | 65.1 | 65.5 | 63.8 | 59.4 | 59.4 | 69.1 | 88.0 | 64.8 | 60.8 | 64.9 | 63.9 | 65.2 | 64.6 |
| Rhodin 等人提出的方法[6](†) | — | — | — | — | — | — | — | — | — | — | — | — | — | — | — | 98.2 |
| Wandt 等人提出的方法[8](†) | 53.0 | 58.3 | 59.6 | 66.5 | 72.8 | 71.0 | 56.7 | 69.6 | 78.3 | 95.2 | 66.6 | 58.5 | 63.2 | 57.5 | 49.9 | 65.1 |
| Kocabas 等人提出的方法[12] | — | — | — | — | — | — | — | — | — | — | — | — | — | — | — | 67.5 |
| Chen 等人提出的方法[5](*) | — | — | — | — | — | — | — | — | — | — | — | — | — | — | — | 68.0 |
| 本章所提出的方法 | 39.6 | 42.6 | 45.7 | 46.0 | 47.6 | 57.1 | 41.0 | 39.2 | 55.4 | 59.9 | 46.4 | 42.5 | 47.1 | 34.4 | 41.0 | 45.7 |

注：(*)表示方法使用了视频时序信息；(†)表示方法需要额外的人体 3D 关节点标注。

表 3.4 显示了在 MPI-INF-3DHP 数据集上与最新相关的弱/自监督方法的对比结果。这里使用 MPI-INF-3DHP 数据集的训练集训练网络，并根据 PCK3D 和 AUC 评估指标在测试集中对其进行评估。从结果可以观察到，本章方法的 PCK3D 和 AUC 评估指标分别达到 74.1% 和 41.4%，明显优于最新的弱/自监督方法。

表 3.4 在 MPI-INF-3DHP 数据集上，与相关的弱/自监督方法的对比结果

| 方　法 | PCK3D | AUC |
|---|---|---|
| Zhou 等人提出的方法[31] | 69.2% | 32.5% |
| Kocabas 等人提出的方法[12] | 64.7% | —— |
| Chen 等人提出的方法[5] | 71.1% | 36.3% |
| 本章提出的方法 | 74.1% | 41.4% |

## 3.5 本章小结

本章提出了一个自监督的单目人体 3D 姿态估计方法，该方法利用多视角一致性构造用于 2D 到 3D 姿态映射网络训练的监督信号，不需要任何额外的人体 3D 关节点标注。为此，本章提出了变换重投影损失，可以在网络训练过程中从多个视角约束人体 3D 姿态；同时使用人体 2D 关节点置信度对不同视角下的重投影损失进行整合，从而提高了网络对人体 2D 关节点检测噪声的强健性。为了恢复人体 3D 姿态的绝对位置，本章提出了一个双分支的训练网络，分别用于预测人体相对 3D 姿态和根关节点位置。这样可以保留重投影人体 2D 姿态的尺度信息，提高误差度量的精度，进一步提高姿态估计网络的性能。最后，本章根据多视角几何先验提出了一个预训练技术，有效地帮助网络快速收敛。在两个人体 3D 姿态数据集（Human3.6M 和 MPI-INF-3DHP）上的实验结果表明，本章所提出的自监督的单目人体 3D 姿态估计方法可以有效地训练人体 3D 姿态估计网络，并且能够取得较好的泛化性。相比于最新的弱/自监督方法，本章所提出的方法能够取得更好的性能。

扫一扫看本章参考文献

# 第 4 章
# 基于人体形状与相机视角一致分解的人体 3D 姿态估计

## ✅ 4.1 引言

第 3 章提出了基于多视角信息的自监督人体 3D 姿态估计方法,该方法在训练阶段除了需要多视角的视图,还需要多个视角下相机的外参用于相机坐标系之间的相互转换。尽管相机的相对位姿可以以人体 2D 关节点坐标为校准点,通过对极约束计算得到,但是人体 2D 关节点检测的误差会大大影响相机相对位姿计算的精确度,进而影响人体 3D 姿态估计网络的训练。本章通过将人体 2D 姿态分解为与视角无关的人体形状和相机视角,得到不同视角间的几何关系,从而使网络训练摆脱对相机外参的依赖,得到更加通用的自监督人体 3D 姿态估计方法。

得益于深度神经网络强大的拟合能力,最近的大部分研究都直接估计人体关节点在相机视角下的深度值或 3D 坐标[1-2]。但从单目图像中估计人体关节点的 3D 坐标是一个不适当的逆问题(Ill-Posed Inverse Problem),因为同一个人体 2D 姿态可能由无数个不同的人体 3D 骨架投影得到。这个问题对于使用重投影损失[3]的弱/自监督方法尤其突出。为了克服该问题,基于对抗生成网络(Generative Adversarial Network,GAN)

的技术，即对抗损失（Adversarial Loss）[1]，被使用并成为最常用的技术之一。它通过引入真/假人体 3D 姿态判别器，将网络的输出约束到真实的人体 3D 姿态流形上。但对抗损失通常需要额外的人体 3D 姿态标注数据。

此外，还有一些研究[4-6]将人体 3D 姿态表示为一系列与视角无关的人体 3D 姿态基元（Basis）的线性组合，通过神经网络预测相机视角和字典相关的组合系数。一方面，先前的方法通常使用主成分分析（Principal Components Analysis，PCA）或稀疏编码（Sparse Coding）技术来学习字典，这些技术通常侧重于统计的角度，却忽略了人体 3D 姿态几何的方面，因此不能保证人体 3D 姿态变化的多样性。另一方面，由于这些方法无法确保人体形状和相机视角完全分离，它们通常仍然需要对抗损失作为附加约束用于解决投影不确定性问题。

本章提出了一个自监督人体 3D 姿态估计方法，该方法学习一个分解网络，从人体 2D 姿态中稳定地分解视角无关的人体形状和相机视角。一致分解（Consistent Factor-ization）意味着同一人体 3D 骨架在不同视角下的 2D 投影应重建出相同的标准人体 3D 姿态（Canonical 3D Human Pose），并且 2D 投影完全由相机视角来区分。基于这一客观事实，本章设计了一致分解约束，利用多视角信息约束标准人体 3D 姿态，将人体形状与相机视角完全解开。不同于之前基于字典学习的深度学习方法，为了重建出强健的人体 3D 姿态，本章利用人体 3D 姿态的几何信息，通过解决运动恢复非刚体结构（Non-Rigid Structure from Motion，NRSfM）最小化问题，从人体 2D 姿态数据中学习到人体形状字典。其中 NRSfM 是一种经典的从单目场景中重建非刚体 3D 形状的技术。同时，本章方法基于 3D 形状可以压缩为多层级稀疏编码的假设[7]，使用层次化字典（Hierarchical Dictionary）重构人体 3D 姿态，具有更强的人体 3D 姿态表达能力。具体来讲，通过最小化 NRSfM 目标函数优化一个编码器-解码器网络，该网络的编码器和解码器共享参数，且参数即所求层次化字典。这样可以在不需要人体 3D 姿态标注的情况下学习到人体 3D 姿态字典。综上所述，本章方法使用一致分解约束和层次化字典可以学习到强健的人体 3D 姿态估计网络。

本章在两个主流的人体 3D 姿态数据集（Human3.6M[8]和 MPI-INF-3DHP[9]）上做了充分的验证和对比实验。结果表明本章所提出的人体 3D 姿态估计方法与相关的弱/自监督方法相比可以取得更优的性能。总而言之，本章工作主要具有以下 3 点贡献。

（1）提出了一致分解网络从人体 2D 姿态中分解得到相机视角和人体形状系数；为了确保两部分能够完全解开以克服投影不确定性问题，利用多视角信息设计了简单且有效的损失函数用于约束标准人体 3D 姿态。

（2）通过解决 NRSfM 最小化问题从人体 2D 姿态数据中学习到层次化字典；该层次化字典具有更强的人体 3D 姿态表达能力，能够得到更加强健的人体 3D 姿态估计结果。

（3）实验结果表明该方法可以最大限度地解开人体 3D 形状和相机视角；同时与相关的弱/自监督人体 3D 姿态估计方法相比，本章所提出的方法能够得到更加精准的估计结果。

本章其余部分组织如下：4.2 节对本章相关工作进行总结；4.3 节对所解决的问题给出详细的定义；4.4 节介绍所提出的一致分解网络；4.5 节介绍如何学习所提出的层次化字典；4.6 节介绍模型的训练方法；4.7 节对所提出的方法在不同的数据集上进行性能分析、评估，以及与其他相关方法比较；4.8 节对本章内容进行总结。

# ✅ 4.2 相关工作

本节首先对基于字典学习的单目人体 3D 姿态估计方法进行总结，之后对运动恢复非刚体结构进行介绍。

## 4.2.1 基于字典学习的单目人体 3D 姿态估计方法

尽管大多数的单目人体 3D 姿态估计方法都直接在相机坐标系上回归关节点的深度值或 3D 坐标位置，但也有一些方法首先学习一个包含一组人体 3D 姿态基元的过完备（Overcomplete）字典，然后使用稀疏的低维向量表示人体 3D 姿态。常用的方法包括主成分分析（Principal Component Analysis，PCA）[4,10]、稀疏表示（Sparse Coding）[6,11]以及稀疏子空间聚类（Sparse Subspace Clustering）[12]。最近一些研究基于上述人体 3D 姿态表示方法，利用神经网络预测人体 3D 姿态编码向量。例如，Tung 等人[4]在方向对齐的训练集样本上使用 PCA 获得人体形状字典，将人体 3D 姿态表示为人体形状基元的线性组合，并使用神经网络预测组合系数。Novotny 等人[5]将人体形状字典视为神经网络线性层的权重，并以端到端的方式与人体 3D 姿态估计网络共同优化。上述方法通常侧重于统计的角度，却忽略了人体 3D 姿态几何的方面，并且 Wang 等人[11]和 Novotny 等人[5]的研究表明如果不使用额外的约束，上述方法仍然会生成不合理的人体 3D 姿态。

## 4.2.2　运动恢复非刚体结构

NRSfM 是经典的从 2D 关键点恢复非刚体 3D 形状的技术。为了解决不适定问题，主流的方法将其视为稀疏字典学习问题[13-14]，即从 3D 运动数据中学习一个人体形状基元的过完备字典，并对 3D 形状编码施加 L1 正则约束。最近的一些研究在基于深度学习的 NRSfM 领域取得了进展，如 Kong 和 Lucey 提出了 Deep-NRSfM 网络[7]以解决多层级稀疏字典学习问题，并实现了高质量的人体 3D 姿态重建。基于此，Wang 等人提出了一种新的知识蒸馏算法[15]，基于 Deep-NRSfM 学习到的人体形状字典实现了弱监督的人体 3D 姿态估计。本章方法利用 NRSfM 字典学习技术的最新进展，引入多视角约束，专注于从人体 2D 姿态中完全解开人体形状和相机视角。

# Ⓥ 4.3　问题定义

给定一张单目图像，定义 $X \in \mathbb{R}^{P \times 2}$ 为 $P$ 个人体关节点的 2D 坐标。本章方法的目标是预测人体的 3D 姿态 $Y \in \mathbb{R}^{P \times 3}$，这里将 $Y$ 拆解为与视角无关的标准人体 3D 姿态和相机视角，即

$$Y = \hat{Y}R, \quad \hat{Y} = [D\varphi]_{P \times 3} \tag{4.1}$$

其中，$\hat{Y}$ 为标准人体 3D 姿态，表示为人体 3D 姿态基元字典 $D \in \mathbb{R}^{3P \times K}$ 按照编码向量 $\varphi \in \mathbb{R}^K$ 的线性组合；$[]_{P \times 3}$ 操作表示将人体关节点 3D 坐标矩阵变形为 $P \times 3$ 维的向量；$R \in SO(3)$ 为相机视角的旋转矩阵，本章使用指数坐标（Exponential Coordinates）$\omega \in \mathbb{R}^3$ 表示相机的旋转矩阵，再通过罗德里格斯旋转公式（Rodrigues' Rotation Formula）计算旋转矩阵 $R = \text{expm}[\omega]_\times$，其中 expm 是矩阵指数操作，$[\cdot]_\times$ 表示有伴算子。这样可以避免计算正交约束。

由于传统的字典学习方法通常不能保证人体 3D 姿态变化的多样性，本节借鉴 Chen 等人提出的人体 3D 姿态[7]可以压缩为多层级稀疏编码的假设，将标准人体 3D 姿态表示为

$$\hat{Y} = D_1\boldsymbol{\varphi}_1, \qquad \|\boldsymbol{\varphi}_1\|_1 \leq \lambda_1, \boldsymbol{\varphi}_1 \geq 0$$
$$\boldsymbol{\varphi}_1 = D_2\boldsymbol{\varphi}_2, \qquad \|\boldsymbol{\varphi}_2\|_1 \leq \lambda_2, \boldsymbol{\varphi}_2 \geq 0$$
$$\vdots \qquad\qquad \vdots \qquad\quad \vdots \qquad\qquad (4.2)$$
$$\boldsymbol{\varphi}_{n-1} = D_n\boldsymbol{\varphi}_n, \qquad \|\boldsymbol{\varphi}_n\|_1 \leq \lambda_n, \boldsymbol{\varphi}_n \geq 0$$

其中，$\hat{Y}$ 为向量化的 $\hat{Y}$；$D_1 \in \mathbb{R}^{3P \times K_1}, D_2 \in \mathbb{R}^{K_1 \times K_2}, \cdots, D_n \in \mathbb{R}^{K_{n-1} \times K_n}$ 为层次化字典；$\boldsymbol{\varphi}_i \in \mathbb{R}^{K_i}$ 为多层次的稀疏编码向量。与单级字典相比，层次化字典的人体 3D 姿态编码不仅要满足各自层级的重构误差最小化，而且还要满足来自其他层级的正则约束。这有助于提高对人体 3D 姿态的表达能力。

综上所述，借助层次化字典，相机视角下的人体 3D 姿态可以通过 3D 姿态编码 $\boldsymbol{\varphi}_n$ 和相机旋转矩阵的指数坐标 $\boldsymbol{\omega}$ 重建出来。下面将分别介绍用于分解 $\boldsymbol{\varphi}_n$ 和 $\boldsymbol{\omega}$ 的一致分解网络和层次化字典的学习方法。

# 4.4 一致分解网络

如图 4.1 所示，本章设计了一致分解网络来从人体 2D 姿态中分解出标准人体 3D 姿态编码 $\boldsymbol{\varphi}_n$ 和表示相机旋转矩阵的指数坐标 $\boldsymbol{\omega}$。具体来讲，网络的输入为 $P$ 个级联的人体 2D 关节点坐标向量。网络包含了 4 个残差模块（Residual Block），每个残差模块都依次堆叠了多个全连接层（1024 个通道）、批归一化层、ReLU 层和池化层，将输入映射为高维特征。之后高维特征被输入到两个子网络中分别估计 $\boldsymbol{\varphi}_n$ 和 $\boldsymbol{\omega}$。这两个子网络具有相同的结构，均由两个全连接层和一个 ReLU 层组成。得到 $\boldsymbol{\varphi}_n$ 后，将其输入到解码器网络（层次化字典）中获得标准人体 3D 姿态 $\hat{Y}$。最后通过 $\boldsymbol{\omega}$ 计算相机的旋转矩阵 $R$，并利用式（4.1）进一步获得相机视角下的人体 3D 姿态 $Y$。

**一致分解约束：**保证人体形状和相机视角完全解开对于一致分解网络至关重要，如果两部分无法完全解开，网络训练依然会受到投影不确定性问题的影响。根据同一人体 3D 骨架不同视角下的 2D 投影应重建出相同的标准 3D 姿态这一事实，本节引入多视角信息来约束标准人体 3D 姿态。具体来讲，网络将随机选取的两个视角下的人体 2D 姿态 $X_1$、$X_2$ 作为输入，首先计算输入 2D 姿态与相应的重投影 2D 姿态之间的重投影损失。这里使用正交投影（Orthogonal Projection），定义 $M = R[I_2 \quad \mathbf{0}]^T$。因此重投影损失可以表示为

$$\mathcal{L}_{\text{re-proj}} = \| \hat{Y}_1 M_1 - X_1 \|_2 + \| \hat{Y}_2 M_2 - X_2 \|_2 \tag{4.3}$$

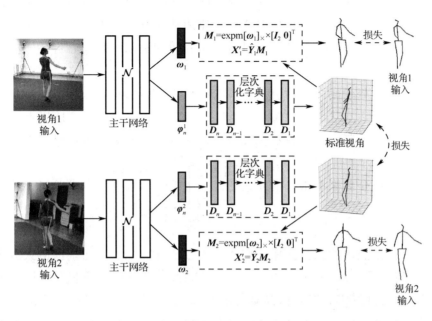

图 4.1　一致分解网络的结构图示

其中，$\hat{Y}_1, \hat{Y}_2$ 为两个视角分别得到的标准重建；$M_1, M_2$ 为两个视角的相机投影矩阵。除此之外，本节引入了一致分解损失，如下所示：

$$\mathcal{L}_{\text{cf}} = \| \hat{Y}_1 - \hat{Y}_2 \|_2 \tag{4.4}$$

该损失为两个视角下的标准人体 3D 姿态的距离，其促使不同视角下的 2D 姿态具有相同的标准重建。与此同时，重投影损失确保相机旋转矩阵将标准人体 3D 姿态投影回正确的视角。因此人体形状和相机视角两个分量可以完全解开，这使得可以从多个视角对标准重建进行约束，从而克服了投影不确定性问题。

## ✅ 4.5　**层次化字典学习**

与之前使用 PCA 或稀疏编码技术学习字典的方法不同，本章通过解决 NRSfM 最小化问题学习人体 3D 姿态字典。这是受 Deep-NRSfM[7]的启发，该方法提出了一个深度编码器-解码器网络来解决层次化字典学习问题，其中网络的前向传播可以视为多层稀疏码编码的近似恢复，网络的反向传播可以视为层次化字典的学习过程。如图 4.2

所示，编码器的网络的结构如下：

$$\tau_1 = \mathrm{ReLU}[(\boldsymbol{D}_1^{\#})^{\mathrm{T}} \boldsymbol{X} - \boldsymbol{b}_1 \otimes \mathbf{1}_{3\times 2}]$$

$$\tau_2 = \mathrm{ReLU}[(\boldsymbol{D}_2 \otimes \boldsymbol{I}_3)^{\mathrm{T}} \tau_1 - \boldsymbol{b}_2 \otimes \mathbf{1}_{3\times 2}]$$

$$\vdots$$

$$\tau_n = \mathrm{ReLU}[(\boldsymbol{D}_n \otimes \boldsymbol{I}_3)^{\mathrm{T}} \tau_{n-1} - \boldsymbol{b}_n \otimes \mathbf{1}_{3\times 2}]$$

(4.5)

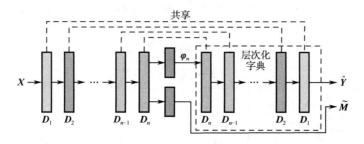

图 4.2　用于层次化字典学习的编码器-解码器网络结构图示

其中，$\boldsymbol{D}_1^{\#} \in \mathbb{R}^{P\times 3K_1}$ 为 $\boldsymbol{D}_1$ 的变形；$\tau_i = \varphi_i \otimes \boldsymbol{M}$ 且 $\otimes$ 为克罗内克积；$\boldsymbol{b}_1,\cdots,\boldsymbol{b}_n$ 为偏置项。这里假设可以通过某个函数（使用一个线性层实现）从 $\tau_n$ 中得到相机投影矩阵 $\boldsymbol{M}$ 和稀疏编码 $\varphi_n$。值得一提的是，与 Chen 和 Luecy 的研究[7]采用奇异值分解来确保 $\boldsymbol{M}$ 满足正交约束的方式不同，本章方法通过预测指数坐标 $\boldsymbol{\omega}$ 来计算旋转矩阵，计算更加高效。得到 $\varphi_n$ 后，人体 3D 姿态可以通过一个解码器网络重建得到：

$$\varphi_{n-1} = \mathrm{ReLU}(\boldsymbol{D}_n \varphi_n - \boldsymbol{b}_n')$$

$$\vdots$$

$$\varphi_1 = \mathrm{ReLU}(\boldsymbol{D}_2 \varphi_2 - \boldsymbol{b}_2')$$

$$\tilde{Y} = \boldsymbol{D}_1^{\#} \varphi_1$$

(4.6)

　　编码器-解码器网络中的编码器和解码器是对称且共享权重的。有了由层次化字典参数化的编码器-解码器网络，可以通过最小化训练集中所有样本的重投影误差学习层次化字典：

$$\min_{\boldsymbol{D}_1, \boldsymbol{D}_2, \cdots, \boldsymbol{D}_n} \sum_i \| \tilde{\boldsymbol{Y}}_i \tilde{\boldsymbol{M}}_i - \boldsymbol{X}_i \|_2$$

(4.7)

其中，$\tilde{\boldsymbol{Y}}_i$ 和 $\tilde{\boldsymbol{M}}_i$ 是第 $i$ 个样本的人体 3D 姿态和相机投影矩阵。尽管上述编码器网络也可以预测人体 3D 姿态编码和相机视角系数，但其对于测试集的样本强健性不强。

# 4.6　模型训练

模型训练分为两个步骤，首先预训练编码器-解码器网络初始化层次化字典；之后使用预训练后的解码器参数初始化一致分解网络的层次化字典模块，并同时使用重投影损失和一致分解损失对网络进行优化：

$$\mathcal{L} = \mathcal{L}_{\text{re-proj}} + \lambda \mathcal{L}_{\text{cf}} \tag{4.8}$$

其中，$\lambda$ 为超参数。在训练一致分解网络时，同时以较小的学习率对层次化字典进行微调。有关更多训练的细节，请参见 4.7.1 节相关内容。

# 4.7　实验结果

本节将介绍如何对所提出的人体 3D 姿态估计模型进行实验分析。首先介绍了使用的数据集和实现细节；然后介绍了如何对本章所提出的模型进行控制变量实验；最后介绍了在两个公共的人体 3D 姿态数据集上的详细实验结果，以及与其他代表性方法的比较结果。

## 4.7.1　实验设置

### 1．数据集和评估指标

实验使用了两个著名的人体 3D 姿态公共数据集：Human3.6M[8]和 MPI-INF-3DHP[9]。为了评估算法的性能，本章考虑了 MPJPE、P-MPJPE、PCK3D，以及 AUC 四种评估指标。

### 2．实现细节

**数据预处理**：输入数据的归一化对于网络的训练至关重要。在本实验中，通过以下步骤对输入的人体 2D 关节点位置进行归一化。首先设置骨盆关节点为坐标原点，将其他关节点的坐标减去根关节点坐标从而转化为相对坐标；然后定义所有关节点到根关节点的平均欧几里得距离（Mean Euclidean Distance）为比例因子；最后将所有关节点的坐标除以比例因子得到归一化后的人体 2D 姿态。

Human3.6M 数据集仅提供了 4 个校准的相机视角。为了扩充数据集，本节使用 Fang 等人[16]提出的数据增强技术构建了一系列虚拟的相机视角。具体来讲，本节将 Human3.6M 数据集从 4 个视角扩展为 12 个视角，其中包括 8 个虚拟的相机视角，并获取新增视角下的人体 2D 姿态。

**训练细节**：模型的训练包含两个阶段。第一个训练阶段，在 Human3.6M 数据集的训练集上对编码器-解码器网络进行预训练。其中，层次化字典最后一级（$\varphi_n$）的字典大小设置为 10，第一级（$\varphi_1$）的字典大小设置为 125。此阶段使用 Adam 优化器，设置学习率为 0.001，对网络训练 40 个 Epoch。之后使用预训练的解码器初始化一致分解网络的层次化字典，同时使用 Kaiming 初始化器[17]初始化一致分解网络的其他参数。在第二个训练阶段，同样使用 Adam 优化器，批大小设置为 1024，网络训练一共 70 个 Epoch。其中，主干网络的初始学习率设置为 0.001，层次化字典的初始学习率设置为相对较小的值 0.0001，以对其进行微调。在第 50 个 Ecoch 时，学习率为原来的 1/10。该模型使用 PyTorch 实现，并在配备有 Intel Xeon E5-2698 2.2GHz 和一块 NVIDIA Tesla V100 显卡的服务器上进行训练。

## 4.7.2　模型控制变量分析与实验结果

### 1．一致分解约束分析

为了验证所提出的一致分解约束的有效性，本节设计了几种模型的变体，变体的详情情况如下所示。

● **Baseline**（基线）仅使用重投影损失训练一致分解网络，不使用一致分解约束和层次化字典。

● **Baseline+HD** 与基线不同，该变体使用了预训练的层次化字典。

● **Baseline+ADV** 旨在与常用的对抗损失进行比较，在 Baseline+HD 的基础上使用对抗损失作为额外的约束。

● **Baseline+CF** 在 Baseline+HD 的基础上使用一致分解约束辅助网络训练。

上述基线及其变体均在 Human3.6M 数据集上进行训练，表 4.1 给出了基线及其变体在 Human3.6M 的测试集上每一个动作类别的 P-MPJPE 值。可以观察到，使用了一致分解约束的变体性能最佳。与基线相比，预训练的层次化字典有助于提升人体 3D 姿态估计的结果。但如果仅使用层次化字典，性能的提升仍然有限。虽然对抗损失可以进一步降低 P-MPJPE，但相比之下，本章所提出的一致分解约束可以实现更大幅度的性能提升，P-MPJPE 达到 52.1mm。这说明一致分解约束是训练人体 3D 姿态估计网络、克服投影不确定性问题的有效方法。此外，与对抗损失相比，一致分解约束不需要任何额外的人体 3D 姿态标注。

表 4.1　在 Human3.6M 数据集上，基线及其变体的对比实验结果

| | Direct | Discuss | Eating | Greet | Phone | Photo | Pose | Purch |
|---|---|---|---|---|---|---|---|---|
| **Baseline** | 123.1 | 135.9 | 159.0 | 129.4 | 151.3 | 154.7 | 114.7 | 152.7 |
| **Baseline+PT** | 96.8 | 111.2 | 105.5 | 101.4 | 116.4 | 129.8 | 98.7 | 121.1 |
| **Baseline+ADV** | 54.6 | 65.3 | 61.2 | 69.5 | 68.0 | 63.0 | 83.8 | 52.4 |
| **Baseline+CF** | 41.9 | 48.0 | 47.9 | 49.0 | 50.6 | 64.9 | 50.6 | 49.0 |
| | Sitting | SittingD | Smoke | Wait | WalkD | Walk | WalkT | **Avg** |
| **Baseline** | 187.7 | 210.2 | 146.5 | 123.8 | 146.5 | 113.4 | 119.7 | 144.6 |
| **Baseline+PT** | 144.6 | 181.3 | 116.8 | 109.8 | 128.2 | 112.7 | 110.3 | 118.9 |
| **Baseline+ADV** | 84.4 | 84.9 | 125.8 | 64.9 | 67.5 | 73.5 | 64.0 | 72.2 |
| **Baseline+CF** | 60.3 | 71.7 | 49.5 | 54.2 | 54.8 | 41.6 | 47.2 | 52.1 |

图 4.3 中提供了 Baseline+CF 与基线的定性比较结果，分别显示了两种方法在标准视角和相机视角下的人体 3D 姿态可视化结果。可以观察到，与基线相比，Baseline+CF 可以大幅度地提高人体 3D 姿态估计的精度。此外，Baseline+CF 的标准人体 3D 姿态重建最大限度地分离掉了相机视角信息，这说明一致分解约束可以有效地将相机视角与人体 3D 姿态解离。

## 2. 层次化字典分析

本部分将介绍如何分析层次化字典的有效性。表 4.2 给出了在 Human3.6M 数据集上不同基于字典的方法的对比实验结果。其中，AIGN[4]使用 PCA 学习人体 3D 姿态字典，并采用对抗损失作为附加约束；C3DPO[5]使用单层级字典，并以端到端的方式与人体 3D 姿态估计网络同时学习；Distill[15]是最新提出的知识蒸馏算法，使用预训练得到的 3D 形状字典实现弱监督的人体 3D 姿态估计。如表 4.2 所示，本章所提方法在

MPJPE 和 P-MPJPE 上均取得了最佳性能。为了进一步进行比较，本部分还实现了 Ours-SD 变体，该变体将层次化字典替换为与 C3DPO 方法中相同的单级字典。借助一致分解约束，Ours-SD 可以获得比 C3DPO 更好的性能，MPJPE 分别为 85.8mm 和 95.6mm。但是相较于层次化字典方法，层次化字典有助于取得更好的结果，MPJPE 和 P-MPJPE 进一步减少了 3.9mm 和 5.2mm。

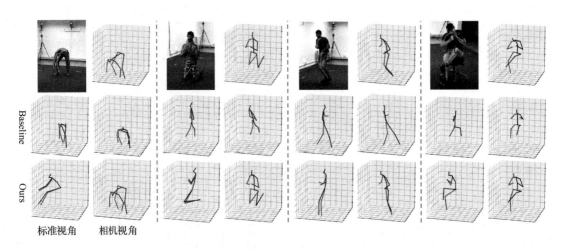

图 4.3　本章方法与基线方法可视化对比结果

表 4.2　在 Human3.6M 数据集上，基于层次化字典的不同方法的对比实验结果

|  | MPJPE | P-MPJPE |
|---|---|---|
| **AIGN**[4] | — | 97.2 |
| **C3DPO**[5] | 95.6 | — |
| **Distill**[15] | 83.0 | 57.5 |
| **Ours-SD** | 85.8 | 57.3 |
| **Ours** | 81.9 | 52.1 |

### 3．泛化性分析

为了评估所提出模型的泛化能力，本部分使用 Human3.6M 数据集训练网络，并在包含复杂室外场景的 MPI-INF-3DHP 数据集上对网络进行测试。图 4.4 中展示了本章方法在 MPI-INF-3DHP 数据集上的可视化结果，该结果表明本章方法可以成功地在没有用于训练的数据集上重建出精准的人体 3D 姿态。此外，在 Human3.6M 数据集上，本章方法与相关弱/自我监督方法的对比结果如表 4.3 所示。

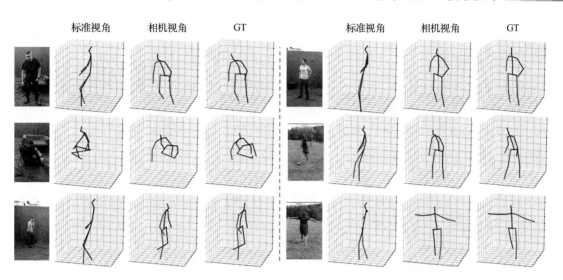

图 4.4　本章方法在 MPI-INF-3DHP 数据集上的可视化结果

表 4.3　在 Human3.6M 数据集上，本章方法与相关弱/自我监督方法的对比结果

| 方　　法 | MPJPE | P-MPJPE |
|---|---|---|
| Wandt 等人提出的方法[18] | 89.9 | 65.1 |
| Zhou 等人提出的方法[3] | — | 64.9 |
| Drover 等人提出的方法[19] | — | 64.6 |
| Pavlakos 等人提出的方法[20] | 118.4 | — |
| Rhodin 等人提出的方法[21] | — | 98.2 |
| Chen 等人提出的方法[2] | — | 68.0 |
| Kocabas 等人提出的方法[22] | 77.8 | 70.7 |
| Tung 等人提出的方法[4] | 97.2 | — |
| Wang 等人提出的方法[15] | 86.4 | 62.8 |
| Novotny 等人提出的方法[5] | 95.6 | — |
| 本章方法 | 81.9 | 52.1 |
| 本章方法+DA | 76.4 | 47.7 |

## 4.7.3　性能比较

本节将本章方法与相关弱/自监督方法进行比较。表 4.3 提供了在 Human3.6M 数据集上，基于 MPJPE 和 P-MPJPE 评估指标，本章方法与相关弱/自我监督方法的对比结果。Wandt 等人提出的方法[18]、Zhou 等人提出的方法[3]和 Drover 等人提出的方法[19]基于对抗损失，需要额外的人体 3D 姿态标注。Tung 等人[4]、Wang 等人[15]和 Novotny 等人[5]所提出的是基于字典的方法。Pavlakos 等人[20]、Kocabas 等人[22]、Chen 等人[2]

和 Rhodin 等人[21]提出的是基于多视角几何的方法。表 4.3 提供了使用和不使用数据增强两种设置下的结果。可以观察到，本章方法取得了最好的结果，尤其是 P-MPJPE 评估指标下的性能与之前的方法相比取得了显著的提升。实验观察到本章方法得到的 MPJPE 和 P-MPJPE 之间的差距主要是由于相机视角估计的误差造成的。值得一提的是，在使用数据增强功能的情况下，本章方法的性能可以得到进一步提升，这说明训练过程中更多的相机视角有助于提升网络性能。

表 4.4 提供了在 MPI-INF-3DHP 数据集上，基于 PCK3D 和 AUC 评估指标，本章方法与相关弱/自我监督方法的对比结果。这里考虑了两种设置，即分别在 Human3.6M 和 MPI-INF-3DHP 数据集的训练集上训练网络，在 MPI-INF-3DHP 数据集的测试集上进行测试。可以观察到本章方法在 PCK3D 和 AUC 两个评估指标下分别达到 70.6%、36.6%和 74.6%、40.4%，均优于相关方法。

表 4.4　在 MPI-INF-3DHP 数据集上，本章方法与最新的弱/自我监督方法的对比结果

| 方　　法 | 训　练　集 | PCK3D | AUC |
|---|---|---|---|
| Zhou 等人提出的方法[3] | Human3.6M | 69.2% | 32.5% |
| Chen 等人提出的方法[2] | Human3.6M | 64.3% | 31.6% |
| Chen 等人提出的方法[2] | MPI-INF-3DHP | 71.1% | 36.3% |
| Kocabas 等人提出的方法[22] | MPI-INF-3DHP | 71.9% | —— |
| 本章方法 | Human3.6M | 70.6% | 36.6% |
| 本章方法 | MPI-INF-3DHP | 74.6% | 40.4% |

# ✅ 4.8　本章小结

本章提出了自监督的一致分解网络，用于单目人体 3D 姿态估计。该网络通过所提出的基于多视角信息的一致分解约束完全解开人体 3D 形状和相机视角。不同于之前的方法，该方法不需要任何额外的人体 3D 姿态标注和相机外部参数，提供了一个新的简单且有效的方案用于解决投影不确定性问题。此外，本章引入了层次化字典来重建更加强健的人体 3D 姿势。该层次化字典通过最小化 NRSfM 目标函数学习一个编码器-解码器网络得到，其中编码器和解码器共享网络参数，且网络权重为所求层次化字典。层次化字典经过预训练后，在一致性分解网络上进一步微调以获得更准确的人体 3D 姿态。本章在两个主流的视频人体 3D 姿态数据集（Human3.6M 和

MPI-INF-3DHP）上评估所提出的方法。大量实验结果表明，本章方法可以有效地完全解开人体 3D 形状和相机视角，并估计出准确的人体 3D 姿态。相比于最新的弱/自监督方法，本章所提出的方法能够取得更好的性能。

扫一扫看本章参考文献

# 第 5 章
# 基于多时空特征的人体动作识别

## ✅ 5.1  引言

人体动作识别是计算机视觉领域重要的研究内容之一，在智能监控、行为分析和视频检索等领域有着广泛的应用。如何构建强大的时空表示（Spatiotemporal Represen-Tation）是人体动作识别面临的关键挑战之一。

视频包含了丰富的表观（Appearance）信息，如颜色、纹理等。随着深度学习在计算机视觉领域取得巨大成功，最近的研究[1-3]也致力于使用卷积神经网络学习高层级的表观特征。由于卷积神经网络缺乏对整个视频直接建模的能力，现有的方法通常从视频中采样多帧或片段，然后分别提取每帧或片段的卷积特征，最后将多个卷积特征聚合构建视频级表示。基于这一思想，一系列基于特征聚合的深度模型被提出。根据特征聚合策略的不同，这些模型可以分为两类：第一类是基于词袋（Bag of Words，BoW）模型的方法。这类方法将卷积神经网络提取到的视频帧或片段的特征分解为局部空间特征的集合，然后使用字典[4-5]将其编码为无序的视频级表示。尽管这类方法可以将整个视频编码为语义级的表示，但是忽略了视频表观动态演变的信息。另一类方法使用循环神经网络[6]或排名函数[7]显式地利用视频中的时序信息构建视频时空表示。在这类方法中，循环神经网络或排名函数的输入通常是卷积神经网络全连接层的输出。由于全连接层特征压缩了视频帧或片段的空间信息，因此无法保留人体动作细粒度的空间信息。

另一方面，随着人体 2D 或 3D 姿态估计技术[8-9]的快速发展，从视频中检测可靠的人体骨架序列成为可能。相较于表观信息，骨架序列虽然信息量较少，但包含了关节点之间的时空关系等高层级的语义信息，且对背景、光照等具有更好的不变性。针对骨架序列，最近的深度学习方法使用循环神经网络[10-14]或卷积神经网络[15-18]学习骨架序列的时空表示。这些方法将人体骨架表示为关节点位置坐标向量，然而人体骨架本身具有图结构特性，所以这些方法无法充分地建模人体骨架的时空结构信息。

本章提出了一个基于表观和骨架多时空特征的人体动作识别模型，充分利用两种信息的互补性构建强大的时空表示，提高人体动作识别的精度。针对表观信息，本章设计了多层级的表观特征聚合模块，该模块在多个卷积层上聚合视频帧的特征，以充分利用卷积神经网络强大的分层表示。该设计受启发于 Bau 等人[19]的研究，该研究表明卷积特征图通常是互补的，不同动作的视觉语义信息可能会编码在不同的卷积层中。该模块通过深度监督的方式[20]学习不同卷积层的视频级表示，在测试时集成不同层级预测的动作分数获得最终预测结果。通过这种方式可以在单个网络中学习多层级视频表示，提高了人体动作识别的性能和效率。对于每一层级的特征聚合，本章提出的聚合模块可以建模视频的时序结构，同时构造具有语义的视频级表示。该聚合模块首先对视频中每个空间位置的时间演变信息进行建模，构建一组局部演化描述符（Local Evolution Descriptor，LED），然后使用局部集聚向量描述（Vector of Locally Aggregated Descriptor，VLAD）算法将它们编码为基于元动作的表示。例如，"投篮"动作可以表示为一系列元动作的集合："腿：跳跃""胳膊：投掷""躯干：上下移动"，以及"篮球：飞行"。基于元动作的表示不仅包含了整个视频的时间演变信息，还包含了与动作相关的语义信息，具有更好的判别力。针对骨架信息，本章首先基于人体关节点位置序列构建时空图（Spatial-Temporal Graph）。为了基于时空图学习骨架序列的时空表示，本章使用图卷积网络（Graph Convolution Network，GCN）在空间图上做卷积操作，进行空间特征提取；同时使用时序卷积（Temporal Convolution）学习骨架序列的时序特征。通过这种方式可以自然地保留人体骨架关节点的空间结构信息和运动信息，从而学习到强健的时空表示。

本章在 HMDB51[21]和 UCF101[22]两个具有挑战性的公共数据集上全面评估了所提出的模型，实验结果表明所提出的模型取得比最新的相关方法更高的分类准确率。总而言之，本章的工作主要具有以下 3 点贡献。

（1）提出了一个基于表观和骨架多时空特征的人体动作识别模型，对两种信息分别建立强健的时空表示，充分利用两者的互补性得到更加准确的人体动作识别结果。

（2）针对表观信息，提出了一个多层级的特征聚合模块，充分利用卷积神经网络强大的分层表示构建多层级视频表示。对于每一个层级，对特征每个空间位置的时间演变信息建模，并编码为基于元动作的语义级视频表示。针对骨架序列信息，利用图卷积和时序卷积从人体骨架关节点序列构成的时空图中自动地学习到强健的时空表示。

（3）在两个动作识别数据集上对提出的模型进行了评估。实验结果表明所提出的方法可以构建有效的视频时空表示和骨架序列时空表示，并且与相关方法相比可以取得更好的人体动作识别准确率。

本章其余部分组织如下：5.2 节对本章节相关工作进行了总结；5.3 节对所提出的方法进行了概述；5.4 节介绍了所提出的多层级表观特征聚合网络；5.5 节介绍了骨架序列时空表示学习方法；5.6 节对所提出的方法在不同的数据集上进行性能分析、评估，以及与其他相关算法比较；5.7 节对本章内容进行总结。

## 5.2 相关工作

本节首先对基于表观的时空特征学习方法进行总结，之后对基于骨架序列的时空特征学习方法进行总结。

### 5.2.1 基于表观的时空表示学习

得益于深度学习在计算机视觉领域的快速发展，一系列基于卷积神经网络的动作识别方法被提出。然而现有的卷积神经网络结构只能够对单帧或视频片段进行建模，缺少直接对视频的长时序时空特征建模的能力。现有的深度学习方法采用不同的策略来获取视频长时序时空特征。这些策略主要分为两类：（1）深度卷积特征编码及池化方法，即利用深度卷积网络提取视频帧或片段的卷积特征，然后采用时空编码或者池化的方法构建全局的视频表示。一些研究[3]使用池化方法（如平均池化、最大值池化等）来融合多帧或片段的卷积特征；另外一些研究[4-5,23]将基于词袋模型的编码技术（如 Fisher Vector、VLAD 等）整合到网络结构中。这类方法虽然能够构建全局的视频表示，但是其构造的视频表示是无序的，没有考虑到视频帧之间的时间演变信息。（2）显式地考虑视频时序信息，将多个视频帧或片段的深度特征输入时序模型，如 LSTM[6,24]、GRU[25-26]或排序函数[7]，将其融合成视频级表示。这类方法虽然能够建模视频的时间演化信息，但是会在一定程度上损失视频的空间局部信息。

## 5.2.2　基于骨架序列的时空表示学习

骨架序列包含了人体关节点之间的时空关系等高层级语义信息。近年来，研究人员探索多种深度学习技术从骨架序列中学习人体动作的时空表示。早期多是基于循环神经网络的方法，这些方法将人体骨架序列表示为关节点坐标向量序列，输入 LSTM 或 GRU 中并进一步结合注意力机制（Attention）学习时空表示。典型的方法包括 HBRNN 模型[10]、ST-LSTM 模型[11]、IndRNN 模型[14]和 STA-LSTM 模型[13]等。此外，一些研究[15-17]将骨架关节点坐标序列转换成"帧"的形式，使用卷积神经网络学习人体骨架序列的时空特征，如 CNN+MTLN 模型[15]、TCN 模型[16]、GCNN 模型[18]等。上述两种方法都将人体骨架表示为关节点坐标位置向量，然而人体骨架本身具有图结构特性，这些方法无法充分地建模人体骨架的结构信息。最近，图卷积网络[27-30]被提出并受到了广泛的关注，这些方法对图节点及其相邻节点做卷积操作并设计特定的规则对卷积结果进行归一化。图卷积网络可以保留输入数据的空间结构，并且实现高效地运算。例如，ST-GCN 模型[31]、AGC-LSTM 模型[32]、Two-stream AGCN 模型[33]、SR-TSL 模型[34]、DGNN 模型[35]等。

## ✅ 5.3　多时空特征人体动作识别方法概述

本章所提出的多时空特征人体动作识别模型如图 5.1 所示。该模型针对表观和骨架序列信息分别学习互补的时空表示，用于动作分类，并集成两种模态下的动作分数得到最终的预测结果。针对视频表观信息，使用卷积神经网络提取帧级别的卷积特征图，然后利用多层级表观特征聚合网络得到视频级的动作时空表示；针对骨架序列，使用时空图卷积网络对骨架的空间结构和动态时序信息进行建模学习时空表示。下面将对以上两部分进行介绍。

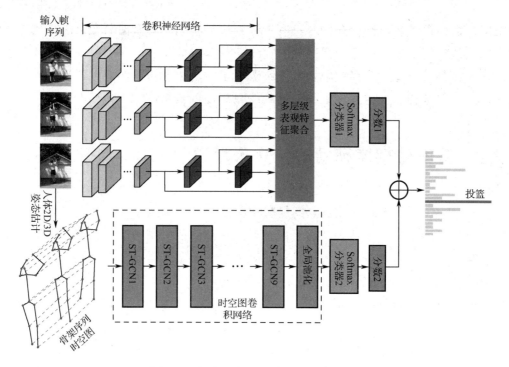

图 5.1 多时空特征人体动作识别模型

## ✅ 5.4 多层级表观特征聚合

为了充分利用卷积神经网络强大的分层表示，如图 5.2 所示，本章提出了一个多层级特征聚合网络，在单个网络中构建多层级的视频表示。对于每一层级的特征聚合，特征聚合模块首先提取出视频的局部演化描述符，再将其编码为基于元动作的时空表示。该网络使用深度监督的方式进行训练，监督信号直接传入相应的卷积层，提高了网络中间层的判别力，进而提升了网络整体的性能。

### 5.4.1 局部演化描述符提取

给定视频 $V$ 的 $T$ 帧 $[I_1, I_2, \cdots, I_T]$，利用卷积神经网络分别提取每一帧的卷积特征图。假设特征图的大小为 $N \times N \times C$，其中 $N \times N$ 表示特征图的空间尺寸，$C$ 是通道数，将特征图每个空间位置所有通道上的值级联，可以得到特征图对应的 $N \times N$ 个局部空间特征向量。受到 Fernando 等人研究[36]的启发，本节提出了一种通过编码局部空间特征的时间顺序生成局部演化描述符的方法。具体来讲，对某一个特定的空间位置，将其局部

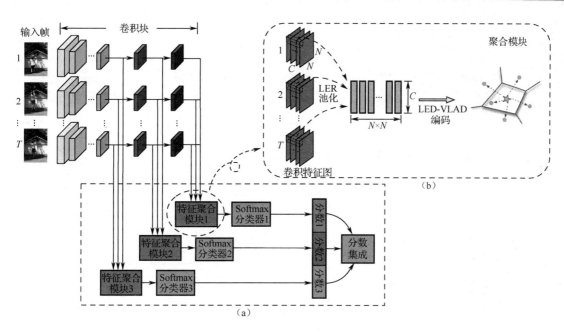

图 5.2　多层级表观特征聚合网络的结构图示

空间特征按照时间顺序排列表示为 $[\boldsymbol{r}_{i1}, \boldsymbol{r}_{i2}, \cdots, \boldsymbol{r}_{iT}]$，其中 $i = \{1, \cdots, N \times N\}$，$\boldsymbol{r}_{it} \in \mathbb{R}^C$。为了建模第 $i$ 个空间位置的时间演化信息，首先定义一个排序函数（Ranking Function），该函数为每一个时刻 $t$ 计算一个分数值，即 $S(t, i \mid \boldsymbol{e}) = \boldsymbol{e}^{\mathrm{T}} \boldsymbol{d}_{it}$，其中 $\boldsymbol{d}_{it} = \dfrac{1}{t} \times \displaystyle\sum_{\tau=1}^{t} \boldsymbol{r}_{i\tau}$ 是从 0 时刻到 $t$ 时刻的局部空间特征的平均值，$\boldsymbol{e} \in \mathbb{R}^C$ 是该排序函数的参数。然后设定一个约束关系，即后面时刻对应的分数值大于前面时刻对应的分数值，$q > t \Rightarrow S(q, i \mid \boldsymbol{e}) > S(t, i \mid \boldsymbol{e})$。因此参数 $\boldsymbol{e}$ 便可以编码这些局部空间特征的时间顺序。参数 $\boldsymbol{e}$ 的学习可以形式化为一个凸优化问题：

$$
\begin{aligned}
\boldsymbol{e}^{*} &= \underset{\boldsymbol{e}}{\arg\min} E(\boldsymbol{e}) \\
E(\boldsymbol{e}) &= \frac{\lambda}{2} \|\boldsymbol{e}\|^2 + \frac{2}{T(T-1)} \times \sum_{q>t} \max\{0, 1 - S(q, i \mid \boldsymbol{e}) + S(t, i \mid \boldsymbol{e})\}
\end{aligned}
\tag{5.1}
$$

该目标函数的第一项是二次正则项；第二项是 hinge-loss 软计数器。通过优化上述目标方程，可以将同一空间位置的一系列局部空间特征映射到向量 $\boldsymbol{e}^{*}$ 上。该向量编码了局部空间特征的时序信息，被定义为局部演化描述符。

为了简化 $\boldsymbol{e}^{*}$ 的计算过程，本节使用 Bilen 等人提出的近似方法[7]解决式（5.1）的优化问题。最终上述目标函数的解可以简化为

$$
\boldsymbol{e}^{*} = \sum_{t=1}^{T} \alpha_t \boldsymbol{r}_{it}
\tag{5.2}
$$

其中，系数 $\alpha_t = 2(T - t + 1) - (T + 1)(H_T - H_{t-1})$，$H_t = \sum\limits_{t=1}^{T} \dfrac{1}{t}$，$e^*$ 可以看作 $T$ 个局部空间特征向量加权求和。基于上述近似解，本节设计了 LER（Local Evolution Rank）池化层，输入 $T$ 个 $N \times N \times C$ 大小的卷积特征图，输出 $N \times N$ 个 $C$ 维的向量。

## 5.4.2 局部演化描述符编码

得到视频的局部演化描述符 $[e_1, e_2, \cdots, e_{N \times N}]$ 后，本节使用 VLAD 算法将局部演化描述符编码成基于元动作的视频时空表示。具体来讲，首先对训练集视频提取到的局部演化描述符聚类，将得到的 $K$ 个元动作中心 $[a_1, a_2, \cdots, a_K]$ 视为包含 $K$ 个元动作的词典。如图 5.3 所示，这 $K$ 个元动作将局部演化描述符特征空间 $\mathbb{R}^C$ 划分为 $K$ 个单元。每个局部演化描述符 $e_i$ 被分配给其中一个元动作中心 $a_k$，记录局部演化描述符与元动作中心之间的残差向量 $e_i - a_k$，并将这些残差向量求和：

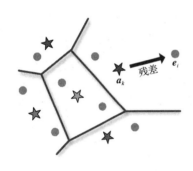

$$h_k = \sum_{i=1}^{N \times N} \frac{e^{-\alpha \|e_i - a_k\|^2}}{\sum\limits_{k'} e^{-\alpha \|e_i - a_{k'}\|^2}} (e_i - a_k) \qquad (5.3)$$

其中的第一项表示局部演化描述符 $e_i$ 到元动作中心 $a_k$ 的软分配，$\alpha$ 是可调的超参数；第二项表示局部演化描述符 $e_i$ 与第 $k$ 个元动作中心之间的残差。$h_k$ 表示第 $k$ 个单元的聚合描述符。最后将 $K$ 个聚合描述符级联得到基于元动作的视频时空表示 $v \in \mathbb{R}^{C \times K}$。

图 5.3 LED-VLAD 编码图示

## 5.4.3 深度监督的多层级特征聚合

多层级特征聚合网络同时对卷积神经网络多个卷积层的特征图进行特征聚合，集成多层级的动作分类结果。使用深度监督的方式对网络进行训练，监督信号直接传入相应的卷积层，提高了网络中间层的判别力。具体来讲，定义 $W_{\text{conv}} = \{W_{\text{conv}}^1, \cdots, W_{\text{conv}}^L\}$ 为卷积神经网络的卷积层参数，其中 $L$ 为卷积层的数量。如图 5.2 所示，从卷积神经网络头部选取 $M$ 个卷积层，分别与特征聚合模块和 Softmax 分类器连接。定义 $W_{\text{agg}} = \{W_{\text{agg}}^1, \cdots, W_{\text{agg}}^M\}$ 为 $M$ 个特征聚合模块的参数，$W_c = \{W_c^1, \cdots, W_c^M\}$ 为 $M$ 个 Softmax 分类器的参数。这里对网络所有的参数进行合并，通过优化如下目标函数训练网络：

$$\Phi(W_{\text{conv}}, W_{\text{agg}}, W_{\text{c}}) = \sum_{m=1}^{M} \mathcal{L}(W_{\text{conv}}, W_{\text{agg}}^{m}, W_{\text{c}}^{m}) \tag{5.4}$$

其中，$\mathcal{L}$ 为动作分类交叉熵损失（Cross-Entropy Loss）。给定一个视频及其真实标定 $gg \in A$，其中 $A$ 为数据集中所有动作类别的集合，动作类别个数为 $Z$，则交叉熵损失 $\mathcal{L}$ 可以定义为

$$\mathcal{L}(W_{\text{conv}}, W_{\text{agg}}^{m}, W_{\text{c}}^{m}) = -\sum_{i=1}^{Z}[g = A_i]\log P(s^m = A_i \mid W_{\text{conv}}, W_{\text{agg}}^{m}, W_{\text{c}}^{m}) \tag{5.5}$$

其中，$s^m$ 表示第 $m$ 个卷积层预测的动作类别；[ ] 为艾弗森括号（Iverson Bracket），如果方括号内的条件满足，则为 1，不满足，则为 0。

为了充分利用多层级特征的互补性，本节提出了一种分类集成（Class-Wise Ensem-ble）方法融合多层级的预测结果，即每个动作类别有对应的集成系数。定义 $W_{\text{f}}$ 为分数集成参数，f 表示集成后的动作类别，多层级聚合网络最终的损失函数可以表示为

$$\Phi(W_{\text{conv}}, W_{\text{agg}}, W_{\text{c}}, W_{\text{f}}) = \\ -\sum_{i=1}^{Z}[g = A_i]\log P(S = A_i \mid W_{\text{conv}}, W_{\text{agg}}, W_{\text{c}}, W_{\text{f}}) \tag{5.6}$$

# 5.5　时空图卷积网络

本书前几章对于人体姿态估计的研究为从视频中提取 2D/3D 骨架序列提供了可靠的算法基础。这里以人体 2D 骨架序列为例，首先根据 2.7.1 节介绍的数据预处理方法对视频帧进行处理，然后将视频相邻帧序列输入所提出的视频人体 2D 姿态估计网络，得到平滑的人体骨架序列。其中每一帧得到 15 个 2D 关节点位置 $(X,Y)$ 及其置信度（Confidence）$C$。

为了学习人体骨架序列的时空表示，首先为骨架序列构建无向时空图 $G=(V, E)$。节点集合 $V = \{v_{ti} \mid t = 1, \cdots, T, i = 1, \cdots, L\}$，共包含 $T \times N$ 个节点，其中 $T$ 为帧数，$N$ 为每帧的关节点个数。无向时空图的边集 $E$ 包含两部分：帧内连接 $E_{\text{S}} = \{v_{ti}v_{tj} \mid (i, j) \in H\}$，对于

同一帧内的人体关节点，根据人体骨架序列的自然连接关系构建空间图；帧间连接 $E_F = \{v_{ti}v_{(t+1)i}\}$，相邻帧的同一个关节点连接构成时序图。

## 5.5.1 时空图卷积

时空图卷积由空间图卷积和时序卷积两部分构成，在无向时空图的基础上分别建模人体骨架的空间结构信息和时序信息。

**空间图卷积：** 空间图卷积可以视作标准图像卷积的扩展。标准图像卷积使用固定大小、规则形状的卷积核对输入图像或特征图进行扫描，通过卷积运算得到输出特征图。空间图卷积在此基础上扩展为图结构数据输入，可以形式化地表示为

$$f_{out}(v_{ti}) = \sum_{v_{tj} \in B(v_{ti})} \frac{1}{Z_{ti}(v_{tj})} f_{in}[\phi(v_{ti}, v_{tj})] \cdot \psi(v_{ti}, v_{tj}) \tag{5.7}$$

其中，$f_{out}(v_{ti})$表示空间图卷积在 $v_{ti}$ 节点上得到的一个通道上的输出值；$Z_{ti}(v_{tj})$为归一化项，等于节点 $v_{tj}$ 的势（Cardinality）。

采样函数 $\phi$ 和权重函数 $\psi$ 是空间图卷积需要重新定义的两个重要部分。对于采样函数，标准的图像卷积通过特定大小的卷积核对目标位置相邻的像素进行采样。类似地，图卷积在目标节点 $v_{ti}$ 的邻域集上进行采样，可以形式化地表示为

$$B(v_{ti}) = \{v_{tj} | d(v_{tj}, v_{ti}) \leqslant D\} \tag{5.8}$$

其中，$d(v_{tj}, v_{ti})$定义了 $v_{tj}$ 到 $v_{ti}$ 的最短路径，通常设置 $D=1$。

对于权重函数，图像卷积可以根据相邻像素特定的空间顺序确定每一个位置的权重向量。空间图的邻域集并没有特定的空间顺序，因此空间图卷积中邻域集内的所有节点通常共享同一个权重向量，即每一个通道的输出等价于将邻域集内所有节点的特征向量求平均，再与卷积核的权重向量计算内积。本节将关节点 $v_{ti}$ 的邻域集 $B$ 划分为 $K$ 个子集 $l_{ti} : B(v_{ti}) \to \{0, \cdots, K-1\}$，每个子集被映射到一个数字索引标签上；将权重方程表示为对大小为$(c,K)$的权重矩阵的索引，即 $\psi(v_{ti}, v_{tj})=\psi'[l_{ti}(v_{tj})]$。考虑到人体骨架空间上的局部性，以及身体部件的运动可以划分为向心运动和离心运动这一事实，这里将邻域集划分为 3 个子集：（1）根节点本身；（2）向心子集，距离骨架中心较根节点更近的邻域节点；（3）离心子集，其他的所有邻域节点。

$$l_{ti}(v_{tj}) = \begin{cases} 0 & \text{if} \quad r_j = r_i \\ 1 & \text{if} \quad r_j < r_i \\ 2 & \text{if} \quad r_j > r_i \end{cases} \tag{5.9}$$

其中，$r_i$ 表示根关节点距离骨架中心的平均距离；$r_j$ 表示关节点距离根关节点的距离。通过这种划分，可以有效地挖掘人体关节点之间的位置变换关系。

**时序卷积**：时序卷积（Temporal Convolution）用于对骨架序列中的动态时序信息进行建模。具体来讲，对根关节点的邻域集进行扩展，包含时空图中时序连接 $\boldsymbol{B}(v_{ti}) = \{v_{qj} | d(v_{tj}, v_{ti}) \leqslant K, |q - t| \leqslant \lfloor \Gamma/2 \rfloor \}$，其中 $\Gamma$ 为时序卷积核的大小。与空间图不同，时序图的邻域集有特定的顺序，因此可以遵从标准卷积的采样函数和权重函数。

## 5.5.2　网络细节

时空图卷积网络共包含 9 个时空图卷积单元。时空图卷积单元如图 5.4 所示，由空间图卷积、时序卷积等组成，并且使用了残差连接。网络前三层的输出为 64 通道，中间三层的输出为 128 通道，最后三层的输出为 256 通道，时序卷积核的大小为 9，最后使用全局池化（Global Pooling）生成 256 维的时空特征向量，输入到 Softmax 分类器对动作分类。

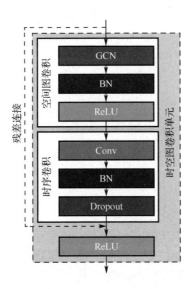

图 5.4　时空图卷积单元

# ✅ 5.6 实验结果

本节对所提出的人体动作识别模型进行实验分析。首先介绍了使用的人体动作数据集和实现细节；然后对本章所提出的模型进行了控制变量实验；最后提供了在两个公共的人体动作数据集上的详细实验结果，以及与其他代表性方法的比较结果。

## 5.6.1 实验设置

### 1．数据集

本章在两个常用的动作识别基准数据集（HMDB51[21]和 UCF101[22]）上进行实验：

● HMDB51 数据集共有 6849 个 Youtube 视频片段，包含 51 个动作类别，如梳头、推车、骑车等。该数据集在相机位置、物体姿态与比例、背景、光照等方面存在多样性，是一个具有挑战性的动作识别数据集。

● UCF101 数据集共有 13320 个 Youtube 视频片段，包含 101 个动作类别，如跳、扣篮、弹钢琴等。该数据集中的视频片段相对于 HMDB51 数据集，场景更加简单，包含较少的干扰信息。

为了保证实验结果的一致性，消除实验设置中的随机性，这两个数据集均有 3 个训练集/测试集划分，将方法在 3 个划分上的平均准确率作为最终比较数据。

### 2．实现细节

本部分将介绍模型的实现细节。多层级特征聚合网络的输入是从视频中均匀采样的 RGB 帧，其中 $T=10$。模型使用 BN-Inception 网络[37]作为模型的主干网络（Backbone）。为了初始化模型的参数，首先在 Mixed5_c 卷积层使用平均池化聚合方法对网络进行预训练；然后使用预训练的网络参数初始化模型。对于特征聚合模块的参数，实验尝试了不同的 $K$（$K=16,32,64$），发现在 $K=32$ 时模型获得最佳性能。对于元动作中心，使用 k-means 聚类方法对训练集视频中提取的 LED 进行聚类，对其进行初始化。卷积层参数、元动作中心和分类器参数联合训练有助于提高模型最终的性能。最后，为了利用多个卷积层的信息，设置 $M$=3，分别为 BN-Inception 网络的 Mixed5_a、Mixed5_b 和 Mixed5_c 层。训练期间，模型使用 Adam 算法通过反向传播优化网络参数。其中 $c$ 设置为 0.0001，动量（Momentum）设置为 0.9，衰减权重设置为 0.00004。时空图卷积网络的输入为 $T$（$T$=300）个连续视频帧检测到的人体骨架序列。网络具体实现细节见 5.5.2 节内容。训练期间，网络使用 SGD 算法优化网络参数，初始学习率设置为 0.01，每 10 个 epoch 学习率衰减 0.1 倍。模型在配备有 3.4GHz CPU、64G RAM 和 TITAN X GPU 的服务器上进行训练。

## 5.6.2　模型控制变量分析与实验结果

### 1．特征聚合方法分析

为了评估本章所提出的特征聚合方法，本部分在 HMDB51 数据集上对不同的特征聚合方法进行对比实验分析。这里仅考虑单层级的卷积特征，在 Mixed5_b 层的卷积特征上比较 3 种不同的特征聚合方法。表 5.1 提供了在 HMDB51 数据集的 3 个划分上不同特征聚合方法的准确率。可以观察到与平均池化（Avg Pooling）相比，聚集局部描述符向量（Vector of Aggragate Locally Descriptor，VLAD）方法的提升有限。这是因为 VLAD 方法会将局部空间特征编码为无序的视频表示，忽略了视频的时序信息，使其难以区分 HMDB51 数据集中的"站立"和"坐下"等动作类别。相比之下，本章所提出的特征聚合方法可以有效地建模视频的时序信息，构建语义级的视频表示，在 3 种聚合方法中表现最佳。

表 5.1　在 HMDB51 数据集的三个划分上，不同特征聚合方法的对比实验结果

| 方　　法 | Split1 | Split2 | Split3 | Avg |
|---|---|---|---|---|
| Avg Pooling | 48.9% | 48.1% | 48.3% | 48.4% |
| VLAD | 51.4% | 49.2% | 48.6% | 49.7% |
| 本章所提出的特征聚合方法 | 57.2% | 55.8% | 55.1% | 56.0% |

此外，本节使用 t-SNE 算法[38]对不同聚合方法得到的时空特征进行可视化分析。如图 5.5 所示，可以观察到本章所提出的特征聚合方法可以学习到更具判别力的视频表示。

### 2．多层级集成分析

本部分将介绍如何比较不同的多层级预测集成方法。首先，表 5.2 给出了在

HMDB51 和 UCF101 数据集的第一个划分上分别使用 Mixed5_a，Mixed5_b 和 Mixed5_c 层的卷积特征得到的动作识别准确率。本部分将介绍如何使用不同的方法集成多个层级的预测结果。表 5.3 给出了在 HMDB51 和 UCF101 数据集的第一个划分上使用不同集成方法得到的结果。结果表明，按类别加权的集成方法表现最佳。这说明本章所提出的集成方法可以充分利用多层级特征之间的互补性获得更准确的分类结果。

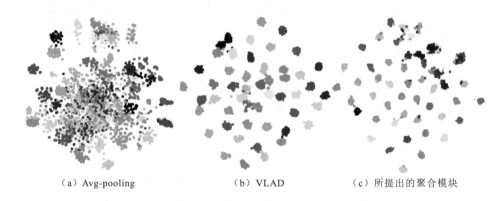

（a）Avg-pooling　　　　（b）VLAD　　　　（c）所提出的聚合模块

图 5.5　3 种不同的特征聚合方法得到的视频时空特征可视化结果图示

表 5.2　在 UCF101 和 HMDB51 数据集上，在 3 个不同卷积层上聚合帧特征的对比实验结果

| 数　据　集 | Mixed5_a | Mixed5_b | Mixed5_c |
| --- | --- | --- | --- |
| HMDB51 | 43.7% | 57.2% | 52.6% |
| UCF101 | 71.5% | 86.5% | 73.2% |

表 5.3　在 UCF101 和 HMDB51 数据集上，不同集成方法的对比实验结果

| 方　　法 | HMDB51 | UCF101 |
| --- | --- | --- |
| 平均（Average） | 57.4% | 85.4% |
| 加权平均（Weighted Average） | 57.9% | 86.7% |
| Class-wise Ensemble | 62.5% | 90.1% |

### 3．时空图卷积网络分析

本部分首先比较了不同骨架序列时空表示学习方法。表 5.4 提供了 LSTM、图卷积和时空图卷积 3 种方法在 HMDB51 和 UCF101 两个数据集上的准确率。结果表明，时空图卷积可以取得最高的准确率。此外，表 5.5 提供了仅考虑 RGB 输入、仅考虑骨架序列、同时考虑 RGB 输入和骨架序列 3 种设置下的动作识别准确率。结果表明，同时考虑表观时空特征和骨架时空特征有助于得到更准确的人体动作识别结果。

表 5.4　在 HMDB51 和 UCF101 数据集上，时空图卷积及其变体的对比实验结果

| 方　　法 | HMDB51 | UCF101 |
|---|---|---|
| LSTM | 31.2% | 40.1% |
| 图卷积（GCN） | 37.4% | 46.7% |
| 时空图卷积（ST-GCN） | 40.3% | 51.5% |

表 5.5　在 HMDB51 和 UCF101 数据集上，多时空特征人体动作识别结果

| 数　据　集 | RGB 输入 | 骨架序列 | RGB 输入+骨架序列 |
|---|---|---|---|
| HMDB51 | 62.5% | 40.3% | 67.4% |
| UCF101 | 90.1% | 51.5% | 94.4% |

## 5.6.3　性能比较

表 5.6 中，Spatiotemporal CNN[1] 和 TSN[3] 使用平均池化或最大值池化得到视频级时空特征；ActionVLAD[4]、ST-VLMPF[5] 和 Attentional Pooling[39] 使用基于词袋模型的编码方法构建视频级的表示；C3D[2] 和 I3D[40] 使用三维卷积学习视频的时空结构。从表 5.6 中可以看到，本章所提出的方法在 UCF101 和 HMDB51 数据集上分别取得 90.5% 和 62.4% 的准确率，性能优于上述方法。另外，当同时考虑表观和骨架时空特征，可以得到更高的准确率，在 UCF101 和 HMDB51 数据集上分别可达到 94.2% 和 67.3% 的准确率。

表 5.6　在 UCF101 和 HMDB51 数据集上，与相关人体动作识别方法的对比结果

| | HMDB51 | UCF101 |
|---|---|---|
| Spatiotemporal CNN[1] | — | 65.4% |
| TSN (*)[3] | — | 85.7% |
| ActionVLAD (*)[4] | 51.2% | — |
| ST-VLMPF[5] | 49.8% | 81.8% |
| Attentional Pooling[39] | 52.2% | — |
| C3D[2] | 51.6% | 82.3% |
| I3D (*)[40] | 49.8% | 84.5% |
| 本章所提出的方法（输入）RGB | **62.4%** | **90.5%** |
| RGB 输入+骨架序列 | **67.3%** | **94.2%** |

注：（*）表示仅使用模型的 RGB 流。

## ✅ 5.7  本章小结

　　本章提出了基于表观和骨架序列多时空特征的人体动作识别模型。视频包含丰富的表观信息；骨架序列包含高层级的语义信息，且对背景、光照等因素具有更好的不变性。本章充分考虑两种模态数据的特性，设计合适的网络结构分别学习人体动作的时空表示。针对表观信息，提出了一个多层级的特征聚合模块，充分利用卷积神经网络强大的分层表示，采用深度监督的方式对多层级特征进行聚合、构建多层级视频表示。对于每一层级，对特征每个空间位置的时间演变信息建模，并使用 VLAD 算法将其编码为基于元动作的语义级视频表示。针对骨架信息，利用图卷积和时序卷积从人体骨架序列构成的时空图中自动地学习到强健的时空表示。实验结果表明该方法可以构建有效的视频时空表示和骨架时空表示，与相关方法相比可以取得更好的人体动作识别准确率。

扫一扫看本章参考文献

# 第**6**章

# 基于扁平式互动关系分析的多人动作识别

在具有复杂场景的广角图像中，同一人物常表现出多层级动作，如个人动作和群组动作，常使用层级模型对复杂场景中的人物动作建模，但是如果应用中仅关注个人动作，而不关注群组动作，层级模型中用于计算层级之间关系的冗重计算不再必要。此外，先寻找群组再识别群组内个人动作的方式会将寻找群组的误差增加到个人动作识别的误差中。因此，本章提出一种单层、扁平式的人物互动关系分析（简称扁平式互动分析）方法和基于扁平式互动关系分析的多人物动作识别（简称扁平式动作识别）方法用于识别广角图像中的个人动作。

## ✅ 6.1 引言

在很多图像中，只根据某个人自身的特征（如姿势等）无法确定该人物的动作。如图 6.1 中的示例，单独观察两幅图像中被高亮显示的人物特征［见图 6.1（a）］，包括姿势、着装等，即使人脑也无法判断这两个人物是否在进行不同的动作。当完整图像被给出时［见图 6.1（b）］，容易可见，左图中的人物在排队（Queuing），右图中的人物是在谈话（Talking）。在这次识别中，大脑会自动地综合多种信息，包括人物之间的互动、场景等。其中，人物之间的互动关系起到了重要作用，甚至在相当多的情况下，仅根据人物之间的互动关系，大脑就可以识别出人物动作，如图 6.1（c）中，仅高亮给出图像中所有的人物，大脑就可以做出与给出图 6.1（b）同样的识别结果。因此，人物之间的互动关系是人类大脑分析图像中人物动作的重要依据。

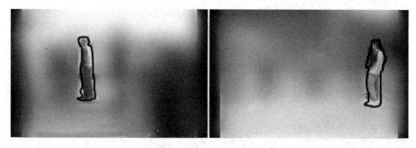

（a）单独给出两幅图像中的两个人物

（b）给出完整图像

（c）隐去图像中的场景和背景信息，只保留图像中出现的人物

图 6.1　人物互动关系示例图一[1]

实际上，大脑不会排他性地只利用一种线索，而会结合多种线索做出综合性的判断。为了深入探讨基于人物互动关系识别人物动作的可行性及分析其性能，控制其他变量的影响，本书不整合其他线索，仅通过互动关系分析识别人物动作。

图 6.2 给出另一组包含多个人物的广角图像实例，本书以此为例提出基于互动关系识别人物动作的分析要点。

---

1　原始图像取自数据集 Collective Activity Classfication Dataset。

图 6.2　人物互动关系示例图二[2]

2　图像取自数据集 Collective Activity Classfication Dataset 及互联网。

**1．一个群组动作可由多个相同的个人动作构成**

一个群组动作可以由多个相同的个人动作构成，即参与某一种群组动作的每个人物都在进行相同的个人动作。

图 6.2（a）中，群组动作"赛跑比赛"由 7 个人物相同的个人动作"跑"构成。基于视频的人物动作识别，实质是通过有顺序的一系列人物姿势进行人物动作识别的，而现在得到了图像中无顺序的一系列人物姿势。应用词袋算法（Bag of Words）的思想可以把基于视频的人物动作识别方法和思想引入基于图像的人物动作识别中。由同种个人动作构成的群组动作有很多，如图 6.1（c）、图 6.1（d）和图 6.1（e）所示。所以，现有图像中的群组动作研究在起步阶段首先关注了由同种个人动作构成的群组动作，研究个人动作如何构成群组动作。

**2．一个群组动作可由多个不同的个人动作构成**

一个群组动作可以由多个不同的个人动作构成，即参与某一种群组动作的每个人物可能在进行不同的个人动作。

图 6.2（b）中，右起第一个人物和第二个人物构成的群组动作"人像摄影"由模特的个人动作"摆姿势"和摄影师的个人动作"拍摄"构成。因为由不同个人动作构成的群组动作的存在，使识别群组动作的难度加大，也使多粒度地识别个人动作与群组动作具有意义。

类似的群组动作在生活中广泛存在，比如教室中教师的个人动作"演讲"与学生个人动作的"聆听"构成的群组动作"教学"，舞台上歌唱演员的个人动作"演唱"与舞蹈员的个人动作"跳舞"构成的群组动作"歌舞表演"等。

**3．多个相关的个人动作之间可以互相提供动作识别线索**

识别某个人物的动作时，其他人物正在进行的动作可以为识别该人物的动作提供线索，用以判断其动作种类或者区分一些相似的动作。

如图 6.2（c）和图 6.2（d）所示，两幅图像中的人都在进行"排队"动作，但图 6.2（c）中的人物在排队上车，图 6.2（d）中的人物在排队借书。其中，图 6.2（c）中，右边第一个人物登上车台阶的动作提示了其后的人物是在为上车而排队，而图 6.2（d）中，队列中若干人物手臂抱着东西（书）的动作提示了该队列的人物是在为借书而排队。可见，相似的动作可以通过以周围人的可能动作作为线索进行区分。理论上，在这两幅图像中使用物品线索可以取得同样的效果。然而，对于计算机物品识别算法，识别图 6.2（c）中不完整的公共汽车和识别图 6.2（d）中不明显的书非常困难，或者说，这种识别要求超过了现有相关技术水平；但在这两幅图像中，人物动作、姿势清晰可见。因此，基于人物互动关系分析在很多情况下，可以在现有上下文线索无效的情况下为识别图像中的人物动作提供有意义的信息。

再如图 6.2（e）所示，单独观察灰色框中的人物，该人物的动作更像是"赛跑"。但是，其右边人物的动作显然是"跨栏"。因此，这些跨栏动作提示着灰色框中的人物更可能是在"跨栏"。即使去除图像中的栏，见该图像下半部分所示，也能从其他人物的跨栏动作中推理出灰色框中的人物正在进行"跨栏"而非"赛跑"动作。可见，很多时候，即使不依赖物品线索，而只根据人物互动关系分析，也可得到和使用物品线索同样的效果。

### 4．多个相关的群组动作之间可以互相提供动作识别线索

与个人动作可以互相提供动作识别线索类似，在识别某个群组动作时，其他群组的动作可以为识别该群组的动作提供线索，用以判断其动作种类或者区分一些相似的动作。

如图 6.2（f）所示，白色框中的人物群组在"排队"，而下方灰色框中的人物群组的"吃饭"动作暗示上方白色框中的人物群组更可能是为了买食物而排队，而非像图 6.2（c）和图 6.2（d）中的人物群组是为了上车或者借书而排队。

如图 6.2（g）和图 6.2（h）所示，白色框中的人物群组在"行走"，但是图 6.2（g）中灰色框中人物群组"等待（红灯）"的动作提示灰色框人物群组的行走更有可能是"穿过马路"，而不是图 6.2（h）中灰色框中人物群组的"逛街"或者普通"走路"。

广义上，单个人物可以被视为只含有一个人物的群组。因此，理论上，群组动作互动关系分析涵盖了个人动作互动关系分析。但是，由于存在由不同个人动作构成的群组动作，所以没有简单、统一的粒度规则划分群组动作。如果令每个人物群组只包含一个人物，人物群组之间的互动线索落实于每个人物身上，这就是含单层的扁平式互动关系分析。如果去掉这种限制，个人和人物群组之间自然出现层级从属关系，这就是层级式互动关系分析。

### 5．同幅图像中可存在不相关线索

图像中的人物可以互相提供动作识别线索，但是，识别其中某个人物的动作时，

并非图像中的所有人物都可以提供有意义、有帮助的线索。

如图 6.2（i）和图 6.2（j）所示，图 6.2（i）中的前景中的多个人物在"打篮球"，背景中的多个人物在"观看"；图 6.2（j）中的前景中的多个人物在"赛跑"，背景中的多个人物也在"观看"。这两幅图像中的"观看"动作并不能用来帮助区分这两种不同的动作。

如果不加区分地把一幅图像中的所有人物的动作当作线索，很可能会影响原本正确的个人动作识别。如图 6.2（k）所示，右边第一个人是一名赛跑裁判员。但是，由于其动作过于孤立（该图像中只出现了一次），如果把所有图像中的"赛跑"动作作为线索，这些线索很可能诱导识别系统做出错误的判断。这可比喻为正确的少数派在投票中输给了错误的多数派。

这种现象与依据"赛跑"动作，判断附近人物的"站立"动作应该是裁判的动作并不矛盾。因为这种判断的前提是确定附近的人物不是"赛跑"群组动作的一部分，即确定该人物是"站立"的，而"站立"不属于"赛跑"动作中的一个动作。

综上，使用互动关系线索需要判断人物动作的相关性。

## 6．人物动作相关性与人物空间布局有关

人物动作相关性指人物动作之间存在互动关系（如共同出现）的可能性。

判断图像中的人物动作是否相关，可参考人物之间的空间布局关系。例如，距离越近的人物，越可能处于某个共同的人物群组中，或者正在发生交互，使其动作具有相关性。空间布局不仅指空间距离、人物面部朝向、人物群组形状等，也可指判断两个人物动作是否相关的有用信息。

如图 6.2（f）中较近人物构成的人物群组在"吃饭"，较远的人物构成的人物群组在"排队"。再如图 6.2（j）中的前景中彼此靠近的人物在"赛跑"，背景中彼此靠近的人物在"观看"。再如图 6.2（k）中的较靠近右侧的多个运动员在"赛跑"，靠近左侧的多个运动员在"等待接力"。

显然，在图像中直接计算人物之间的 2D 距离并不准确。为此，研究者会在采集图像时使用深度探测设备[1,8-9]或多摄像机[1,8,10]记录或者计算人物的 3D 位置。对于已经存在的 2D 图像，研究者会尝试提出一些深度估计算法[2]计算人物所处的深度。

**7. 人物动作相关性与人物外观特征有关**

判断图像中的人物动作是否相关，可参考人物的外观特征。具有相似姿势的人物，可能处于某个共同的群组中；穿着相似服装的人物，尤其是制服类的服装，也可能正在进行某种共同的群组动作。

如图6.2（l）所示，在NBA篮球比赛的图像中，可以通过队服的颜色区分双方队伍的球员。再如图6.2（k）所示，进行"赛跑"和"等候接力"的两组运动员虽然穿着相似，但是群组内部动作的相似与群组之间动作的差异为分组提供了线索。

**8. 两个人物动作的相关性越大，其互动提供的线索有效性越大**

如果两个人物的动作相关，他们之间的动作就可以互相提供动作识别证据。推而广之，如果两个人物动作的相关性越大，其互动关系提供的动作识别线索的有效性就越大。

如图6.2（l）所示，在包含多个人物、多个群组、多种动作的NBA比赛场景中，对于识别一名运动员的动作（区分"进攻"或者"防守"），队友动作的相关性比对手动作的相关性大，对手动作的相关性比裁判动作的相关性大，裁判动作的相关性比观众动作的相关性大。因此，队友提供的线索最有效，对手提供的线索可以作为辅助参考和交叉验证，裁判提供的线索仅可以区分场景而不能区分进攻和防守的动作，观众提供的线索在本识别中基本没有意义。

再如图6.2（f）所示，对于识别白色框中人物的动作，基于该框中的相关性大的人物之间的线索识别出他们在进行"排队"动作较重要，根据灰色框中的具有较小相关性的人物的"吃饭"动作判断排队的目的只是对该动作的一个细分。

**9. 多个群组动作、个人动作之间的互动方式与事件（场景）相关**

在不同的场景或者不同的事件中，可能出现的人物动作和这些动作的互动不会完全相同。由此可见，多个群组动作或者个人动作之间的互动（包括共同出现）方式与事件或者场景相关。

如图6.2（m）和图6.2（n）所示，白色框中人物的"走路"动作、灰色框中人物的"谈话"动作和黑色框中人物的"吃野餐"动作会在图6.2（n）的公园场景中共同出现；而在图6.2（m）中的街道场景中，通常只能观察到白色框中人物的"走路"动作和灰色框中人物的"谈话"动作，而不会出现黑色框中人物的"吃野餐"动作。

因此，在人物动作识别方法中加入有关场景的信息可以提升识别效果。现有方法通常显式地使用场景信息，即通过标注或者识别场景帮助推断人物动作。本书以研究人物互动关系为核心，为避免其他特征信息影响，不对场景进行识别，不使用显式场景线索。在层级式人物动作识别方法中将可能的场景或者事件作为隐变量，仅隐式地利用动作在不同场景下共同出现的可能性帮助表达多元互动。

以上是从人类识别广角图像中的人物动作的过程中抽象出的规则，可被用作指导计算机算法建模。模拟人脑过程是人工智能发展的一个重要指向，这些模拟也会被用于验证人脑智能的模式。

扁平式互动关系分析思想来自管理学中扁平化管理[1]的启发。扁平化管理通过精炼管理层次，较好地解决层次重叠、冗员多、组织机构运转效率低等弊端，加快信息流速率，提高决策效率。扁平式互动关系分析试图通过去掉群组动作层级，在单一的个人动作层级中分析互动关系。因此，扁平式互动关系分析中不出现显式的关系群组的概念，而只考虑个人的动作之间是否关联。

基于以上构想，通过扁平式互动关系分析建立线索互动关系模型。线索互动关系模型为单层模型，模型中每个节点对应于图像中每个人物的个人动作，处于同一层级。节点之间的连接表示人物之间存在互动（动作相关）的可能性的大小。基于线索互动关系模型，本章提出扁平式动作识别方法。该方法提取图像中人物的 CNN 特征和空间布局特征，根据每个人物的 CNN 特征进行局部识别和局部线索提取。局部识别指仅根据该人物自身特征做出的动作识别。局部线索指以该人物作为线索时目标人物进行某种动作的可能性。根据 CNN 特征和空间布局特征，使用本章提出的基于融合有限玻尔兹曼机的目标子空间度量（Focal Subspace Measurement，FSM）算法计算人物相关性。根据局部线索和人物相关性，针对每个目标人物，使用本章提出的全局-局部线索整合（Global-Local Cue Integration Method，GLCIM）算法选择相关的局部线索，构成针对该人物的全局线索，并将全局线索整合到该人物的局部识别中，构成全局识别，得到该人物的动作标签。

与群组动作识别相比，扁平式个人动作识别具有以下特点。

（1）扁平式个人动作识别描述更细粒度（Finer Level of Granularity）的动作。比如，在人像摄影这个群组动作中，摄影师和模特在进行不同的个人动作，分别是操作摄像机和摆姿势。扁平式个人动作识别同时实现，即一个群组动作可由多个相同的个人动作构成和一个群组动作可由多个不同的个人动作构成。

（2）扁平式个人动作识别更灵活。群组动作识别通常需要层级模型，而对模型层级之间关系的学习和推理需要消耗大量的计算资源。扁平式个人动作识别使用单层模型，连接关系简单，不需要计算完整的群组分布情况，仅使用少量相关性较大的线索就可以确定一个目标人物的动作，因此具有轻量化计算的特点。

（3）扁平式个人动作识别在个人识别任务中具有更好的强健性。基于群组动作识别结果进一步识别个人动作的方式，需要先对图像中的人物分组，进行群组动作识别，然后再精细识别群组内人物的动作。其中人物分组步骤和群组动作识别步骤中产生的误差会叠加到个人动作识别的误差中。现有人物分组方法[3-6]仍有较大误差，因此限制这种多步骤方法的稳定性和强健性。扁平式个人动作识别不需要分组过程，避免了多步骤误差的叠加。

扁平式人物动作识别方法实质上是将多人图像中人物之间的互动关系构造成一种新的上下文线索。这种人物互动关系线索相比于传统上下文线索更适用于广角图像中的人物动作识别。传统上下文线索中，动作相关物品线索和人物-物品互动关系线索受限于广角图像中杂乱的物品，难以识别或者难以判断与多个人物的对应关系；场景线索受限于一幅图像中的同一场景无法帮助区分该场景下的不同动作。扁平式动作识别利用图像中人物总是较清晰可见的条件，根据多个相关的个人动作和多个相关的群组动作（它们之间可以互相提供动作识别线索），利用人物物品互动关系线索实现广角图像中的个人动作识别。

## 6.2　相关工作

基于动作相关物品线索、人物-物品互动关系线索和场景线索的个人动作识别方法与群组动作识别的相关工作在绪论部分已经讨论。本节将介绍与扁平式动作识别方法相近的方法并进行分析。

现有对人物之间互动关系的利用大多出现在基于视频的群组动作识别方法中，但由于以下原因，它们很难移植到基于图像的个人动作识别任务中。

（1）视频中的互动关系基于时空特征构成。例如，Khan 等人使用人物群组构成的多边形代表群组[7]，以该多边形随时间的形变代表群组内人物之间的互动关系。类似的有 Kong 等人设计的局部运动描述符[8-9]、Li 等人使用的时间流形结构[10]和 Swears

等人设计的非固定核隐藏马尔科夫模型（Non-stationnary Kernel Hidden Markov Models）[11]等。

（2）群组动作识别中的互动是群组与个人的互动。例如，Gupta 等人提出的基于与-或图的故事情节模型[12]描述了构成某种群组动作的（视频中的）一系列个人动作之间的因果性；Lan 等人提出的带有隐变量的判别模型配合支持向量机框架的方法[13-14]中计算了个人动作标签与群组动作标签的匹配得分。

涉及个人与个人之间互动的方法较少，分析如下：

（1）Ryoo 等人利用局部运动特征（时空特征）建模了视频中由两个人互动产生的动作[15]，如推搡、拥抱等。其中一对人物之间的互动由肢体相对运动表达，动作识别由计算这对人物的互动模式与若干目标互动模式的相似度实现。扁平式动作识别和该方法同样计算一对人物之间的互动，不同之处在于该方法直接在视频底层特征上对互动关系建模，而单幅图像中的特征不足以对互动进行建模和分析。因而，扁平式动作识别建立在对人物动作进行初步识别（局部识别）的基础上。

（2）Lan 等人在其基于视频的模型中加入了两个群组动作标签以匹配得分[16]，使之可以表达同一视频中出现多个群组的情况。Zhao 等人将类似方法应用于静态图像中[17]。它们的实质是依据某些群组动作成对出现的可能性来帮助提升群组动作识别的准确率。但是，扁平式动作识别的目标是个人动作。在这两种方法中，在计算某个群组动作与个人动作的匹配得分时，不会计算图像中所有的节点，而是采用一个可变的结构进行学习。扁平式动作识别与这种思想类似，在识别某个人物动作时，不把图像中出现的所有人物动作都作为线索，而是通过计算，选择其中一部分作为相关线索参与识别该人物动作的计算。

（3）Ramanathan 等人通过分析人物互动关系来识别多人场景中的人物角色（Social Role）[18]，其实质是通过人物的某些特征和互动信息来区分一些特定场景下的人物角色，其中预定若干包含互动动作和人物角色的三元标签，如"拍肩膀，父母，孩子"等。该方法通过最大化似然函数，选择合适的人物角色标签和互动动作标签。它更像是在已知群组动作后对群组内人物动作的再细分，其群组动作标签来自于标注。扁平式动作识别不依赖群组动作标签，甚至不依赖已知所有人物的分组情况，它从个人动作一个层级中依据人物动作的相关性选择相关线索进行个人动作识别。

（4）Chang 等人设计了一种相似互动模型[19-20]识别图像中的群组动作，该模型使用某个人物与周围人物及场景的互动模式定义这个人物的动作，并通过判断互动模式的相似性计算新图像中的人物动作。扁平式动作识别与该方法的相似之处在于通过周围若干人物的动作特征帮助识别目标人物的动作,其区别在于该方法试图学习某种多人动作中特有的模式,而扁平式动作识别方法强调仅利用线索帮助或者修正局部识别。对于一种新的动作,Chang 等人的方法[19-20]需要重新学习特有的模式,而扁平式动作识别无须做出结构上的改变。

综上,现有基于图像的个人动作识别方法中使用的线索不包含人物物品互动关系线索;现有涉及互动关系的群组动作识别方法,或者不能细化进行个人动作识别,或者以特征、预定模板的方式利用互动关系。而在扁平式动作识别方法中,人物之间的互动关系被建模成线索,提出的线索互动关系模型可以兼容现有其他类型的线索。

# ✅ 6.3　特征表征

识别任务中,特征表征是在关注对象(需要被识别或区分的目标)的图像区域内提取、用于对目标进行分类或者进一步抽象的数字化特征。特征表征是所有计算机视觉任务的基础,在所有基于图像的识别任务中必不可少。它是连接原始图像与计算机识别系统的桥梁,选择或设计适合识别系统的特征表征方式对识别系统的识别性能表现至关重要。

在图像中识别人体动作时常用的特征包括人物外观特征(Appearance Features)和空间布局特征(Spatial Layout Features)。其中,人物外观特征也称视觉特征(Visual Features),是指图像中可见的人物姿势、着装颜色等。人物外观特征可分为统计特征和结构化特征。

统计特征是指从人物边框区域内提取的有关颜色、形状、边界或者梯度等图形特征上的统计值。统计特征易提取,消耗计算资源少,且在以往的研究中被证明可以用于区分一些不同的动作。统计特征的缺点在于它不具有较强的语义,与人脑的工作方式不同,且会受到人物边框中残留背景的影响。

结构化特征是指用结构化模板匹配图像中的人物信息,模板中的每个数值对应某种语义(如某个肢体的位置)。结构化特征可视为从原始像素特征到一定抽象程度的姿势的识别过程,因而提取结构化特征需要消耗较多的计算资源。结构化特征具有较高的语义,更符合人类认知。此外,排除提取结构化特征中出现的误差,结构化特征本身（如识别出的人物姿势）不受探测出的人物边框中的残留背景的影响。本文提出的层级式互动关系分析模式以分层语义逻辑和综合性准确计算为特点，使用同样具有层级语义且表达更准确的结构化特征。

空间布局特征指人物之间的相对位置关系，包括距离、相对关系描述等。2D 图像中，人物之间的 2D 距离和相对位置关系与人物真实的 3D 距离和位置关系偏差很大。因此，直接使用 2D 距离和相对位置关系可能无法取得正面的效果，甚至可能产生负面影响。在较新的研究中，研究者使用深度探测设备[21]或多摄像机[22]记录或计算人物的 3D 距离。而在本研究中，需要在既有的单纯 2D 图像中重塑人物 3D 空间布局信息。此外，本章将计算的人物之间的相对位置关系向量与 3D 距离共同作为空间布局特征。空间布局特征在扁平式互动关系分析中参与到人物动作相关性的度量中，在层级式互动关系分析中影响人物互动关系相关的分布概率。

具体到扁平式互动关系分析中，统计人物外观特征和空间布局特征的选择策略如下：扁平式互动关系分析需要在同一层级内综合依据人物外观特征和空间布局特征分析两人物动作相关性的大小，以及依此进一步做出动作识别。所以，扁平式互动关系分析需要将多种特征融合成一种有效的融合特征，并在融合特征上做进一步处理。图像中人物的姿势、着装颜色和样式等都与分析人物动作相关性有关，但是很难找到一种合理的显示特征表达这些信息。显式特征是指预先明确定义的特征，如颜色直方图、方向梯度直方图等。通常这些特征对图像中的几何形变和光学形变具有一定的强健性和稳定性，但是不能保证这些预设定义的特征对抽象识别人物动作具有同样的强健性。本章采用卷积神经网络（Convolutional Neural Network，CNN）提取特征，以下称为 CNN 特征。CNN 特征可以视为统计特征，因为其没有结构化定义，而且提取过程可以视为对卷积滤波器采样结果的统计。从图像中的人物边框内提取的该人物的 CNN 特征需要与该人物的空间布局特征进行融合，但是 CNN 特征的维度（几千维）通常要远多于空间布局特征的维度（一百维左右），这使得直接拼接两类特征会导致低维度空间布局特征在计算中的作用被高维度 CNN 特征弱化。为此，本章提出了一种基于融合受限玻尔兹曼机（Fusion Restricted Boltmann Machine, FRBM）的特征融合算法用于融合维度不同的特征。

具体到层级式互动关系分析中，结构化特征、空间布局特征的选择和设计的策略如下：在图像中提取结构化特征表征人物，提取的空间布局特征被作为计算人物之间互动关系的一个属性。本章在层级式互动关系分析中使用生成模型。为配合该生成模型，本章提出一种适合连接生成模型与原始图像的肢体角度描述符特征。该描述符特征具有足够的语义，可以依据语义逻辑定义生成模型中的概率分布，因而可以自然地连接层级行为模型与原始图像中的人物。

## 6.3.1　肢体角度描述符特征

本章为层级式互动关系分析设计肢体角度特征描述符表示人物的外观特征,该描述符特征适合连接生成模型中的概率分布和图像中的原始特征。肢体角度描述符使用一系列人物肢体之间的角度表示图像中人物的姿势。肢体角度描述符基于 2D 图像中人体的 15 个关节点的肢体结构而设定,如图 6.3 所示。

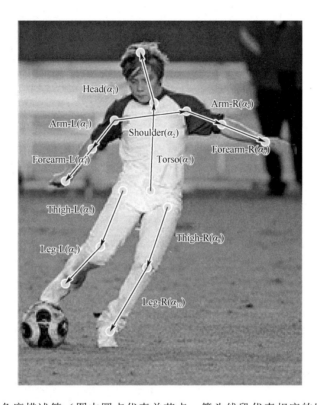

图 6.3　肢体角度描述符(图中圆点代表关节点,箭头线段代表相应的肢体和方向)

肢体角度描述符标记人体骨架结构中的 15 个关节点,其使用 2D 骨架中肢体之间的相对角度表示人体姿势。其中,$\alpha_0$ 表示人物躯干与 $y$ 轴的相对角度,$\alpha_1 \sim \alpha_{10}$ 分别表示头部(Head)、双肩(Shoulder)、左上臂(Arm-L)、右上臂(Arm-R)、左小臂(Forearm-L)、右小臂(Forearm-R)、左大腿(Thigh-L)、右大腿(Thigh-R)、左小腿(Leg-L)、右小腿(Leg-R)与躯干之间的相对角度。肢体角度描述符采用 2D 肢体角度的原因和优点如下。

(1)虽然 3D 人体骨架对姿势的表达更准确,但在既有 2D 图像中重塑 3D 骨架目前难以实现。虽然有研究者提出了从 2D 图像中还原深度的方法[2,23],但这些方法只能粗略估计人物的深度，无法更细致地估计人物某个关节点的深度。

（2）如果使用距离作为描述符，肢体从真实的 3D 距离投影为 2D 距离时误差较大。而在很多情况下，由于定义一个角度的肢体连接在同一关节处深度变化较小，所以角度误差也较小。

（3）相比于使用关节点间的距离描述姿势，使用肢体之间的相对角度描述人物姿势具有更合理的语义，更符合人脑的思维方式。给出一系列关节点之间的距离，人脑很难想象人物姿势；给出一系列肢体之间的相对角度，假设大致肢体之间的比例，人脑就可以画出这个人物的大致姿势。距离表示肢体的长短，更像某个具体人物特征，而肢体角度更像某种动作、姿势的特征。更合理的语义使基于角度的概率分布关系更容易建立与学习。例如，"跑步"动作中，建模腿部可能出现的某些角度比建模腿部可能出现的某些长度更为合理。因此，肢体角度描述符适合连接层级互动关系模型中的概率分布和图像中的特征。

（4）使用肢体之间的相对角度描述动作，可以根据其语义建立约束。人物肢体之间有自然的运动约束。例如，膝盖不能向后弯曲，头部左右的弯曲程度有一定范围等。加入运动约束可以在从原始图像中提取描述符时自动去掉一些不可能的人物动作，使描述符提取结果更为准确。相比之下，对于距离描述符，很难建立运动约束，至少无法直接依据人类既有经验设置约束。实质上，这是因为与肢体角度比，关键点之间的距离在表达人物姿势上具有更高的语义，更符合人脑的思维习惯。所以，人脑中既有的相关知识可以很容易地被添加到其中。

（5）躯干与 $y$ 轴的角度决定人物的定位，其余肢体角度相对于躯干确定。这种方式使肢体角度描述符对图像的旋转具有一定的强健性。

本章采用类似 Felzenszwalb 等人提出的方法[24]，即从图像中提取表达人物姿势的肢体角度描述符。其中，将局部检测窗口改为 11 个，分别对应肢体角度描述符中的每个肢体；空间模型被替换为相对角度约束。本章的研究重心在于基于互动关系识别图像中的人体动作，提取肢体角度描述符作为动作识别的预处理过程。经过修正的描述符被用于层级式互动关系分析和人体动作识别中。

## 6.3.2　空间布局特征

本章结合人物在图像中的 3D 位置与人物之间的相对位置关系描述向量，尽可能提供丰富的人物空间布局特征。

图像中人物所处的 3D 深度基于 Hoiem 等人提出的算法[25-32]估计，该算法依据地面透视关系估计人物或者物品的深度，每个人物或者物品的深度由其下缘相接处的地面的深度所决定。若图像中地面的地平线位置定为 $r_0$，则人物 $i$ 下缘处于地面上第 $r_i$ 行像素的深度为

$$z_i = \frac{fy_c}{r_i - r_0} \tag{6.1}$$

其中，$z_i$ 表示地面上第 $r_i$ 行像素的深度，$f$ 表示相机的焦距，$y_c$ 表示相机的焦距高度。在基于图像的人体动作识别中，由于 $f$ 和 $y_c$ 未知，所以不能估计出准确的深度，但可以计算出两个人物的相对深度。假设图像中人物在空间分布上是均匀的，即人群的左右宽度等于人群的纵深深度。取得相对深度后，人群的纵深深度被设定为人群左右宽度。设定距离相机最近人物的深度为 0，则最远人物的深度等于人群水平距离，其他人物深度可由相对深度的比例关系计算得到。得到的人物 $i$ 的位置记为 $L_i = \{x_i, y_i, z_i\}$，其中，$x_i$ 代表人物中心的水平坐标，$y_i$ 代表人物中心的垂直坐标，$z_i$ 代表人物中心的深度坐标。

人物之间的相对位置关系是带有语义定义的关系描述，如表示两个人物的位置关系为紧邻、附近、远离、在其上等，使用布尔向量表示，向量中的每一个分量代表对应的位置关系成立与否。这种关系描述向量已经被证明在计算人物-物品互动关系中有效[29-32]，本章在人物互动关系分析中引入类似的位置关系描述向量。

人物之间的相对位置关系如图 6.4 所示。其中，点 $P_i$ 代表目标人物，点 $P_j$ 代表周围人物。$X$、$Y$、$Z$ 代表坐标轴，上标 f 和 b 分别代表较浅深度平面中的坐标轴和较深深度平面中的坐标轴。

周围人物 $P_j$ 相对于目标人物 $P_i$ 的位置关系分 15 种，分别处于相对于目标人物相同、更浅、更深三个深度层次中；每层五种，包括重叠（Overlap）、上（Above）、下（Below）、紧邻（Next-to）和附近（Near）。所以，使用的人物相对关系描述向量具有 15 个分量，每个分量被激活时（其值等于 1），表示该分量代表的物理位置关系意义成立。同一时刻，两个人物之间只能同时满足一种相对位置关系。激活何种关系基于人物中心坐标 $L_i$ 和人物面积 $\mathbf{Area}_i$ 来计算。获得的人物 $j$ 相对于人物 $i$ 的空间相对位置关系描述向量记为 $\mathbf{R}_{ij}^{\text{des}}$。

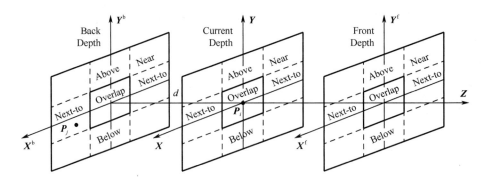

图 6.4　人物之间的相对位置关系

在扁平式互动关系分析中，人物的空间布局特征包含该人物自身的位置，以及该人物与图像中其他人物的相对位置关系。使用 $l_i$ 表示某个人物的空间布局特征，则

$$l_i := \boldsymbol{L}_i // \mathbf{Area}_i // \boldsymbol{R}_{i1} // \boldsymbol{R}_{i2} // \cdots \boldsymbol{R}_{ij} // \cdots // \boldsymbol{R}_{iN} \tag{6.2}$$

其中，//表示对两个向量的级联拼接（Concatenate），$\boldsymbol{R}_{ij}$ 表示人物 $i$ 与人物 $j$ 之间的空间关系，$j=1,2,\cdots,N\ (j{\neq}i)$，$N$ 为图像中所有检测到的人物总数。$\boldsymbol{R}_{ij}$ 的定义为

$$\boldsymbol{R}_{ij} := \{\boldsymbol{d}_{ij}^{3D}, \boldsymbol{R}_{ij}^{\mathrm{des}}\} \tag{6.3}$$

其中，$\boldsymbol{d}_{ij}^{3D}$ 表示人物 $j$ 相对于人物 $i$ 的 3D 距离。在构成人物的空间布局特征时，除 $\boldsymbol{R}_{ij}^{\mathrm{des}}$ 的部分被整体归一化到 0～1 外，$\boldsymbol{R}_{ij}^{\mathrm{des}}$ 的部分保持不变，使 $\boldsymbol{R}_{ij}^{\mathrm{des}}$ 的作用不被淹没，且人物的空间布局特征与人物的外观特征的分量具有相同的尺度。

## 6.3.3　基于融合受限玻尔兹曼机的特征融合

扁平式互动关系分析需要同时根据外观特征和空间布局特征分析两个人物相关的可能性。因此，需要通过每个人物 $i$ 的外观特征和空间布局特征构建该人物的融合特征，并通过人物 $i$ 和人物 $j$ 的融合特征与之间的某种度量计算人物 $i$ 和人物 $j$ 之间的相关性。直接拼接人物的外观特征和空间布局特征构造融合特征时，融合特征中的外观特征数量要远大于空间布局特征数量，使计算人物 $i$ 和人物 $j$ 之间的相关性时，空间布局特征的作用被外观特征的作用所弱化。为此，本章提出了一种新的可以有效融合维度相异特征的特征融合方法。

### 1．FRBM 结构

本章提出使用 FRBM 进行特征融合，它基于深度信念网络（Deep Belief Net，DBN）[33]的基本构件受限玻尔兹曼机（Restricted Boltzmann Machine，RBM）[34]发展而成。

DBN 的结构、RBM 的结构和工作过程如图 6.5 所示。DBN 包含一个输入层、一个输出层，若干个隐藏层，其结构可以视为层叠的 RBM，即相邻的层之间构成 RBM，如图 6.5（a）所示。每个 RBM 由两层节点组成，其同层节点之间没有连接，两层之间的节点互相全连接，如图 6.5（b）所示。RBM 的工作过程通过可见层与隐藏层之间的迭代重构实现，即循环使用可见层数值生成隐藏层数值，再使用隐藏层数值生成可见层数值，直到各层数值稳定。当 RBM 达到稳定状态时，隐藏层数值可以反映可见层数值，即隐藏层数值可以视为从可见层数值中提取的一种特征。所以，每一级 RBM 都相当于一次特征提取。DBN 通过层叠 RBM 结构逐层地提取特征（通常，越高层，维度越小，从而实现降维），并在最终提取的特征上进行分类。

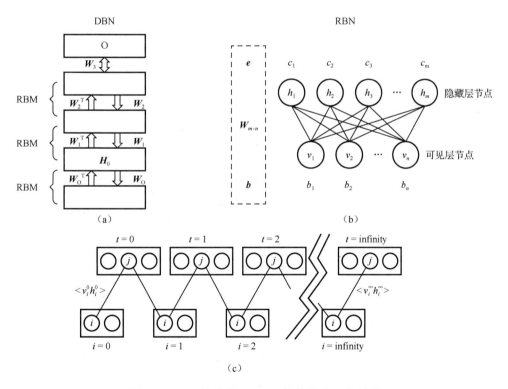

图 6.5　DBN 的结构、RBM 的结构和工作过程

图 6.5 中，虚线框中为 RBM 参数，$W_{m \times n}$ 代表节点之间的连接权重，$b$ 和 $c$ 分别代表可见层的偏移量，$t$ 表示时刻。

如果将外观特征 $v$ 和空间布局特征 $l$ 拼合，并输入 RBM 的可见层，则生成的隐藏层数值可视为一种融合特征，因为该融合特征可以还原出两种不同的特征。但是，由于 $v$ 和 $l$ 具有大尺度相异性，直接拼合 $v$ 和 $l$ 会使 $l$ 在融合特征中的贡献被 $v$ 掩盖，即 $v$ 的维度远大于 $l$ 的维度时，重构 $v//l$ 的误差约等于重构 $v$ 的误差。所以，本章提出一种具有三层的 FRBM。FRBM 将输入层一分为二，分别输入 $v$ 和 $l$，然后使用类似 RBM 迭代重构的方法获得隐藏层数值作为融合特征 $f$。

FRBM 的三层结构类似阀门条件受限玻尔兹曼机（Gated Conditional Restricted Boltzmann Machine，G-CRBM）[35]。G-CRBM 的结构如图 6.6 所示。G-CRBM 包含可见层、条件层和隐藏层。FRBM 中的两个可见层相当于 G-CRBM 中的可见层和条件层。G-CRBM 的可见层在使用和训练中随每轮迭代变化，而条件层保持恒定。与 G-CRBM 不同的是，FRBM 中的两个可见层都随着每轮迭代而变化，直到 FRBM 达到稳定状态。

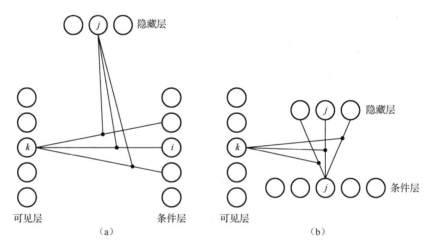

图 6.6　G-CRBM 的结构[35]

FRBM 的结构如图 6.7 所示。为方便表述 FRBM 中层与特征之间的对应关系，在不混淆的情况下，$v$、$l$ 和 $f$ 也被分别用来指代 FRBM 中的层，即 $v$、$l$ 和 $f$ 分别指代外观特征的可见层、空间布局特征的可见层和输出融合特征的隐藏层。$i$、$j$ 和 $k$ 分别索引 $v$、$l$ 和 $f$ 层中的节点。$I$、$J$ 和 $K$ 分别代表 $v$、$l$ 和 $f$ 层中的节点个数。$v$、$l$ 和 $f$ 层中的任一节点 $v_i$、$l_j$ 和 $f_k$ 通过带有权值 $W_{ijk}$ 的门相连。$W$ 是一个三阶张量。$a_i \in A$、$b_j \in B$ 和 $c_k \in C$ 分别代表 $v$、$l$ 和 $f$ 层中的节点的偏移量。对于每一个 $f_k$，有 $i \times j$ 个门与之相连，而每一个门同时连接一个 $v$ 中的节点 $v_i$ 和一个 $l$ 中的节点 $l_j$。从连接的角度上看，$v$ 和 $l$ 以同样地位连接到 $f$，即 $f$ 中的每个节点通过门最终连接到 $v$ 和 $l$ 的节点数目相同。这在结构上保证了在融合特征中，低维度空间布局特征的作用不被高维度外观特征的作用所淹没。

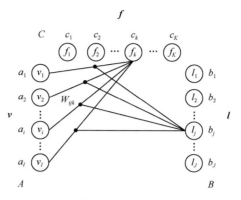

图 6.7　FRBM 的结构（示例 $l_i$ 节点的连接，省略 $l$ 中其他节点类似的连接）

## 2．FRBM 特征融合

本部分将介绍如何使用给定参数的 FRBM 从 $v$ 和 $l$ 获得 $f$。由于所有实数特征可由二进制表达，使用二进制节点的 FRBM 可以不失一般性地表达实数特征（实数可见层特征）。*A practical guide to training restricted boltzmann machines* 论文中提出了符合某些分布的实数可见节点的计算方法，但为了不失一般性地表达所有可能的情形，本部分将介绍二进制 FRBM 的工作过程。FRBM 的运行原理与 RBM 类似，基于能量模型（Energy Model）[33-34]。对于给定的 FRBM，即确定参数 $\theta$ 的 FRBM，其中 $\theta:=\{W,A,B,C\}$，每一组确定的 FRBM 中所有节点的值，即 $(v,l,f)$，确定 FRBM 的一个状态。FRBM 的每一个状态具有一个特定的能量值，由能量函数（Energy Function）$E(v,l,f;\theta)$ 定义：

$$E(v,l,f;\theta) = -\sum_{i,j,k} W_{ijk} v_i l_j f_k - \sum_i a_i v_i - \sum_j b_j l_j - \sum_k c_k f_k \tag{6.4}$$

依据能量函数，$v$、$l$ 和 $f$ 的联合分布定义为

$$p(v,l,f \mid \theta) = \frac{\mathrm{e}^{-E(v,l,f;\theta)}}{Z(\theta)} \tag{6.5}$$

其中：

$$Z(\theta) = \sum_{v,l,f} \mathrm{e}^{-E(v,l,f;\theta)} \tag{6.6}$$

表示在所有可能的 $v$、$l$ 和 $f$ 向量上的累加结果。

由式（6.4）和式（6.5）可推导对于给定的 $v$ 和 $l$，$f$ 中每个节点 $f_k$ 被激活的概率，即 $f_k=1$ 的概率：

$$p(f_k = 1 \mid \boldsymbol{v}, \boldsymbol{l}, \theta) = \sigma\left(\sum_{i,j} W_{ijk} v_i l_j + c_k\right) \tag{6.7}$$

其中，$\sigma()$ 为 Sigmoid 函数：

$$\sigma(x) = \frac{1}{1 + \mathrm{e}^{-x}} \tag{6.8}$$

式（6.7）的具体推导过程见式（6.9）：

$$
\begin{aligned}
p(f_k = 1 \mid \boldsymbol{v}, \boldsymbol{l}, \theta) &= \frac{p(f_k = 1, \boldsymbol{v}, \boldsymbol{l} \mid \theta)}{p(\boldsymbol{v}, \boldsymbol{l} \mid \theta)} = \frac{\sum_{f_{-k}} p(f_k = 1, f_{-k}, \boldsymbol{v}, \boldsymbol{l} \mid \theta)}{\sum_{f} p(\boldsymbol{v}, \boldsymbol{l}, \boldsymbol{f}, \mid \theta)} = \frac{\sum_{f_{-k}} \exp(-E(\boldsymbol{v}, \boldsymbol{l}, \boldsymbol{f}; \theta))|_{f_k = 1}}{\sum_{f} \exp(-E(\boldsymbol{v}, \boldsymbol{l}, \boldsymbol{f}; \theta))} \\[2mm]
&= \frac{\sum_{f_{-k}} \exp(\sum_{i,j}(\sum_{m \neq k} W_{ijm} v_i l_j f_m + W_{ijk} v_i l_j f_k)|_{f_k = 1} + \sum_i a_i v_i + \sum_j b_j l_j + (\sum_{m \neq k} c_m f_m + c_k f_k)|_{f_k = 1})}{\sum_{f} \exp(\sum_{i,j,m} W_{ijm} v_i l_j f_m + \sum_i a_i v_i + \sum_j b_j l_j + \sum_m c_m f_m)} \\[2mm]
&= \frac{\sum_{f_{-k}} \exp(\sum_{i,j,m \neq k} W_{ijm} v_i l_j f_m + \sum_{i,j} W_{ijk} v_i l_j + \sum_i a_i v_i + \sum_j b_j l_j + \sum_{m \neq k} c_m f_m + c_k)}{\sum_{f} \exp(\sum_{i,j,m} W_{ijm} v_i l_j f_m + \sum_i a_i v_i + \sum_j b_j l_j + \sum_m c_m f_m)} \\[2mm]
&= \frac{\exp(\sum_i a_i v_i + \sum_j b_j l_j) \sum_{f_{-k}} \exp(\sum_{i,j} W_{ijk} v_i l_j + c_k + \sum_{i,j,m \neq k} W_{ijm} v_i l_j f_m + \sum_{m \neq k} c_m f_m)}{\exp(\sum_i a_i v_i + \sum_j b_j l_j) \sum_{f} \exp(\sum_{i,j,m} W_{ijm} v_i l_j f_m + \sum_m c_m f_m)} \\[2mm]
&= \frac{\sum_{f_{-k}} \exp(\sum_{i,j} W_{ijk} v_i l_j + c_k + \sum_{i,j,m \neq k} W_{ijm} v_i l_j f_m + \sum_{m \neq k} c_m f_m)}{\sum_{f_k = 0}^{1} \sum_{f_{-k}} \exp(\sum_{i,j,m \neq k} W_{ijm} v_i l_j f_m + \sum_{i,j,k} W_{ijm} v_i l_j f_k + \sum_{m \neq k} c_m f_m + c_k f_k)} \\[2mm]
&= \frac{\exp(\sum_{i,j} W_{i,j,k} v_i l_j + c_k) \sum_{f_{-k}} \exp(\sum_{i,j,m \neq k} W_{ijm} v_i l_j f_m + \sum_{m \neq k} c_m f_m)}{\sum_{f_k = 0}^{1} \exp(\sum_{i,j} W_{ijk} v_i l_j f_k + c_k f_k) \sum_{f_{-k}} \exp(\sum_{i,j,m \neq k} W_{ijm} v_i l_j f_m + \sum_{m \neq k} c_m f_m)} \\[2mm]
&= \frac{\exp(\sum_{i,j} W_{i,j,k} v_i l_j + c_k)}{\sum_{f_i = 0}^{1} \exp(\sum_{i,j} W_{ijk} v_i l_j f_k + c_k f_k)} = \frac{\exp(\sum_{i,j} W_{ijk} v_i l_j + c_k)}{1 + \exp(\sum_{i,j} W_{ijk} v_i l_j + c_k)} = \frac{1}{1 + \exp(-\sum_{i,j} W_{ijk} v_i l_j - c_k)} \\[2mm]
&= \sigma(\sum_{i,j} W_{ijk} v_i l_j + c_k)
\end{aligned}
\tag{6.9}
$$

在计算融合特征时，通过给定的 $\boldsymbol{v}$ 和 $\boldsymbol{l}$ 求 $\boldsymbol{f}$。通过式（6.7）计算的每一个 $p(f_k = 1 \mid \boldsymbol{v}, \boldsymbol{l}, \theta)$ 的结果会与一个随机生成的 $0 \sim 1$ 的实数 $R_k$ 进行比较，如果 $p(f_k = 1 \mid \boldsymbol{v}, \boldsymbol{l}, \theta) \geqslant R_k$，则 $f_k$ 节点被激活，即 $f_k = 1$。

$$f_k = [p(f_k = 1 | \mathbf{v}, \mathbf{l}, \theta) \geq R_k ? 1 : 0] \tag{6.10}$$

由式（6.10）可求得由给定参数 $\theta$ 的 FRBM 融合原始特征 $\mathbf{v}$、$\mathbf{l}$ 得到的融合特征 $\mathbf{f}$，其中

$$f_{-k} = (f_1, f_2, \cdots, f_{k-1}, f_{k+1} \cdots, f_K) \tag{6.11}$$

与式（6.9）中的推导类似，可推导出激活 $v_i$ 和 $l_j$ 的概率：

$$p(v_i = 1 | \mathbf{l}, \mathbf{f}, \theta) = \sigma(\sum_{j,k} W_{ijk} l_j f_k + a_i) \tag{6.12}$$

$$p(l_j = 1 | \mathbf{v}, \mathbf{f}, \theta) = \sigma(\sum_{i,k} W_{ijk} v_i f_k + b_j) \tag{6.13}$$

类似式（6.10），可分别得到已知 $\mathbf{l}$、$\mathbf{f}$ 求 $\mathbf{v}$ 的公式和已知 $\mathbf{v}$、$\mathbf{f}$ 求 $\mathbf{l}$ 的公式：

$$v_i = [p(v_i = 1 | \mathbf{l}, \mathbf{f}, \theta) \geq R_i ? 1 : 0] \tag{6.14}$$

$$l_j = [p(l_j = 1 | \mathbf{v}, \mathbf{f}, \theta) \geq R_j ? 1 : 0] \tag{6.15}$$

从式（6.7）中可见，在求每一个 $f_k$ 的计算中，$\mathbf{v}$ 中的 $I$ 个分量每个被累加 $J$ 次，即求和式中 $\mathbf{v}$ 中的外观特征一共出现 $I \times J$ 次。同样，在求每一个 $f_k$ 的计算中，$\mathbf{l}$ 中的 $J$ 个分量每个被累加 $I$ 次，即求和式中 $\mathbf{l}$ 中的空间布局特征也出现 $I \times J$ 次。所以从计算的角度来看，FRBM 给予不同维度的原始特征 $\mathbf{v}$ 和 $\mathbf{l}$ 同样的比重，使在融合特征 $\mathbf{f}$ 中，低维度 $\mathbf{l}$ 的作用不被高维度 $\mathbf{v}$ 的作用所淹没。

### 3. FRBM 训练

理论上，给定任意参数 $\theta$，FRBM 都可以计算出由特征 $\mathbf{v}$ 和 $\mathbf{l}$ 融合出的特征 $\mathbf{f}$。但是，使用由任意参数 $\theta$ 的 FRBM 计算得到的 $\mathbf{f}$ 重构 $\mathbf{v}$ 和 $\mathbf{l}$ 可能无法获得最小的重构误差，即融合特征 $\mathbf{f}$ 不能很好地反映原始特征 $\mathbf{v}$ 和 $\mathbf{l}$。因此，需要通过训练数据对 FRBM 进行训练，学习使重构所有训练数据的总误差取得最小值的 FRBM 参数 $\theta$。本章使用最大似然估计的方法学习参数 $\theta$。

为避免混淆，定义符号含义如下：$D$ 表示训练数据集，由给定原始特征对 $(\mathbf{v}, \mathbf{l})$ 组成，即 $(\mathbf{v}, \mathbf{l}) \in D$。在累加符号中，$\sum_{(\mathbf{v}, \mathbf{l}) \in D}$ 表示累加每条数据集 $D$ 中的训练数据 $(\mathbf{v}, \mathbf{l})$；$\sum_{\mathbf{f}}$、$\sum_{\mathbf{v}, \mathbf{l}}$ 和 $\sum_{\mathbf{v}, \mathbf{l}, \mathbf{f}}$ 表示累加对应向量所有可能值的组合。

由式（6.5）对所有的 $f$ 求和可得：

$$p(\boldsymbol{v},\boldsymbol{l} \mid \theta) = \frac{\sum_f e^{-E(\boldsymbol{v},l,f;\theta)}}{Z(\theta)} \qquad (6.16)$$

对式（6.16）两端分别取对数可得：

$$\ln p(\boldsymbol{v},\boldsymbol{l} \mid \theta) = \ln(\sum_f e^{-E(\boldsymbol{v},l,f;\theta)}) - \ln Z(\theta) \qquad (6.17)$$

在能量模型中，式（6.17）右边第一项的相反数被称为自由能量（Free Energy Function），自由能量越小，模型越稳定，重构误差越小。为书写简便，给出可见层状态等于 $(\boldsymbol{v},\boldsymbol{l})$ 时，以 $\theta$ 为参数的 FRBM 的自由能量函数表示为

$$F(\boldsymbol{v},\boldsymbol{l};\theta) = -\ln(\sum_f e^{-E(\boldsymbol{v},l,f;\theta)}) \qquad (6.18)$$

将式（6.18）代入式（6.19），并在所有训练数据集 $D$ 上求和得到：

$$\sum_{(\boldsymbol{v},l)\in D} \ln p(\boldsymbol{v},\boldsymbol{l} \mid \theta) = -\sum_{(\boldsymbol{v},l)\in D} F(\boldsymbol{v},\boldsymbol{l};\theta) - \sum_{(\boldsymbol{v},l)\in D} \ln Z(\theta) \qquad (6.19)$$

式（6.19）左端为最大似然方法中的对数似然函数，即

$$\sum_{(\boldsymbol{v},l)\in D} \ln p(\boldsymbol{v},\boldsymbol{l} \mid \theta) = \ln \prod_{(\boldsymbol{v},l)\in D} p(\boldsymbol{v},\boldsymbol{l} \mid \theta) \qquad (6.20)$$

所以，最大化对数似然函数等价于最大化式（6.19）。

由于令式（6.19）直接对 $\theta$ 求导无解析解，因此使用梯度下降的方法，通过迭代更新 $\theta$。$t+1$ 时刻的参数 $\theta_{t+1}$ 与 $t$ 时刻的参数 $\theta_t$ 之间的迭代公式为

$$\theta_{t+1} = \theta_t + \varepsilon \cdot \left( \sum_{(\boldsymbol{v},l)\in D} \frac{\partial \ln p(\boldsymbol{v},\boldsymbol{l} \mid \theta_t)}{\partial \theta} \right) \qquad (6.21)$$

其中，$\varepsilon$ 为学习率。该迭代公式为最一般式的迭代方法，在实际应用中也可以使用由此演化出来的迷你簇（Mini-Batch）和动量（Momentum）方法[33-34]进行迭代。

使用 $(\boldsymbol{v}^*, \boldsymbol{l}^*)$ 指代 $D$ 中的一条数据，$E^*$ 简要代替 $E(\boldsymbol{v}^*, \boldsymbol{l}^*, \boldsymbol{f}, \theta)$，$E$ 简要代替 $E(\boldsymbol{v}, \boldsymbol{l}, \boldsymbol{f}, \theta)$，由式（6.5）、式（6.6）和式（6.17）可得，式（6.21）中对于数据 $(\boldsymbol{v}^*, \boldsymbol{l}^*)$ 的 $\theta$ 的偏导数为

$$
\begin{aligned}
\frac{\partial \ln p(\boldsymbol{v}^*, \boldsymbol{l}^* \mid \theta)}{\partial \theta} &= \frac{\sum_f \left( \mathrm{e}^{-E^*} \cdot \left( -\frac{\partial E^*}{\partial \theta} \right) \right)}{\sum_f \mathrm{e}^{-E^*}} - \frac{\sum_{v,l,f} \left( \mathrm{e}^{-E} \cdot \left( -\frac{\partial E}{\partial \theta} \right) \right)}{\sum_{v,l,f} \mathrm{e}^{-E}} \\
&= \frac{\sum_f \left( p(\boldsymbol{v}^*, \boldsymbol{l}^*, \boldsymbol{f} \mid \theta) \left( -\frac{\partial E^*}{\partial \theta} \right) \right)}{\sum_f p(\boldsymbol{v}^*, \boldsymbol{l}^*, \boldsymbol{f} \mid \theta)} - \frac{\sum_{v,l,f} \left( p(\boldsymbol{v}, \boldsymbol{l}, \boldsymbol{f} \mid \theta) \cdot \left( -\frac{\partial E}{\partial \theta} \right) \right)}{\sum_{v,l,f} p(\boldsymbol{v}, \boldsymbol{l}, \boldsymbol{f} \mid \theta)} \\
&= \sum_f p(\boldsymbol{f} \mid \boldsymbol{v}^*, \boldsymbol{l}^*, \theta) \left( -\frac{\partial E^*}{\partial \theta} \right) - \sum_{v,l,f} p(\boldsymbol{v}, \boldsymbol{l}, \boldsymbol{f} \mid \theta) \left( -\frac{\partial E}{\partial \theta} \right) \\
&= \mathbb{E}_{p(\boldsymbol{f} \mid \boldsymbol{v}^*, \boldsymbol{l}^*, \theta)} \left( -\frac{\partial E^*}{\partial \theta} \right) - \mathbb{E}_{p(\boldsymbol{v}, \boldsymbol{l}, \boldsymbol{f} \mid \theta)} \left( -\frac{\partial E}{\partial \theta} \right)
\end{aligned}
\tag{6.22}
$$

其中，$\mathbb{E}_{p(\boldsymbol{f} \mid \boldsymbol{v}^*, \boldsymbol{l}^*, \theta)} \left( -\dfrac{\partial E^*}{\partial \theta} \right)$ 表示方程 $-\dfrac{\partial E^*}{\partial \theta}$ 在概率密度函数 $p(\boldsymbol{f} \mid \boldsymbol{v}^*, \boldsymbol{l}^*, \theta)$ 下的期望，它实质上是训练数据自由能量的期望；$\mathbb{E}_{p(\boldsymbol{v}, \boldsymbol{l}, \boldsymbol{f} \mid \theta)} \left( -\dfrac{\partial E}{\partial \theta} \right)$ 表示方程 $-\dfrac{\partial E}{\partial \theta}$ 在概率密度函数 $p(\boldsymbol{v}, \boldsymbol{l}, \boldsymbol{f} \mid \theta)$ 下的期望，它实质上由模型生成数据的自由能量的期望。

将式（6.5）代入式（6.22）可得到对数似然函数对 $\theta$ 中的每一个分量的偏导数，计算过程如下。

对数似然函数对 $W_{ijk}$ 的偏导数：

$$
\begin{aligned}
\frac{\partial \ln p(\boldsymbol{v}^*, \boldsymbol{l}^* \mid \theta)}{\partial W_{ijk}} &= \sum_f p(\boldsymbol{f} \mid \boldsymbol{v}^*, \boldsymbol{l}^*, \theta) \left( -\frac{\partial E^*}{\partial W_{ijk}} \right) - \sum_{v,l,f} p(\boldsymbol{v}, \boldsymbol{l}, \boldsymbol{f} \mid \theta) \left( -\frac{\partial E}{\partial W_{ijk}} \right) \\
&= \sum_f p(\boldsymbol{f} \mid \boldsymbol{v}^*, \boldsymbol{l}^*, \theta) v_i^* l_j^* f_k - \sum_{v,l,f} p(\boldsymbol{v}, \boldsymbol{l}, \boldsymbol{f} \mid \theta) v_i l_j f_k \\
&= \sum_f p(\boldsymbol{f} \mid \boldsymbol{v}^*, \boldsymbol{l}^*, \theta) v_i^* l_j^* f_k - \sum_{v,l} \sum_f p(\boldsymbol{v}, \boldsymbol{l}, \boldsymbol{f} \mid \theta) v_i l_j f_k \\
&= \sum_f p(\boldsymbol{f} \mid \boldsymbol{v}^*, \boldsymbol{l}^*, \theta) v_i^* l_j^* f_k - \sum_{v,l} \sum_f p(\boldsymbol{v}, \boldsymbol{l} \mid \theta) p(\boldsymbol{f} \mid \boldsymbol{v}, \boldsymbol{l}, \theta) v_i l_j f_k \\
&= \sum_f p(\boldsymbol{f} \mid \boldsymbol{v}^*, \boldsymbol{l}^*, \theta) v_i^* l_j^* f_k - \sum_{v,l} \left[ p(\boldsymbol{v}, \boldsymbol{l} \mid \theta) \sum_f p(\boldsymbol{f} \mid \boldsymbol{v}, \boldsymbol{l}, \theta) v_i l_j f_k \right]
\end{aligned}
\tag{6.23}
$$

因为 $\boldsymbol{f} = (f_1, f_2, \cdots, f_K)$，式（6.23）中的

$$
\begin{aligned}
\sum_{\boldsymbol{f}} p(\boldsymbol{f} \mid \boldsymbol{v}^*, \boldsymbol{l}^*, \theta) v_i^* l_j^* f_k &= \sum_{e=1}^{K} \sum_{f_e=0}^{1} p(f_1, f_2, \cdots, f_e \cdots, f_K \mid \boldsymbol{v}^*, \boldsymbol{l}^*, \theta) v_i^* l_j^* f_k \\
&= \sum_{f_k=0}^{1} \Big( \sum_{e=1, e \neq k}^{K} \sum_{f_e=0}^{1} p(f_1, f_2, \cdots, f_e \cdots, f_K \mid \boldsymbol{v}^*, \boldsymbol{l}^*, \theta) v_i^* l_j^* f_k \Big) \\
&= \sum_{f_k=0}^{1} \sum_{f_{-k}} p(f_k, f_{-k} \mid \boldsymbol{v}^*, \boldsymbol{l}^*, \theta) v_i^* l_j^* f_k \\
&= \sum_{f_k=0}^{1} v_i^* l_j^* f_k \sum_{f_{-k}} p(f_k, f_{-k} \mid \boldsymbol{v}^*, \boldsymbol{l}^*, \theta) \\
&= \sum_{f_k=0}^{1} v_i^* l_j^* f_k \cdot p(f_k \mid \boldsymbol{v}^*, \boldsymbol{l}^*, \theta) \\
&= p(f_k = 1 \mid \boldsymbol{v}^*, \boldsymbol{l}^*, \theta) v_i^* l_j^*
\end{aligned} \tag{6.24}
$$

与式（6.24）类似可得式（6.23）中的

$$
\sum_{\boldsymbol{f}} p(\boldsymbol{f} \mid \boldsymbol{v}, \boldsymbol{l}, \theta) v_i l_j f_k = p(f_k = 1 \mid \boldsymbol{v}, \boldsymbol{l}, \theta) v_i l_j \tag{6.25}
$$

将式（6.24）和式（6.25）代入式（6.23），则有：

$$
\frac{\partial \ln p(\boldsymbol{v}^*, \boldsymbol{l}^* \mid \theta)}{\partial W_{ijk}} = p(f_k = 1 \mid \boldsymbol{v}^*, \boldsymbol{l}^*, \theta) v_i^* l_j^* - \sum_{\boldsymbol{v}, \boldsymbol{l}} p(\boldsymbol{v}, \boldsymbol{l} \mid \theta) p(f_k = 1 \mid \boldsymbol{v}, \boldsymbol{l}, \theta) v_i l_j \tag{6.26}
$$

对数似然函数对 $a_i$ 的偏导数：

$$
\begin{aligned}
\frac{\partial \ln p(\boldsymbol{v}^*, \boldsymbol{l}^* \mid \theta)}{\partial a_i} &= \sum_{\boldsymbol{f}} p(\boldsymbol{f} \mid \boldsymbol{v}^*, \boldsymbol{l}^*, \theta) \left( -\frac{\partial E^*}{\partial a_i} \right) - \sum_{\boldsymbol{v}, \boldsymbol{l}, \boldsymbol{f}} p(\boldsymbol{v}, \boldsymbol{l}, \boldsymbol{f} \mid \theta) \left( -\frac{\partial E}{\partial a_i} \right) \\
&= \sum_{\boldsymbol{f}} p(\boldsymbol{f} \mid \boldsymbol{v}^*, \boldsymbol{l}^*, \theta) v_i^* - \sum_{\boldsymbol{v}, \boldsymbol{l}, \boldsymbol{f}} p(\boldsymbol{v}, \boldsymbol{l}, \boldsymbol{f} \mid \theta) v_i \\
&= \sum_{\boldsymbol{f}} p(\boldsymbol{f} \mid \boldsymbol{v}^*, \boldsymbol{l}^*, \theta) v_i^* - \sum_{\boldsymbol{v}} \sum_{\boldsymbol{l}, \boldsymbol{f}} p(\boldsymbol{v}, \boldsymbol{l}, \boldsymbol{f} \mid \theta) v_i \\
&= \sum_{\boldsymbol{f}} p(\boldsymbol{f} \mid \boldsymbol{v}^*, \boldsymbol{l}^*, \theta) v_i^* - \sum_{\boldsymbol{v}} \sum_{\boldsymbol{l}, \boldsymbol{f}} p(\boldsymbol{v} \mid \theta) p(\boldsymbol{l}, \boldsymbol{f} \mid \boldsymbol{v}, \theta) v_i \\
&= \sum_{\boldsymbol{f}} p(\boldsymbol{f} \mid \boldsymbol{v}^*, \boldsymbol{l}^*, \theta) v_i^* - \sum_{\boldsymbol{v}} p(\boldsymbol{v} \mid \theta) v_i \sum_{\boldsymbol{l}, \boldsymbol{f}} p(\boldsymbol{l}, \boldsymbol{f} \mid \boldsymbol{v}, \theta) \\
&= v_i^* - \sum_{\boldsymbol{v}} p(\boldsymbol{v} \mid \theta) v_i
\end{aligned} \tag{6.27}
$$

对数似然函数对 $b_j$ 的偏导数的推导方式与式（6.27）相同：

$$\frac{\partial \ln p(\boldsymbol{v}^*, \boldsymbol{l}^* \mid \theta)}{\partial b_j} = l_j^* - \sum_l p(\boldsymbol{l} \mid \theta) l_j \tag{6.28}$$

对数似然函数对 $c_k$ 的偏导数：

$$
\begin{aligned}
&\frac{\partial \ln p(\boldsymbol{v}^*, \boldsymbol{l}^* \mid \theta)}{\partial c_k} \\
&= \sum_f p(\boldsymbol{f} \mid \boldsymbol{v}^*, \boldsymbol{l}^*, \theta)\left(-\frac{\partial E^*}{\partial c_k}\right) - \sum_{v,l,f} p(\boldsymbol{v}, \boldsymbol{l}, \boldsymbol{f} \mid \theta)\left(-\frac{\partial E}{\partial c_k}\right) \\
&= \sum_f p(\boldsymbol{f} \mid \boldsymbol{v}^*, \boldsymbol{l}^*, \theta) f_k - \sum_{v,l,f} p(\boldsymbol{v}, \boldsymbol{l}, \boldsymbol{f} \mid \theta) f_k \\
&= \sum_f p(\boldsymbol{f} \mid \boldsymbol{v}^*, \boldsymbol{l}^*, \theta) f_k - \sum_{v,l} p(\boldsymbol{v}, \boldsymbol{l} \mid \theta) \sum_f p(\boldsymbol{f} \mid \boldsymbol{v}, \boldsymbol{l}, \theta) f_k \\
&= \sum_{f_k=0}^1 f_k \sum_{f_{-k}} p(f_k, f_{-k} \mid \boldsymbol{v}^*, \boldsymbol{l}^*, \theta) - \sum_{v,l} p(\boldsymbol{v}, \boldsymbol{l} \mid \theta) \sum_{f_k=0}^1 f_k \sum_{f_{-k}} p(f_k, f_{-k} \mid \boldsymbol{v}, \boldsymbol{l}, \theta) \\
&= \sum_{f_k=0}^1 p(f_k \mid \boldsymbol{v}^*, \boldsymbol{l}, \theta) f_k - \sum_{v,l} p(\boldsymbol{v}, \boldsymbol{l} \mid \theta) \sum_{f_k=0}^1 p(f_k \mid \boldsymbol{v}, \boldsymbol{l}, \theta) f_k \\
&= p(f_k = 1 \mid \boldsymbol{v}^*, \boldsymbol{l}^*, \theta) - \sum_{v,l} p(\boldsymbol{v}, \boldsymbol{l} \mid \theta) p(f_k = 1 \mid \boldsymbol{v}, \boldsymbol{l}, \theta)
\end{aligned}
\tag{6.29}
$$

在 $t$ 时刻，式（6.26）～式（6.29）中的 $\theta = \theta_t$，$\boldsymbol{v}^*$ 和 $\boldsymbol{l}^*$ 由训练数据给出，则可以计算 $p(f_k = 1 \mid \boldsymbol{v}^*, \boldsymbol{l}^*, \theta)$。因此式（6.26）～式（6.29）中的第一项都可以直接计算得到。而式（6.26）～式（6.29）中的第二项无法直接计算，因为直接计算要累加所有可能的 $\boldsymbol{v}$、$\boldsymbol{l}$ 和 $\boldsymbol{f}$ 的组合。本章采用 CD-1 算法[33]对 $p(f_k = 1 \mid \boldsymbol{v}, \boldsymbol{l}, \theta)$、$v_i$ 和 $l_j$ 的值进行采样估计。

采样过程首先使用 $\theta_t, \boldsymbol{v}^*, \boldsymbol{l}^*$，依据式（6.9）采样隐藏层特征，采样结果记为 $f_t$。随后通过式（6.14）和式（6.15）的迭代采样两个可见层的特征。迭代以随机的 $\boldsymbol{v}$ 和 $\boldsymbol{l}$ 开始，固定 $f_t$ 和 $\theta_t$，通过式（6.14）和式（6.15）不断迭代计算 $\boldsymbol{v}$ 和 $\boldsymbol{l}$，至迭代稳定，迭代结果记为 $v_t$ 和 $l_t$。将 $v_t$ 和 $l_t$ 代入（6.26）～式（6.29），得到：

$$\frac{\partial \ln p(\boldsymbol{v}^*, \boldsymbol{l}^* \mid \theta)}{\partial W_{ijk}} = p(f_k = 1 \mid \boldsymbol{v}^*, \boldsymbol{l}^*, \theta) v_i^* l_j^* - \sum_{v,l} p(\boldsymbol{v}, \boldsymbol{l} \mid \theta) p(f_k = 1 \mid v_t, l_t, \theta) v_{ti} l_{tj} \tag{6.30}$$

$$\frac{\partial \ln p(\boldsymbol{v}^*, \boldsymbol{l}^* \mid \theta)}{\partial a_i} = v_i^* - \sum_v p(\boldsymbol{v} \mid \theta) v_{ti} \tag{6.31}$$

$$\frac{\partial \ln p(\boldsymbol{v}^*, \boldsymbol{l}^* \mid \theta)}{\partial b_j} = l_j^* - \sum_l p(\boldsymbol{l} \mid \theta) l_{tj} \qquad (6.32)$$

$$\frac{\partial \ln p(\boldsymbol{v}^*, \boldsymbol{l}^* \mid \theta)}{\partial c_k} = p(f_k = 1 \mid \boldsymbol{v}^*, \boldsymbol{l}^*, \theta) - \sum_{v,l} p(\boldsymbol{v}, \boldsymbol{l} \mid \theta) p(f_k = 1 \mid v_t, l_t, \theta) \qquad (6.33)$$

至此可计算式（6.21），FRBM 可根据该公式学习使重构所有训练数据的总误差最小的参数 $\theta$。

# 6.4　线索互动关系模型

扁平式互动关系分析使用单层线索互动关系模型建模图像中人物之间的互动关系。线索互动关系模型如图 6.8 所示。

在线索互动关系模型中，每一个周围人物提供的线索称为局部线索；对于一个目标人物，根据人物动作相关性度量，由相关局部线索构成全局线索；全局线索将作用于基于目标人物自身特征的局部识别，形成全局人物动作识别。所有人物动作及互动关系线索只涉及个人动作，处于同一层级。

模型中出现的局部识别、局部线索（Local Cues）、全局识别、全局线索（Global Cues）均以概率向量的形式出现。局部识别是根据目标人物自身特征（姿势、衣着、外观等）做出的识别，识别结果为该人物正在进行若干种动作的可能性（概率）。局部线索根据每个周围人物的特征，以反映该人物出现时其周围人物可能在进行各种动作的可能性。全局线索由相关的局部线索整合而成，即将相应概率向量相加并归一化。相关局部线索根据周围人物与目标人物的动作相关性大小选择而出。全局识别在局部识别的基础上通过整合全局线索实现。

线索互动关系模型保有对其他类型线索的兼容性，因为当以同样形式和含义的概率向量给出物品相关线索和背景场景相关线索时，它们都可以被视为一条局部线索，在同样的分析框架下进行分析。本文重点研究依据人物之间的互动关系识别人物动作的可能性，为避免其他线索的干扰，本章不整合多种线索进行人物动作识别。

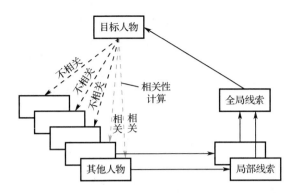

图 6.8　线索互动关系模型（双箭头虚线代表人物之间动作相关性的度量）

## 6.5　扁平式动作识别方法

基于互动关系分析框架和线索互动关系模型，本章提出扁平式动作识别方法。扁平式动作识别方法的示意图如图 6.9 所示。扁平式动作识别方法包含 3 个子功能，分别为指导信息生成（Guidance Generation）、线索生成（Cue Generation）和动作识别（Activity Recognition）。每个子功能均包含基础层（Basic Layer）、局部层（Local Layer）和全局层（Global Layer）的计算过程。三层的计算过程与扁平式的单层线索模型并不矛盾，其是从原始图像到最终结果的多步骤操作，而单层互动关系分析模型是指在个人动作的一个层级上分析人物互动关系的模型。

指导信息生成，即计算人物相关性的过程，生成的指导信息为人物相关性矩阵，含有所有人物对之间的相关性。在基础层中，指导信息生成子功能从图像中提取人物空间布局特征，读取人物的 CNN 外观特征；在局部层中，指导信息生成子功能基于 FRBM 融合每个人物的外观特征和空间布局特征得到融合特征（Fusion Features）；在全局层，指导信息生成子功能计算人物融合特征之间的距离，将其倒数作为人物相关性。得到的完整的人物相关性矩阵被作为指导信息传送到线索生成子功能中。

线索生成，即根据指导信息，提取图像中每个人物的局部线索并将其整合为全局线索（Global Cues）的过程。在基础层中，线索生成子功能提取包含人物的图像分割块中的 CNN 人物外观特征；在局部层中，线索生成子功能根据人物外观特征（也称视觉特征，Visual Features）计算每个人物提供的局部线索；在全局层中，线索生成子功能依据指导信息选择局部线索整合生成全局线索。最后，全局线索被送入动作识别子功能中。

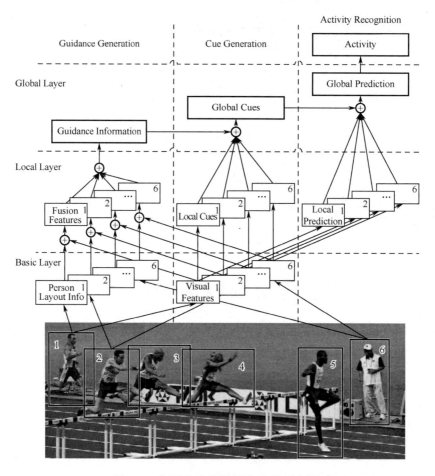

图 6.9 扁平式动作识别方法的示意图

动作识别，即依据全局线索和局部识别（Local Prediction）给出人物动作标签。在基础层中，动作识别子功能读取包含人物的图像分割块中的 CNN 特征；在局部层中，动作识别子功能根据外观特征给出局部识别结果；在全局层中，动作识别子功能将全局线索加入局部识别上，并将结果中具有最大可能性的动作标签输出，作为全局动作识别结果（Global Prediction）。

扁平式动作识别方法的核心为局部线索提取、人物相关性分析和局部线索的选择与整合。局部线索提取的要点在于从某个人物身上提取的局部线索表示的是以该人物为线索的目标人物进行若干动作的可能性,而不是该人物自身进行若干动作的可能性。本章基于卷积神经网络，提出局部线索提取算法。人物相关性分析的要点有二：第一，相关性判断出现在动作识别前，即不能根据动作识别结果判断相关性，而需要根据原始的外观特征和空间布局特征先行判断；第二，用于融合特征的 FRBM 需要大量带有标注的训练数据，在实际应用中可能无法得到足够的带有标注的数据，所以需要能够在缺乏训练数据的情况下利用外观特征和空间布局特征计算人物相关性。本章为此提出基于目标子空间度量的人物相关性分析方法。局部线索选择与整合的要点是如何从所有局部线索中判断和选择出针对每个人物的有效线索。本章提出全局-局部线索整合方法实现局部线索的选择、全局线索的整合和全局识别。

# ✅ 6.6　局部线索与局部识别

扁平式动作识别方法以概率向量的形式给出每个人物所提供的局部线索。向量中的每一个分量表达目标人物进行某种动作的可能性。局部线索生成仅考虑人物自身的特征，即该人物的外观特征（如姿势、衣着样式颜色等）。

局部线索的提取可由任意分类方法实现。本章使用卷积神经网络实现，使用卷积神经网络提取局部线索的方法如下。

（1）提取线索所用的卷积神经网络包括输入层、三对卷积层和子采样层，以及 Softmax 分类层。用于输出的 Softmax 分类层是一个多分类器，每一个输出对应一种可能的人物动作。输入层接收经过归一化的包含人物的图像分割块。

（2）卷积神经网络的每个卷积层生成 12 个卷积特征图（Convolution Maps），每个卷积滤波器（Convolution Filter）的大小为 5×5，每个子采样窗口（Subsampling Window）的大小为 2×2，输入图像块被归一化到 100×100（缩放、扩放、填充白边）。

（3）卷积神经网络由包含人物的图像分割块和对应的标签向量进行训练。其中，标签表示同一幅图像中存在的其他人物的动作，即若同幅图像存在某种动作，则该种动作对应的向量中的分量被赋值为 1，其余分量被赋值为 0。在识别时，卷积神经网络给出的结果的含义为当前人物出现时其他人物可能进行的各种动作的可能性的大小，这些可能性即局部线索。

在局部识别中，神经网络的结构及网络参数设定与此相同。不同之处在于，在训练的数据中的标签向量中只有一个分量的值被赋值为 1（其余分量被赋值为 0），它表示该人物正在进行的动作。由于神经网络的识别准确率主要取决于网络的规模和训练数据的多少。因此，采用相同结构的神经网络和相同数量的训练数据，可以使局部识别和局部线索有着大致相同的准确率。这使得容易设计实验验证在不同局部识别准确率的基础上扁平式动作识别的准确率提升效果。

# ✅ 6.7 基于目标子空间度量的动作相关性分析

人物相关，即人物动作相关，表示人物动作之间存在某种联系，如动作同时出现。如果一个周围人物与目标人物相关，则这个人物提供的局部线索对于目标人物是有效线索。在计算中，某个人物与目标人物的相关性越大，则该人物提供的局部线索的有效性越大。判断人物相关的难点在于，在人物动作识别任务中，人物相关性的计算先于动作识别，需要依据原始特征判断人物是否相关，然后将相关性计算结果用于人物动作识别。

多个人物动作之间的相关性大小与人物空间布局相关；多个人物动作之间的相关性大小与人物外观特征相关。使用本章提出的融合有限玻尔兹曼机（FRBM）可对两类特征进行融合，并在融合特征上进行综合判断。此时的人物相关性为由 FRBM 融合得到的多个人物融合特征点之间距离的倒数。

FRBM 可视为从两个原始特征空间到一个新的融合特征空间的映射。本章将经过充分训练的 FRBM 映射到融合特征空间中的点之间的距离称为绝对距离。FRBM 的参数数量为 3 个空间维度之积。当实际应用中的特征空间维度较大时，可能难以获得足够妥善标注的数据充分训练 FRBM 获得准确的绝对距离。在线索互动关系模型中生成关于某个目标人物的全局线索时，用到的所有距离为各个人物分别到目标人物的距离。因此，本章提出一种绝对距离的估算方法，称为目标子空间度量（Focal Subspace Measurement，FSM）。

FSM 放弃使用大量数据充分训练 FRBM 获得映射的方式，而对每个目标人物仅使用该目标人物数据过拟合地训练一个单独的 FRBM，该 FRBM 会将人物原始特征映射到一个新的特征空间中。由于该映射由目标人物决定，因此本章将这个空间称为目标子空间。在目标子空间中，目标人物被映射到空间中心，其他人物被映射到周围。周围人物对应的点和目标人物对应的点的距离由该映射决定，即由目标人物决定。在不同目标人物的目标子空间中，人物之间的距离不同。因此，本章将这种距离称为其他人物相对于某个目标人物的距离，简称相对距离。FSM 使用相对距离作为对绝对距离的估算，用于人物相关性度量。

FSM 计算相对距离的优点在于：目标人物的数据决定了映射方式，而不是预先人为设定。这使得在没有训练数据的情况下，FSM 估算的相对距离具有相比于预设方式更好的强健性。

使用 $d_x(y)$ 代表某个周围人物 $y$ 到目标人物 $x$ 的目标子空间距离，则：

$$d_x(y)=\|T_x x - T_x y\| \tag{6.34}$$

其中，$T_x y$ 表示人物 $y$ 的特征通过由人物 $x$ 特征过拟合训练的 FRBM 的映射得到，$\|\cdot\|$ 表示计算其中向量的欧氏范数。目标子空间距离的倒数，即由目标子空间度量方法计算给出的人物相关性。对于一幅静态图像，通过轮流选定目标人物，可得到该图像中的人物相关性矩阵。在选择局部线索生成全局线索时，这个人物相关性矩阵将提供指导性信息。

在 FSM 方法中，由目标人物数据过拟合训练的 FRBM 表达了对目标人物的外观特征和空间布局特征进行融合的方式（可理解为 FRBM 参数）。所以，通过使用 FRBM 对周围人物做映射不但度量了周围人物与目标人物在外观特征和空间布局特征中的相似性，也在一定程度上度量其特征融合方式的异同，实质是对有限信息进行了深度挖掘和利用。

# ✅ 6.8　全局线索整合与动作识别

## 6.8.1　全局-局部线索整合算法

获得人物相关性矩阵后，需要为每个人物选择有效局部线索，构成针对该人物的全局线索，并将全局线索整合到该人物的局部识别中形成全局识别。本章提出全局-局部线索整合算法（Global-Local Cue Integration Method，GLCIM）判断和整合有效局部线索。

对于每个目标人物（轮流作为目标人物），GLCIM 的实现过程如下：

（1）将其他人物按照其各自相对于目标人物的相关性大小从大到小排序；

（2）按照（1）中的次序，将局部线索以相关性大小为权重逐条累加，并归一化；

（3）在有效线索用尽后停止累加，输出累加结果，作为全局线索。

两个人物动作的相关性越大，其互动提供的识别动作线索的有效性就越大。因此，上述方法按照相关性从大到小的顺序累加局部线索，让更有效的线索尽可能先体现作用，并使用相关性作为权重，使相关性大的局部线索对全局线索的影响更大。并非所有人物都可以提供有效线索，因此需要在有效线索用尽后停止累加。因为不断加入错误的线索，可能导致原本已经正确的识别被错误的线索引导出现偏差。

为有效判断线索用尽，本章引用类似于热力学中"熵"的概念。熵可以度量一个向量的显著程度或者稳定程度。其中，显著指向量中的某一个分量较明显的突出；稳定指向量中的各个分量比较平均。熵的原始定义为

$$S(\boldsymbol{P}) = -\sum_{h=1}^{H} p_h \ln p_h \tag{6.35}$$

其中，$p_h(h=1,2,\cdots,H)$ 是向量 $\boldsymbol{P}$ 的分量，$H$ 是向量 $\boldsymbol{P}$ 的维度。一个向量的熵越大，表示该向量越稳定。为了便于表述和理解，本章在计算中采用原始熵的相反数作为评价指标，这种熵越大，表示对应的向量越显著，即向量中某个动作的可能性更明显地高于其他动作。本章采用的熵的定义如下：

$$S(\boldsymbol{P}) = \sum_{h=1}^{H} p_h \ln p_h \tag{6.36}$$

在累加线索时，有效线索会使累加结果向量对应的熵上升，无效向量会使累加结果向量对应的熵下降。所以，当累加结果的熵出现波峰并开始下降时，有效向量累加完毕。此时，经过归一化的累加结果向量被作为全局线索输出给动作识别子功能。

动作识别子功能将全局线索向量与局部识别向量相加，取结果中最大分量对应的动作输出为该目标人物的动作。对图像中每个人物执行上述的线索整合过程即可得到图像中每个人物的动作标签，实现扁平式人物动作识别。

## 6.8.2　改进全局-局部线索整合算法

GLCIM 在大多数图像中可以取得很好的识别表现但对一些特殊情况并没做针对性的设定。一种情况是，局部线索反常（Outrageous）导致全局线索反常。这种情况

常常出现在目标人物动作孤立的情况下。例如，一个观看赛跑比赛的裁判。在这种情况下，局部线索（如所有赛跑的人）自成一体累加，形成一个错误的全局线索，导致一个将可能正确的局部识别（观看或执法）识别成赛跑。另一种情况是，在线索整合过程中没有出现熵先上升后下降的情况。在 GLCIM 的实现中，只要熵下降，就停止累加，这实际上是一种较为粗糙的办法，会错过可能有效的局部线索。

针对可能出现的特殊情况，本章提出改进全局-局部线索动作识别算法（improved GLCIM，iGLCIM）。基于改进全局-局部线索整合算法的扁平式动作识别方法示意图如图 6.10 所示。iGLCIM 将原本独立的全局线索生成和全局动作识别整合为一个过程。在新的过程中，局部识别作为局部线索累加的起点，而不再是将累加好的全局线索整体加到局部识别中。其优点在于局部识别会起到类似于先验知识或条件的作用，即由局部识别设定一个锚点，局部线索在锚点周围调整识别结果，从而避免反常线索的影响。当孤立动作的目标人物出现时，加入第一条反常局部线索即会触发累加停止机制，避免无关线索的错误引导。同时，本章提出了一个全新的基于激活区间（Active Interval）的累加停止算法，该算法会对所有可能的熵的变化情况做出解释和针对性的措施。

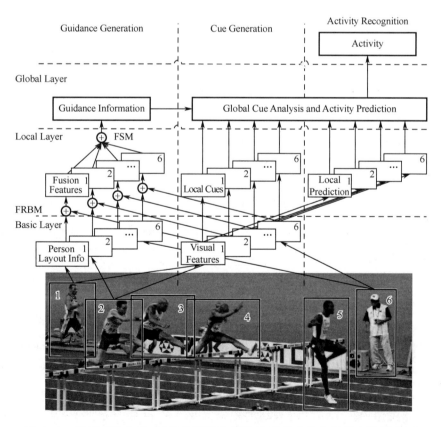

图 6.10　基于改进全局-局部线索整合算法的扁平式动作识别方法示意图

用 EoAR 代表累加结果的熵（Entropy of the Accumulation Result），用$[\alpha, \beta]$定义 EoAR 曲线变化中的激活区间，基于激活区间的累加停止算法给出各种情况下累加停止的时间，以及累加停止时输出的结果，如图 6.11 所示。

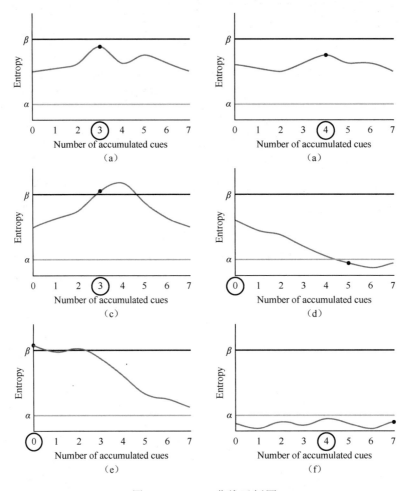

图 6.11　EoAR 曲线示例图

图 6.11 中，纵轴表示累加结果的熵（Entropy），横轴表示当前根据相关性排序依次累加的线索数量（Number of accumulated cues），其中"0"表示局部识别，其后线索为局部线索。图中用小圆点标记停止位置，黑色圆圈圈中的数字为输出的用作全局识别判断依据的向量。

图 6.11（a）展示了最常见的 EoAR 曲线的变化情况。其中，EoAR 曲线出现在激活区间内（可以由激活区间外进入），首先上升，在到达第一个局部极大值后开始下降。第一个局部极大值点意味着有效线索（可以帮助区分该图像中人物动作的局部线索）已经用尽。在图像中，这种情况表现为根据目标人物自身的姿势不能判断出他的动作（因为不同的动作可能包含相似的人物姿势），但周围人物的姿势不断提升着目标人物

进行某种动作的可能性。这实际上是本文设计人物互动线索的原始动机，在 GLCIM 中实现的即是对这种情况下的局部线索选择。在 iGLCIM 中，选择第一个局部极大值而不是全局极大值的原因是：第一个局部最大值是局部识别结果，即由局部识别先验锚定的结果；而全局最大值可能是由大量反常线索累加的错误结果。在这种情况下，累加停止于第一个局部极大值，对应点的累加结果作为判断全局识别结果的向量输出。

图 6.11（b）展示了另一种常见的 EoAR 曲线的变化情况。其中，EoAR 曲线出现在激活区间内，首先下降，之后上升，并在到达第一个局部极大值后开始下降。对应到图像中，这种情况发生在线索纠正了局部识别错误的情况，比如在图 6.10 中，如果 1 号人物被局部识别为跑步，然后被线索纠正为跨栏，则累加结果中对应跨栏的概率会上升并超过跑步的概率。在其概率上升接近跑步概率的过程中，两个向量分量的值接近，导致向量的显著性下降，体现为 EoAR 曲线下降；在超过跑步的概率后，两个向量分量的值拉开，导致向量的显著性上升，体现为 EoAR 曲线上升。随后的变化情况，可按图 6.11（a）的情况操作。GLCIM 没有以局部识别作为变化起点，对这类变化处理效果不佳。在这种情况下，累加停止于第一个局部极大值，对应点的累加结果作为判断全局识别结果的向量输出。

图 6.11（c）展示了 EoAR 曲线向上离开激活区间的情况。其中，EoAR 曲线开始于激活区间内，没有在激活区间内取得局部极大值，而向上离开了激活区间。EoAR 曲线超过激活区间上边界 $\beta$ 意味着累加结果已经足够显著地确定目标人物的动作，而不必继续累加新的线索，即使这些线索依然是有效线索。这种提前停止机制可以提升线索整合的效率。在这种情况下，累加停止于突破激活区间的点，对应点的累加结果作为判断全局识别结果的向量输出。

图 6.11（d）展示了 EoAR 曲线向下离开激活区间的情况。其中，EoAR 曲线开始于激活区间内，没有在激活区间内取得局部极大值，而向下离开了激活区间。这种情况仅发生在 EoAR 曲线单调下降的情况下。EoAR 曲线超过激活区间下边界 $\alpha$ 意味着累加结果已经过于分散，无法再聚集到某个动作对应的分量上。即使 EoAR 曲线之后回到激活区间内，也不再计算局部最大值。因为先被累加的线索具有较大的相关性，如果相关性更大的线索不能使 EoAR 曲线上升，相关性更小的线索一定是将 EoAR 曲线引导到一个错误的、跟周围人物有关而跟目标人物无关的动作上。与图 6.11（c）相同，提前停止机制可以提升线索整合的效率。在这种情况下，累加停止于突破激活区间的点，由于单调下降，局部识别结果作为判断全局识别结果的向量输出。

图 6.11（e）展示了 EoAR 曲线起点高于激活区间的情况。这种情况意味着局部识

别结果已经足够显著地确定目标人物的动作，而不必累加任何线索，即使这些线索依然是有效线索。在这种情况下，累加停止于曲线上的第一个点，局部识别结果作为判断全局识别结果的向量输出。

图 6.11（f）展示了 EoAR 曲线起点低于激活区间，并且始终不进入激活区间的情况。这种情况意味着图像中出现的人物动作过于杂乱，从始至终都没有出现过一个显著的动作。在这种情况下，累加无提前停止，曲线上最大值对应点的累加结果作为判断全局识别结果的向量输出。

上述算法覆盖 EoAR 曲线所有变化的可能性，使 iGLCIM 获得更好的准确性和强健性，预先停止机制可以加快局部线索整合算法的计算过程，使 iGLCIM 具有更好的运算效率。

此外，在实际应用中，$\alpha$ 和 $\beta$ 可通过小规模实验确定。$\alpha$ 和 $\beta$ 是经验参数，但是对于每一个具有相同可能动作数量的数据集都是相同的。因为熵表示一个向量显著性的大小，而与数据集中的任何特点无关，只与向量的维度（可能动作数量）有关。所以，对于相同潜在动作数量的数据集，激活区间 $[\alpha,\beta]$ 的选择只需要计算一次。这个特点使基于激活区间的 iGLCIM 具有较好的可推广性。

# 6.9  实验结果与分析

本节通过实验验证扁平式动作识别方法。在实验中，主要采用更好的 iGLCIM 算法用于验证线索互动关系模型及扁平式动作识别方法的效果、特点、性能，以及和已有方法做比较。本节也通过实验对比 iGLCIM 和 GLCIM 算法的识别表现。

## 6.9.1  数据集及实验设置

为了充分验证扁平式动作识别方法在各方面的表现，本章在 3 个不同的数据集上进行实验。

（1）Mixed Activities Dataset 数据集，简称 MAD 数据集。该数据集中的多数图像包含做不同动作的人物。在该数据集上进行人物动作识别具有较大的挑战，因为不同的动作类别之间的姿势差距很小。

Structured Group Dataset 数据集，简称 SGD 数据集。SGD 数据集最初被用来研究如何对图像中的人物进行分组[4]。数据集中的图片来自 6 个日常生活场景，分别是公交车站（Bus Stop）、咖啡馆（Cafeteria）、教室（Classroom）、会议（Conference）、图书馆（Library）和公园（Park）。本书为 SGD 数据集中的每幅图像中的每个人物分配一个动作标签，共得到 11 个人物动作类别。具体动作种类和数量见表 6.1。

表 6.1　SGD 数据集中的人物动作种类和数量

| 动 作 类 别 | Category | 数　　量 |
| --- | --- | --- |
| 候车 | Waiting | 422 |
| 排队登车 | Queuing(Bus) | 135 |
| 排队购买食物 | Queuing(Food) | 206 |
| 排队借书 | Queuing(Book) | 56 |
| 行走 | Walking | 126 |
| 教学 | Teaching | 69 |
| 学习 | Learning | 531 |
| 观看 | Watching | 205 |
| 聊天 | Talking | 1086 |
| 野餐 | Having Picnic | 220 |
| 吃饭 | Having Meals | 158 |

在动作识别任务中，在 SGD 数据集上实验相比于在 MAD 数据集上实验更有挑战性，因为：（1）SGD 数据集包含的潜在动作数量更多；（2）不同的日常动作存在大量相同或者相似的人物姿势和动作；（3）SGD 数据集中图像的背景相较 MAD 数据集中图像的背景更杂乱。图 6.12 中展示了 SGD 数据集中的若干图像。

在不同的数据集上进行的实验具有不同的侧重点。在 MAD 数据集上，重点验证及评测 iGLCIM 的整体表现及其各个核心算法的性能。以实验结果说明人物互动关系线索及扁平式动作识别方法的可行性。在 SGD 数据集上，通过其涉及更广泛的动作，验证线索互动关系模型及扁平式动作识别方法的适用性和结果的一致性。在 CACD 数据集上，重点进行与其他已有方法的横向对比。

在实验中，本节分别采用真实人物（长方形）边框（Ground Truth）（以下简称真实边框）和由人物检测方法检测到的人物边框（以下简称检测边框）作为原始数据。本章中的实验结果均来自 5 折交叉验证（5-Fold Validation）。

图 6.12　SGD 数据集中的若干图像

## 6.9.2　算法结果与分析

本章在 MAD 数据集上测试 iGLCIM 在不同的局部识别准确率下，通过生成和使用互动关系线索对人物动作识别准确率的提升效果。

不同的局部识别准确率由具有不同规模（节点数量）和使用不同数量训练数据的 CNN 给出。对于每一个局部识别，一个具有同样规模和训练数据数量的 CNN 被用于提供局部线索，使得局部线索和局部识别具有大致相同的准确率，控制线索提取准确率变量。实际上，如何获得局部识别和局部线索并不影响 iGLCIM 的识别效果，只要局部识别和局部线索以统一的概率向量给出，iGLCIM 都可以按照既有设计进行线索计算和动作识别。本章采用 CNN 是因为 CNN 可以通过限定规模和训练数据较为容易地获得具有大致相同准确率的局部识别和局部线索。

图 6.8 展示了 iGLCIM 在不同局部识别准确率下取得的人物动作识别准确率结果。

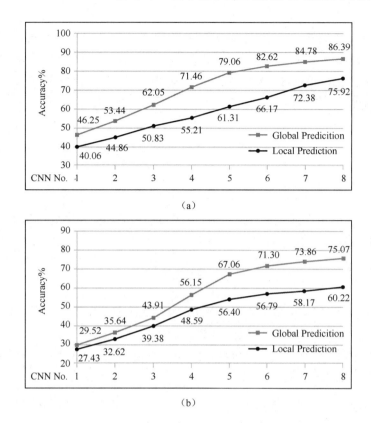

图 6.13    iGLCIM 在不同局部识别准确率下取得的人物动作识别准确率

图 6.13 中，Global Prediction 为 iGLCIM 的人物动作识别准确率；Local Prediction 为基准的局部识别准确率。图 6.13（a）为使用真实人物分割块的识别结果。图 6.13（b）为使用自动人物检测算法分割出的包含人物的图像块的识别结果。

图 6.13（a）展示了基于真实边框运行 iGLCIM 的结果。8 个不同的 CNN 局部识别准确率依次为 40.06%、44.86%、50.83%、55.21%、61.31%、66.17%、72.38%和 75.92%。75.92%是在 MAD 数据集上 CNN 能达到的最高局部识别准确率。在所有情况下，iGLCIM 的表现都超过作为基准的局部识别的表现。iGLCIM 在局部识别准确率为 60%左右时取得了最好的效果，即提升准确率约为 20%。在局部识别准确率进一步上升时，iGLCIM 取得的提升空间逐渐变小。这是因为 iGLCIM 的工作原理是修正局部识别模棱两可时的识别错误。当局部识别准确率上升时，这种识别错误的数量减少，因此可以被 iGLCIM 修正的错误减少，从而使提升空间下降。但即使减小，iGLCIM 仍然在局部识别准确率接近 75%时获得了接近 10%的提升效果。

图 6.13（b）展示了基于检测边框运行 iGLCIM 的结果，从图中可以看出，使用相同的 CNN 进行的局部识别的准确率相比于真实边框都出现大幅下降。这是因为不准确和不精确的检测边框中包含无用的背景信息或者切掉了有用的人物信息。在这种情

况下，iGLCIM 依然通过分析互动关系线索提升了每一个局部识别的准确率。在 8 号 CNN 上取得了最高接近 15%的提升。iGLCIM 依然在局部识别准确率约为 60%左右的时候取得了最大的提升，这种一致性在一定程度上从侧面反映了互动关系线索和 iGLCIM 的合理性。

总结图 6.13 中的结果，可得到结论：扁平式动作识别方法在不同的局部识别准确率下都有效。

为进一步分析 iGLCIM 的工作原理，本章通过实验给出各个动作类别的识别准确率及含混矩阵（Confusion Matrices）。本组实验使用 3 号 CNN 进行局部识别和局部线索生成，因为它具有适中的尺度和较快的运行速度。

表 6.2 给出了 iGLCIM 基于 3 号 CNN（50%的局部识别准确率）的动作识别表现。从表 6.2 中可见，除了观看（Watching）动作，iGLCIM 在各个动作类别中取得了 4.5%（Running）到 20.45%（Dancing）的提升。观看动作识别的准确率出现下降的情况是因为在一些图像中孤立出现了具有观看动作标签的人物，如图 6.10 中的 6 号人物。对于这样孤立的人物，图像中所有其他人物都在提供无效线索。这时识别准确率的上限即为局部识别，即不加入任何错误线索。因此，1.67%的下降说明 iGLCIM 算法仅在很少的情况下将错误线索加入识别中。

表 6.2　iGLCIM 基于 3 号 CNN（50%的局部识别准确率）的动作识别表现

|  | Local Prediction | Global Prediction |
| --- | --- | --- |
| **Overall** | **50.83%** | **62.05%** |
| Running | 49.56% | 54.76% |
| Hurdling | 46.43% | 58.00% |
| Soccer | 46.49% | 50.99% |
| Basketball | 44.78% | 59.70% |
| Dancing | 40.00% | 60.45% |
| Singing | 48.28% | 63.32% |
| Dining | 72.55% | 87.45% |
| Watching | 60.47% | 58.80% |

结合表 6.2 与图 6.14 分析可知，iGLCIM 实际上通过两种方式来提升人物识别的准确率。

（1）区分相近的动作。比如参看两个含混矩阵中有关跑步和跨栏的数据，可见跑步（Running）结果从 0.5 提升到 0.55 的原因之一是跨栏（Hurdling）结果从 0.14 下降到了 0.12。同样的原因也出现在跨栏动作识别结果的提升上。因此，得到结论，iGLCIM可以通过区分相近的动作来提升动作识别准确率。

（2）去除无关的动作。比如参看两个含混矩阵中有关唱歌（Singing）的数据，可见在 iGLCIM 的含混矩阵中，唱歌识别准确率的上升得益于跑步、跨栏、足球（Soccer）和篮球（Basketball）等动作识别准确率的减少。因此，得到结论，iGLCIM 可以通过去除无关动作提升动作识别准确率。

综合表 6.2 与图 6.14 的分析结果可知，使用 iGLCIM 带来准确率的提升具有合理性，使 iGLCIM 更容易在其他数据集中推广。

| | Running | Hurdling | Soccer | Basketball | Dancing | Singing | Dining | Watching |
|---|---|---|---|---|---|---|---|---|
| Running | 0.50 | 0.14 | 0.01 | 0.10 | 0.03 | 0.03 | 0.06 | 0.14 |
| Hurdling | 0.17 | 0.46 | 0.07 | 0.12 | 0.02 | 0.02 | 0.02 | 0.11 |
| Soccer | 0.11 | 0.04 | 0.46 | 0.21 | 0.04 | 0.03 | 0.02 | 0.10 |
| Basketball | 0.09 | 0.09 | 0.12 | 0.45 | 0.01 | 0.07 | 0.01 | 0.15 |
| Dancing | 0.02 | 0.06 | 0.06 | 0.08 | 0.40 | 0.10 | 0.02 | 0.26 |
| Singing | 0.02 | 0.01 | 0.02 | 0.09 | 0.17 | 0.48 | 0.01 | 0.21 |
| Dining | 0.02 | 0.07 | 0.05 | 0.03 | 0.01 | 0.02 | 0.73 | 0.08 |
| Watching | 0.07 | 0.14 | 0.14 | 0.05 | 0.00 | 0.00 | 0.00 | 0.60 |

(a)

| | Running | Hurdling | Soccer | Basketball | Dancing | Singing | Dining | Watching |
|---|---|---|---|---|---|---|---|---|
| Running | 0.55 | 0.12 | 0.04 | 0.10 | 0.01 | 0.00 | 0.07 | 0.12 |
| Hurdling | 0.10 | 0.58 | 0.04 | 0.17 | 0.00 | 0.00 | 0.06 | 0.05 |
| Soccer | 0.05 | 0.02 | 0.51 | 0.28 | 0.02 | 0.00 | 0.01 | 0.11 |
| Basketball | 0.03 | 0.07 | 0.13 | 0.60 | 0.00 | 0.03 | 0.00 | 0.13 |
| Dancing | 0.00 | 0.00 | 0.00 | 0.06 | 0.60 | 0.08 | 0.04 | 0.22 |
| Singing | 0.00 | 0.00 | 0.00 | 0.04 | 0.14 | 0.63 | 0.00 | 0.19 |
| Dining | 0.02 | 0.00 | 0.04 | 0.04 | 0.02 | 0.00 | 0.87 | 0.01 |
| Watching | 0.07 | 0.13 | 0.16 | 0.05 | 0.00 | 0.00 | 0.00 | 0.59 |

(b)

图 6.14　iGLCIM 算法在 MAD 数据集上识别结果的含混矩阵

图 6.14 中，矩阵纵轴标签为真实标签，横轴标签为识别结果标签。深灰底色数据为最高识别结果，浅灰底色数据为次高识别结果。图 6.14（a）为 CNN 识别结果的含混矩阵。图 6.14（b）为 iGLCIM 算法识别结果的含混矩阵。

为验证 iGLCIM 算法中各个关键算法的工作效果，在实验中依次对 iGLCIM 中的关键算法进行替换，并对比完整 iGLCIM 算法与替换了关键算法的 iGLCIM 算法的动作识别表现。其中，本书 6.8 节已经给出有关替换特征的实验。本章依次替换计算人物相关性的目标子空间度量算法、iGLCIM 中的局部线索选择算法、累加中以相似度作为权重的算法。本章也对比了 GLCIM 和 iGLCIM 算法的结果。本组实验中使用 3号 CNN 和真实边框。

图 6.15 给出了验证用于计算人物相关性的目标子空间度量（FSM）算法的实验结果。其中，对比替换的 Trained FRBM 算法采用基于有限数据训练的 FRBM 度量绝对

距离的算法，绝对距离是由该 FRBM 映射到融合特征空间中的距离。FSM 算法计算相对距离，是对绝对距离的一种估计和近似。如果训练数据足够，由完美训练的 FRBM 给出的绝对距离的效果应该好于 FSM 算法给出的相对距离。但是，从图 6.15 中可见，在训练数据有限时，大多数情况下，FSM 算法的表现都超过 Trained FRBM 算法。其中，在跑步（Running）动作上，Trained FRBM 算法的表现好于 FSM 算法。这是由于这组训练数据恰好幸运地使 FRBM 给出了接近正确的绝对距离。当换用其他数据进行实验时，这种现象不再出现。该图中的结果验证了使用目标子空间度量算法计算人物相关性的有效性。

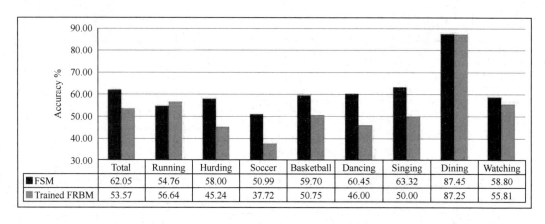

图 6.15　对比替换实验-FSM 算法验证

图 6.16 给出了验证在 iGLCIM 中使用基于 EoAR 曲线选择相关局部线索算法的实验结果。其中，对比实验分别采用了累加所有局部线索（Add All Persons）算法和使用 K-means 算法对人物特征聚类找到有效局部线索的算法。从图 6.11 中可见，完整 iGLCIM 的表现总是好于对比算法的表现。使用 K-means 算法对人物进行聚类的识别表现甚至不如累加所有局部线索算法的识别表现，这说明依据人物特征进行简单聚类寻找群组的方式不可行。该图中的结果验证了 iGLCIM 中使用的基于 EoAR 曲线选择相关局部线索算法的有效性。

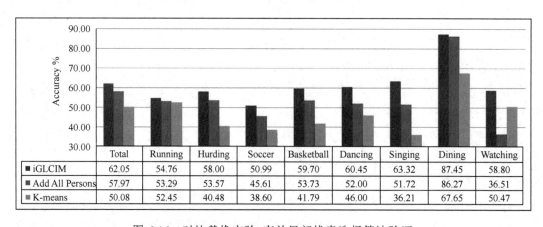

图 6.16　对比替换实验-有效局部线索选择算法验证

图 6.17 给出了验证累加局部线索时使用人物相关性作为权重的算法（Interdependency Weights，I.Weights）的实验结果。对比实验采用在累加局部线索中使用均匀权重的算法（Uniform Weights，U.Weights）。从图 6.17 中可见，使用人物相关性作为权重的算法的表现总好于使用均匀权重的算法的表现。这也间接证明了本书引入的熵起到预期中度量向量显著性的效果。该图中的结果验证了 iGLCIM 中有关熵的算法的有效性。

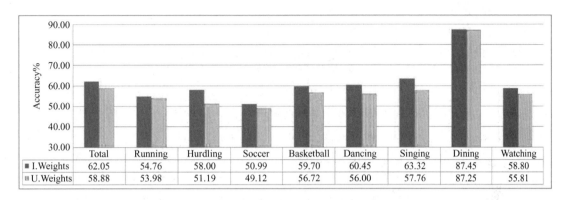

图 6.17　对比替换实验-相似度作为权重的算法验证

图 6.18 给出了 iGLCIM 算法和 GLCIM 算法的实验结果。iGLCIM 和 GLCIM 的区别在于是否以局部识别结果作为线索生成的先验。从图 6.18 中可见，iGLCIM 的表现总好于 GLCIM。该图中的结果验证了 iGLCIM 对 GLCIM 做出的改进，即以局部识别为先验的有效性。

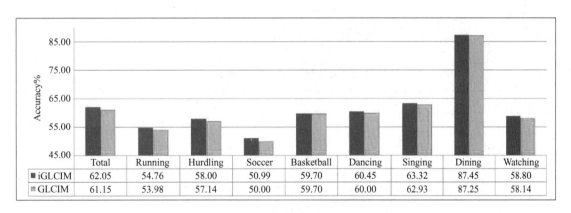

图 6.18　对比替换实验-iGLCIM 对比 GLCIM

在具有 8 个可能动作的 MAD 数据集上，实验中采用的激活区间为[-2.8, -1.5]。该激活区间通过计算有代表性的向量的熵得到。图 6.19 给出了若干其他激活区间的动作识别结果。从图 6.19 中可见，在激活区间[-2.8, -1.5]上取得了最好的识别效果。

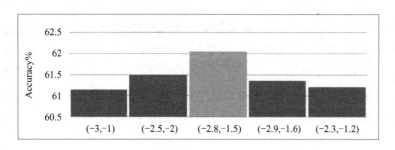

图 6.19　使用不同激活区间的人物动作识别准确率

图 6.19 中（−2.8, −1.5）为本章实验使用的激活区间, 其他为若干对比的激活区间。

为验证线索互动关系模型和扁平式动作识别方法在不同数据集上的适用性和结果的一致性。本章在收集日常图像的 SGD 数据集上再一次验证了扁平式动作识别方法。由于在该数据集上没有可对比的人物动作识别方法的实验结果, 所以实验对比 iGLCIM 算法的结果和 CNN 识别的结果。

在 SGD 数据集上, 实验采用 5 号和 6 号 CNN 进行局部识别和局部线索生成。1～4 号 CNN 的规模较小, 无法处理具有非常多近似动作的数据集。7～8 号 CNN 的规模过大, SGD 数据集中的数据不足以训练这样大规模的神经网络。该组实验中分别基于真实边框和检测边框进行人物动作识别。

表 6.3 中给出了在真实边框下 iGLCIM 在 SGD 数据集上的准确率。其中, LP 和 GP 分别代表局部识别（Local Prediction）和全局识别（Global Prediction）, 即 LP 为 CNN 的识别结果, GP 为 iGLCIM 的识别结果。

表 6.3　iGLCIM 在 SGD 数据集上的准确率（在真实边框下）

|  | LP CNN 5 | GP CNN 5 | LP CNN 6 | GP CNN 6 |
|---|---|---|---|---|
| **Overall** | **27.07%** | **30.40%** | **30.62%** | **35.13%** |
| Waiting | 25.12% | 30.81% | 28.91% | 36.49% |
| Queuing(Bus) | 12.59% | 17.04% | 14.81% | 21.48% |
| Queuing(Food) | 14.08% | 16.50% | 16.02% | 20.87% |
| Queuing(Book) | 10.71% | 21.43% | 12.50% | 25.00% |
| Walking | 32.54% | 40.48% | 35.71% | 43.65% |
| Teaching | 20.29% | 24.64% | 23.19% | 27.54% |
| Learning | 27.31% | 31.07% | 31.26% | 36.16% |
| Watching | 29.27% | 33.17% | 33.66% | 39.51% |
| Talking | 33.98% | 35.73% | 37.75% | 40.33% |
| Having Picnic | 23.18% | 24.09% | 16.82% | 28.18% |
| Having Meals | 20.25% | 22.78% | 23.42% | 26.58% |

在更具有挑战性的 SGD 数据集中，iGLCIM 仍然实现了在局部识别的基础上提升人物动作识别准确率的表现。例如，准确率提升可见于以下动作：候车（Waiting）、排队登车［Queuing(Bus)］、排队借书［Queuing(Book)］和行走（Walking）。典型的提升出现在这些动作上的原因是这些动作本身就是群组动作，所以在目标人物周围可以很容易地找到有效的线索，使基于线索的 iGLCIM 算法可以更好地将这些动作识别出来。

与在 MAD 数据集中的结果相比，使用相同 CNN 的实验准确率大幅下降，因为：（1）SGD 数据集的潜在动作数量相比于 MAD 数据集上升到了 1.5 倍；（2）SGD 数据中的动作更近似，比如不同的排队；（3）SGD 数据集中的有限数据不足以训练更大规模的 CNN。

表 6.4 中给出了在检测边框下 iGLCIM 在 SGD 数据集上的准确率。与在 MAD 数据集上的实验结果一样，使用自动人物检测算法使人物动作识别准确率出现了大幅度的下降。细致观察，在 SGD 数据集上换用检测边框所带来的准确率下降幅度较在 MAD 数据集上换用检测边框所带来的准确率下降幅度更大。这是因为 SGD 数据集中图像更杂乱的背景给自动人物检测带来了更大的困难。

表 6.4　iGLCIM 在 SGD 数据集上的准确率（在检测边框下）

| | LP CNN 5 | GP CNN 5 | LP CNN 6 | GP CNN 6 |
|---|---|---|---|---|
| **Overall** | **18.95%** | **20.78%** | **21.41%** | **23.74%** |
| Waiting | 17.54% | 21.33% | 20.14% | 24.41% |
| Queuing(Bus) | 8.89% | 11.11% | 10.37% | 14.07% |
| Queuing(Food) | 9.71% | 11.17% | 11.17% | 14.08% |
| Queuing(Book) | 7.14% | 12.50% | 8.93% | 14.29% |
| Walking | 23.02% | 27.78% | 25.40% | 29.37% |
| Teaching | 14.49% | 15.94% | 15.94% | 17.39% |
| Learning | 19.21% | 20.90% | 21.85% | 24.67% |
| Watching | 20.49% | 22.93% | 23.41% | 26.34% |
| Talking | 23.76% | 24.68% | 26.43% | 27.53% |
| Having Picnic | 16.36% | 16.82% | 18.64% | 19.55% |
| Having Meals | 13.92% | 15.19% | 16.46% | 17.72% |

图 6.20 给出了使用真实边框和 6 号 CNN 的局部识别结果与全局识别结果的含混矩阵。图 6.20（a）为局部识别结果，即 CNN 识别结果的含混矩阵；图 6.20（b）为对应基于 iGLCIM 算法的全局识别结果，即 iGLCIM 算法识别结果的含混矩阵。图 6.20 中，WBu、QBu、QFo、QBo、Wal、Tea、Lea、Tak、HPi 和 HMe 依次代表 Waiting、

Queuing(Bus)、Queuing(Food)、Queuing(Book)、Walking、Teaching、Learning、Watching、Talking、Having Picnic 和 Having Meals。

通过分析图 6.20 中的两个含混矩阵，可以观察到排队登车、排队借书和排队买食物被更好地区分开；候车、行走和观看也通过线索分析被更准确地识别。这些准确率的提升证明互动动作线索是有效的。比如，一个正在上车的人物的动作对于推断出随后的一列人是在排队登车能提供有用线索信息；一些人正在吃饭的动作对于推断出附近的一列人是在排队买食物能提供有用线索信息；一些人抱着书的动作对于推断这列人是在排队借书能提供有用线索信息。

由此得到结论，在更有挑战性和更平凡的 SGD 数据集上，线索互动关系模型和扁平式动作识别方法表现出了较好的适用性和结果的一致性。

|  | WBu | QBu | QFo | QBo | Wal | Tea | Lea | Wat | Tal | HPi | HMe |
| --- | --- | --- | --- | --- | --- | --- | --- | --- | --- | --- | --- |
| WBu | 0.29 | 0.05 | 0.03 | 0.04 | 0.09 | 0.02 | 0.07 | 0.16 | 0.17 | 0.02 | 0.06 |
| QBu | 0.09 | 0.15 | 0.16 | 0.14 | 0.11 | 0.01 | 0.08 | 0.08 | 0.09 | 0.04 | 0.05 |
| QFo | 0.10 | 0.14 | 0.16 | 0.16 | 0.10 | 0.02 | 0.08 | 0.06 | 0.11 | 0.03 | 0.04 |
| QBo | 0.11 | 0.15 | 0.15 | 0.13 | 0.10 | 0.01 | 0.11 | 0.07 | 0.09 | 0.03 | 0.05 |
| Wal | 0.13 | 0.08 | 0.09 | 0.08 | 0.36 | 0.02 | 0.02 | 0.11 | 0.08 | 0.02 | 0.01 |
| Tea | 0.05 | 0.03 | 0.05 | 0.04 | 0.09 | 0.23 | 0.19 | 0.08 | 0.14 | 0.04 | 0.06 |
| Lea | 0.02 | 0.02 | 0.02 | 0.02 | 0.04 | 0.11 | 0.31 | 0.14 | 0.21 | 0.01 | 0.10 |
| Wat | 0.08 | 0.07 | 0.06 | 0.08 | 0.07 | 0.03 | 0.04 | 0.33 | 0.18 | 0.03 | 0.03 |
| Tal | 0.09 | 0.02 | 0.03 | 0.02 | 0.04 | 0.03 | 0.14 | 0.14 | 0.37 | 0.07 | 0.05 |
| HPi | 0.03 | 0.04 | 0.03 | 0.04 | 0.08 | 0.04 | 0.06 | 0.05 | 0.11 | 0.27 | 0.25 |
| HMe | 0.04 | 0.05 | 0.03 | 0.04 | 0.06 | 0.03 | 0.05 | 0.08 | 0.14 | 0.25 | 0.23 |

(a)

|  | WBu | QBu | QFo | QBo | Wal | Tea | Lea | Wat | Tal | HPi | HMe |
| --- | --- | --- | --- | --- | --- | --- | --- | --- | --- | --- | --- |
| WBu | 0.36 | 0.04 | 0.04 | 0.04 | 0.07 | 0.02 | 0.07 | 0.13 | 0.15 | 0.02 | 0.06 |
| QBu | 0.08 | 0.22 | 0.12 | 0.11 | 0.11 | 0.01 | 0.09 | 0.07 | 0.10 | 0.04 | 0.05 |
| QFo | 0.10 | 0.13 | 0.21 | 0.14 | 0.09 | 0.02 | 0.08 | 0.06 | 0.10 | 0.03 | 0.04 |
| QBo | 0.09 | 0.12 | 0.11 | 0.25 | 0.09 | 0.00 | 0.09 | 0.07 | 0.10 | 0.04 | 0.04 |
| Wal | 0.11 | 0.09 | 0.07 | 0.08 | 0.44 | 0.01 | 0.01 | 0.09 | 0.07 | 0.02 | 0.01 |
| Tea | 0.04 | 0.04 | 0.05 | 0.04 | 0.09 | 0.28 | 0.16 | 0.08 | 0.12 | 0.05 | 0.05 |
| Lea | 0.02 | 0.03 | 0.02 | 0.02 | 0.03 | 0.10 | 0.36 | 0.13 | 0.18 | 0.01 | 0.10 |
| Wat | 0.08 | 0.06 | 0.06 | 0.07 | 0.06 | 0.03 | 0.04 | 0.40 | 0.15 | 0.02 | 0.03 |
| Tal | 0.09 | 0.02 | 0.02 | 0.03 | 0.04 | 0.02 | 0.11 | 0.14 | 0.40 | 0.07 | 0.06 |
| HPi | 0.03 | 0.04 | 0.03 | 0.04 | 0.08 | 0.04 | 0.06 | 0.05 | 0.10 | 0.28 | 0.25 |
| HMe | 0.04 | 0.05 | 0.03 | 0.04 | 0.06 | 0.03 | 0.05 | 0.08 | 0.12 | 0.23 | 0.27 |

(b)

图 6.20　使用真实边框和 6 号 CNN 的局部识别结果与全局识别结果的含混矩阵

## 6.9.3　与现有方法的对比

为对比扁平式动作识别方法与现有方法，本章在 CACD 数据集上进行实验。CACD

数据集常被一些方法用作测试群组来识别动作。其中一些方法对于每张图像或者视频只给出一个群组动作标签作为结果。为与这些方法进行对比，将 iGLCIM 识别出的一幅图像中的多数个人动作标签作为这张图片的群组动作标签。对于允许单幅图像中出现多个群组动作的方法，将 iGLCIM 识别出的个人动作标签作为这个人物的群组动作标签。

大部分在 CACD 数据集上进行实验的人物动作识别方法是基于视频的方法，它们使用不同的时空特征。因为图像中不存在与时间有关的特征，因此扁平式动作识别实际上在处理一个更难的问题。此外，一些方法中使用了原始数据集中提供的手工标注的动作类别标签。iGLCIM 在训练和识别中都不使用这种手工标签。因而，iGLCIM 在 CACD 数据集上取得的结果更具有竞争力。

对比方法中使用的训练数据在本实验中足够训练一个和 4 号 CNN 具有同样规模的 CNN。因此，本组实验采用 4 号 CNN 进行局部识别和局部线索生成。与在 MAD 数据集和 SGD 数据集上的实验相同，本组实验同样分别基于真实边框和检测边框进行人物动作识别。

本组实验对比的方法有：

（1）HL-MRL+ACD[36]：使用铰链损失马尔可夫随机场识别人物动作。

（2）Social Cues[3]和 Inter-Class Context[37]：在视频中利用上下文信息帮助识别人物动作；

（3）STV+MC[38]和 RSTV+MRF[39]：分别使用不同的描述符和分类器识别人物动作，STV+MC 使用 SVM 分类器分类 STV 描述符，RSTV+MRF 构建随机树林分类人物动作；

（4）Appearance Features[17]和 Spatial Context[17]：使用不同的低级特征进行基于图像的人物动作识别；

（5）Discriminative Context[17]：基于图像的人物动作识别方法使用判别模型基于动作类别标签识别人物动作；

（6）Action Context[40]和 Latent Model[14]：对每幅图像给出一个群组动作标签的方法；

（7）Global Bag-of-Words[14]：Lan 等人[14]提到的基准对比方法。

表 6.5 展示了识别图像中每个人物动作的识别结果，表 6.6 展示了识别图像中主要动作的识别结果。其中，GTL 指基于真实边框（Ground Truth Locations），ADL 指基于检测边框（Automaticially Detected Locations）。表中同样标注有每个方法是基于视频（Video）的方法或是基于图像（Image）的方法，以及是否使用了手工姿势标签（Pose Labels）。从表 6.5 和表 6.6 中可见，在相同实验设定下，即基于图像且不使用手工姿势标签时，iGLCIM 超过了所有的竞争对手。即使对比基于视频的方法和使用手工姿势标签进行训练或者识别的方法，iGLCIM 也取得了相近的准确率结果。

图 6.21 中对比了 iGLCIM 识别结果的含混矩阵和采用同样设定的 Spatial Context 方法识别结果的含混矩阵。从图 6.21 中可见，使用 iGLCIM 取得了较好的效果，主要因为其更好地区分了同一场景下的穿越马路（Crossing）和等待（Waiting）动作。实际上，互动关系线索设计的初衷就是区分同一场景下容易混淆的不同动作。因此，含混矩阵的结果再一次证明了线索互动关系模型和扁平式动作识别方法的有效性。

表 6.5 不同方法在 CACD 数据集上识别个人动作的结果比较

| 方　法 | Image/Video | Pose Labels | Accuracy |
| --- | --- | --- | --- |
| HL-MRF+ACD | Video | Not Used | 69.2% |
| Social Cues | Video | Not Used | 78.7% |
| STV+MC | Video | Used | 65.9% |
| RSTV+MRF | Video | Used | 70.9% |
| Inter-Class Context | Video | Used | 79.0% |
| Appearance Features | Image | Not Used | 60.6% |
| Spatial Context | Image | Not Used | 76.6% |
| Discriminative Context | Image | Used | 83.0% |
| **iGLCIM (GTL)** | **Image** | **Not Used** | **82.3%** |
| **iGLCIM (ADL)** | **Image** | **Not Used** | **80.9%** |

表 6.6 不同方法在 CACD 数据集上识别主要动作的结果比较

| 方　法 | Image/Video | Pose Labels | Accuracy |
| --- | --- | --- | --- |
| Action Context | Image | Not Used | 68.2% |
| Global Bag-of-Words | Image | Not Used | 70.9% |
| Latent Model | Video | Used | 79.7% |
| **iGLCIM (GTL)** | **Image** | **Not Used** | **82.3%** |
| **iGLCIM (ADL)** | **Image** | **Not Used** | **80.9%** |

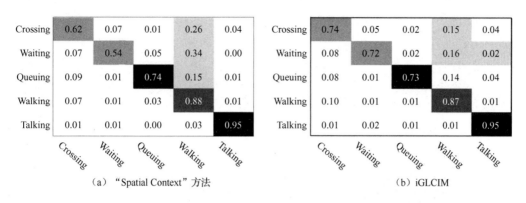

（a）"Spatial Context"方法　　　　　　　（b）iGLCIM

图 6.21　iGLCIM 算法和 Spatial Context 方法的含混矩阵对比

# 6.10　本章小结

本章对基于扁平式互动关系分析识别静态图像中人物动作的方法进行研究，找到并解决其中的关键问题，实现基于扁平式互动关系分析的人物动作识别方法。

本章提出了人物互动关系线索和线索互动关系模型，使用单层模型对个人动作之间的互动关系进行建模。线索互动关系模型对于其他类型的线索保有兼容性。模型中人物相关性的计算由本章提出的目标子空间度量算法实现。该算法不需要数据训练，可用于无法得到足够手工标注数据的应用。

本章提出了全局-局部线索整合算法识别个人动作，并提出改进全局-局部线索整合算法改进存在反常线索时的识别效果。两种算法基于线索互动关系模型实现了扁平式人物动作识别。

本章通过在 3 个数据集上进行的大量实验，验证了线索互动关系模型和扁平式动作识别方法的有效性、可行性，以及其中关键算法的有效性和性能；验证了线索互动关系模型和扁平式动作识别方法在不同数据集上的适应性，以及动作识别结果的一致性；将扁平式动作识别方法和现有方法进行了横向比较，证明了扁平式动作识别方法在基于图像的个人动作识别任务中具有更强的竞争力。

扫一扫看本章参考文献

# 第 7 章

# 基于层级式互动关系分析的群组动作识别

## 7.1 引言

广角图像中存在大量的群组动作，在识别群组动作时，两种关系可被利用。一种关系是人物自身多层级动作属性之间的内在联系。对同一人物的动作进行不同层级的抽象可以得到不同层级的人物动作属性，包括参与的事件、群组动作、个人动作，而这些层级属性之间存在着自然的蕴含关系。比如，篮球比赛场景中，某个持球进攻的篮球运动员既可以被视为正在"投篮"这种个人动作，也可以被视为正在"进攻"这种群组动作，还可以被视为正在参与"篮球比赛"这种事件。其中，"投篮"的个人动作蕴含在"进攻"的群组动作中，"进攻"的群组动作蕴含在参与"篮球比赛"事件中。另一种关系是群组之间和个人之间的互动关系。个人之间的互动可以提供有用的线索；群组之间的互动可以提供有用的线索。比如，在篮球比赛场景中，在个人动作层级，持球运动员的"投篮"动作与对方运动员的"封盖"动作存在互动关系；在群组动作层级，持球运动员的"进攻"群组动作与对方运动员的"防守"群组动作存在互动关系。本章旨在建立一个合理的层级模型，利用这两种关系实现在广角图像中基于互动关系分析的群组动作识别。

层级模型和个人或者群组之间的互动关系已经被尝试用于涉及包含多个人物图像或者视频的人物动作识别任务中，但现有层级模型和互动关系分析方法存在以下局限性：

（1）人物自身多个层级动作属性之间的内在联系没有被充分利用。现有人物动作识别模型多为判别模型。对于分类问题，判别模型相对更简洁和直白，但判别模型的重点落在划分不同动作的分类界面上，而没有真正探究到人物自身内在多层级动作之间逻辑关系的实质。本章通过生成模型完整地对同一场景中的所有人物内在多层级动作联系和人物之间多层级动作的关系进行建模，通过统一模型解释所有的互动关系。

（2）纯二元互动关系分析偏离真实情况。纯二元互动关系分析指所有的互动关系分析均建立在个人或群组上。纯二元互动关系分析将多元互动关系拆散成所有可能的二元互动关系的累加。这种拆分在基于判别模型的方法中被广泛采用。但是，这种拆分与累加实际上不符合数学逻辑。多元之间的联合概率分布并不等于所有可能的二元组合的联合概率或者条件概率的乘积。这种拆分和累加实际上是一种近似，并且这种近似无法预估误差上限。一个互动涉及的单元越多，这种近似造成的误差就越大。另外，当多元互动具有较多单元时，大量的（组合数）二元互动关系需要被计算，这不但耗费计算时间，更有可能削弱其他特征的作用，从而降低识别准确率。

鉴于以上分析，本章提出混合群组动作模型（Mixed Group Activity Model）用于层级式互动分析。该模型是生成模型，定义了图像中人物各个层级的动作，包括场景/事件（Scene/Event）、群组动作（Group Activity）、个人动作/标准姿势（Individual Activity/Standard Poses）和可见姿势（Visible Poses，图像中观察到的人物姿势）。该模型使用同一人物对应的多个层级属性节点之间的生成关系，建模该人物自身各个层级动作属性之间的内在关系；使用一个人物的可见姿势节点与同群组内多个人物的个人动作节点之间的连接和生成关系，建模同群组内人物之间的互动关系；使用同一场景节点与不同人物群组动作节点之间的连接，建模不同群组之间的互动；不同群组内个人之间的互动由所属群组之间的互动统一表达。混合群组动作模型不对多元互动进行拆分，而是利用层级之间的关系对多元互动进行表达，这种表达方式减少了模型中节点间的连接数量，降低了模型的复杂程度。

本章根据混合群组动作模型提出基于层级式互动关系分析的人物动作识别方法（以下简称层级式动作识别）。得益于混合群组动作模型对图像中人物动作内在关系和人物之间互动关系的完整表达，层级式动作识别方法可以综合每个人物自身的层各级动作之间的内在逻辑、群组之间的互动关系、群组内部个人之间的互动关系、群组动作与场景/事件之间的互动关系，实现较为准确的群组动作识别。

由于混合群组动作模型中出现了个人动作的层级属性，所以层级动作识别方法可以进行个人动作识别。但是，较扁平式动作识别方法，层级动作识别方法更复杂、计算消耗更大。所以，层级动作识别方法着重于群组动作的识别，而将其中个人动作层级作为类似隐变量的方式使用，不定义该层级变量取值所对应的具体动作，而将该层视为一个群组动作中可能出现的若干种标准姿势。

## 7.2 相关工作

在群组动作识别任务中，诸多研究者提出了多种层级模型和方法[1-12]。本节以其中与混合群组动作模型相近的 Lan 等人提出的模型[2]为例进行分析。Lan 等人提出的模型[2]是判别模型，使用与混合群组动作模型类似的 4 个层级，用于识别视频中的人物动作，如图 7.1 所示。

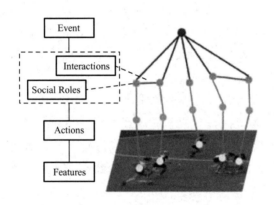

图 7.1  Lan 等人提出的模型[2]

该模型中的 4 个层级依次为事件（Event）、角色（Social Roles）、动作（Actions）和特征（Features），与本书提出的场景/事件、群组动作、标准姿势和可见姿势的层级相似，但在每个层级的使用方式及层级之间的连接方式上，两者有明显区别。

（1）该模型中的层级是为了识别不同层级的动作，而本章定义的层级是为了基于层级之间的关系表达多元互动关系。因此，混合群组动作模型中的场景/事件层级中的节点和标准姿势层中的节点不需要具有真实意义，即不需要对应到某一个具有名称的事件中或个人动作上。

（2）该模型中仅考虑了个人之间的互动，而混合群组动作模型同时考虑了群组之间的互动。该模型列举了所有个人之间的互动，而混合群组动作模型将互动细分为群组级别上的群组互动和个人级别上的群组内个人互动。

（3）该模型中表示互动关系的连接出现在同一层级中。如果在同层间计算所有可能的多元互动，则需要计算所有人物集合的幂集，计算量大。所以，同层内的互动表达方式常近似使用纯二元互动关系。混合群组动作模型在层级之间表达互动关系，可以用少量的连接表达多元互动关系。

在现有方法中，涉及的生成模型如 Li 等人提出的用于识别事件的生成模型[13]，该生成模型如图 7.2 所示。

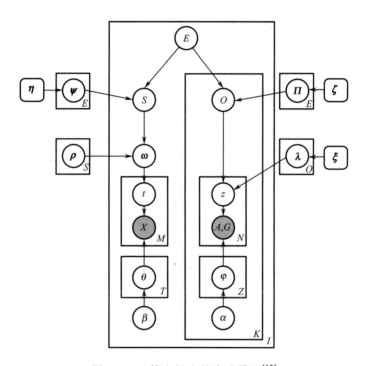

图 7.2　Li 等人提出的生成模型[13]

该模型从事件（$E$）开始生成过程，分别生成场景（$S$）分支和物品（$O$）分支。这两个分支各自独立进行后续的生成过程，直到最终达到图像中的原始特征。其中，图中圆角框中的 $\eta$、$\zeta$ 和 $\xi$ 为狄利克雷（Dirichlet）先验参数。受该生成模型启发，结合多个群组、个人动作之间的互动方式与事件（场景）相关，混合群组动作模型同样以场景/事件作为生成过程的出发点，并引入狄利克雷先验。

基于混合群组动作模型的层级式动作识别方法与基于 Li 等人提出的生成模型的动作识别方法的不同之处在于，该方法实际上依据图像中的物品和背景判断与识别事件，没有对事件中人物之间的互动关系进行分析。此外，从模型的角度上讲，Li 等人提出的生成模型中各个分支内的节点互相独立（无连接），而本章提出的生成模型中表达了不同节点间的互动关系（有连接）。

# 7.3　混合群组动作模型

本章提出混合群组动作模型建模广角图像中人物自身内在多级动作属性之间的关系和人物之间的互动关系。该模型中包含人物各个层级的动作（场景/事件、群组动作、标准姿势和可见姿势）、层级之间动作的生成关系、群组之间的互动关系，群组内部个人之间的互动关系和场景与群组动作之间的关系。

使用生成模型而不使用判别模型的原因是现有判别模型不能充分利用一个人物自身多个层级之间的动作的内在关联，而且不能有效地表达多元互动。以 Lan 等人提出的生成模型为例，该生成模型中的目标函数表达式为

$$
\begin{aligned}
F_w(x,y,r,h,I) &= \boldsymbol{w}^{\mathrm{T}} \boldsymbol{\Phi}(x,y,r,h,I) \\
&= \sum_j \boldsymbol{w}_1^{\mathrm{T}} \phi_1(x_j,h_j) + \sum_j \boldsymbol{w}_2^{\mathrm{T}} \phi_2(h_j,r_j) + \sum_{j,k} \boldsymbol{w}_3^{\mathrm{T}} \phi_3(y,r_j,r_k)
\end{aligned}
\tag{7.1}
$$

该式第三项表达了各个人物在角色层级的互动关系，其中 $j$ 和 $k$ 代表图像中的人物，$\boldsymbol{w}_3^{\mathrm{T}}$ 为参数，$\phi_3(y,r_j,r_k)$ 表示在 $y$ 事件中人物 $j$ 的角色 $r_j$ 和人物 $k$ 的角色 $r_k$ 匹配得分。可见，该生成模型用所有二元互动的累加表示多元互动。而这实质上在数学中是不合理的。以最简单的三元互动关系作为示例，多元之间的联合概率不等于所有可能的二元组合的联合概率或者条件概率的乘积，即

$$
\begin{aligned}
p(a,b,c) &= \sqrt[3]{p(a,b)\,p(a,c)\,p(b,c) \cdot p(c|a,b)\,p(b|a,c)\,p(a|b,c)} \\
&\neq p(a,b)\,p(a,c)\,p(b,c) \\
p(a,b,c) &= \sqrt[3]{p(a,b|c)\,p(a,c|b)\,p(b,c|a) \cdot p(a)\,p(b)\,p(c)} \\
&\neq p(a,b|c)\,p(a,c|b)\,p(b,c|a)
\end{aligned}
\tag{7.2}
$$

所以，式（7.1）中的直接累加不能准确地表达多元互动。造成这个问题的根本原因是该判别模型在同一层级计算互动关系，多元互动需要考虑组合数种可能。为此，本章提出混合群组动作模型，用层级之间的生成关系来表达多元互动关系。

混合群组动作模型中各层级动作的生成流程如图 7.3 所示。该模型中的每个人物具有 4 个层级的属性，分别为场景/事件（Scene/Event）、群组动作（Group Activity）、标准姿势（Standard Poses）和可见姿势（Visible Poses）。其中各层级人物动作属性的生成过程如下。

（1）人物动作的生成过程从场景属性开始。

（2）在某个场景中，有若干种可能出现的人物群组动作。人物的群组动作属性依据场景选择一种可能的群组动作。

（3）对于一个群组动作，其中可以包含若干种个人动作，每种个人动作又对应若干种可能的标准姿势，即典型姿势。所以，一个群组动作对应若干种可能的标准姿势。标准姿势是从训练数据中统计出的某种人物动作最典型的（出现最多的）平均动作。人物的标准姿势属性依据人物群组动作选择一种可能的标准姿势。

（4）对于一个标准姿势，由于存在个人之间的互动，在图像中观察到的人物姿势，即可见姿势，可能与之不同。所以，一个人物的可见姿势由该人物本身的标准姿势生成，并由其与同群组内其他人物的互动关系调整。

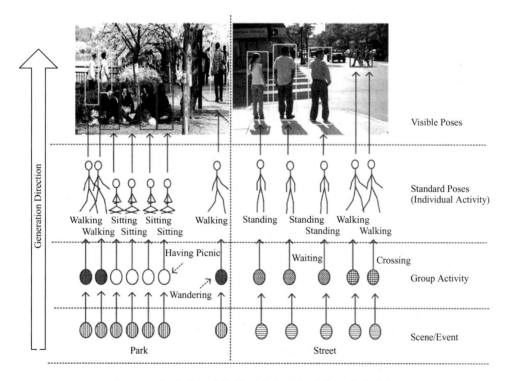

图 7.3　混合群组动作模型中各层级动作的生成流程

至此，混合群组动作模型完成了从场景/事件到各个层级动作的生成，并最终匹配到图像中的人物姿势特征。

基于上述生成过程设计的混合群组动作模型如图 7.4 所示。图 7.4 给出了混合群组动作模型节点的连接方式。该模型对一幅图像中出现的所有人物的互动关系及一个人物自身多层级动作的内在关系做出统一解释。

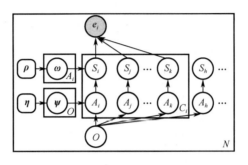

图 7.4　混合群组动作模型

从图 7.4 中可见，对于一幅图像中所有的 $N$ 个人物，其动作生成的起点均为共同的一个场景/事件节点 $O$。这是因为一幅图像中的所有人物具有相同的场景/事件属性，所以这里将所有人物的场景/事件节点合并为一个节点，以之作为生成图像中全部人物动作及其互动关系的出发点。

对于任意一个人物 $i$，由场景/事件节点 $O$ 出发依次生成他的群组动作节点 $A_i$、标准姿势节点 $S_i$ 和可见姿势节点 $e_i$。其中，群组动作节点 $A_i$ 由场景/事件节点 $O$ 直接生成（$\psi$ 和 $\eta$ 为分布参数），标准姿势节点 $S_i$ 由群组动作节点 $A_i$ 直接生成（$\omega$ 和 $\rho$ 为分布参数），可见姿势节点 $e_i$ 由同属于人物 $i$ 所在的群组 $C_i$ 中的人物的标准姿势节点 $S_i, S_j, \cdots, S_k$ 共同生成。在本章中，具有相同群组动作的人物被认为处于相同的群组。

在混合群组动作模型中，多个群组动作之间的互动关系被转化为多个群组动作与同一场景的生成关系，即原本横向存在于同一层级中的群组动作节点 $A_i, A_j, \cdots, A_k, \cdots, A_h$ 之间的互动被转化为场景/事件层级中节点 $O$ 和群组动作层级中节点 $A_i, A_j, \cdots, A_k, \cdots, A_h$ 的两个层级节点之间的互动。如此，可以通过定义条件联合概率分布表达多元群组动作之间的互动关系，避免使用纯二元互动表达多个群组之间的互动。

在混合群组动作模型中，同一群组内所有个人之间的互动关系被转化为每一个人物的可见姿势与这些人物标准姿势之间的生成关系，即原本横向存在于同一层级中的有关个人动作的标准姿势节点 $S_i, S_j, \cdots, S_k, \cdots, S_h$ 之间的互动关系被转化为标准姿势层级中节点 $S_i, S_j, \cdots, S_k$ 和可见姿势层级中节点 $e_i$ 的两个层级节点之间的互动。如此，可以通过定义条件联合概率分布表达多个个人动作之间的互动关系，避免使用纯二元互动表达多个个人动作之间的互动。

在由标准姿势节点 $S_i$ 生成可见姿势节点 $e_i$ 时，以下因素造成了 $e_i$ 与 $S_i$ 的不同：（1）图像中的人物不总是按照标准姿势进行一种动作，一个人物的真实姿势总会或多或少地区别于其对应动作的标准姿势；（2）图像中人物或人物肢体的重叠和遮挡使可被观察到的人物姿势有异于这个人物的标准姿势；（3）图像中人物与其他人物的互动使最终表现的可见姿势在标准姿势上有所变化。

至此，混合群组动作模型以 4 个层级之间的生成关系对一幅图像中出现的所有人物的互动关系及人物自身多层级动作的内在关系完成统一解释。

# ✅ 7.4　混合群组动作模型的概率分布

依据图 7.3 和图 7.4 及 7.3 节中的分析，始于场景/事件、终于人物在图像中的可见姿势的生成过程和生成概率分布如下。

### 1．生成场景/事件变量 O

对于一幅图像，记为 $I$，其中最终可见特征 $e$，$e := \{e_i\}(i = 1, 2, \cdots, N)$，即图像中所有人物的可见姿势的生成起始于离散随机变量 $O$。$O$ 表示场景/事件的类别，其每一个可能的取值代表一类场景或者事件。层级式动作识别方法识别的主要目标是人物的群组动作，因此 $O$ 的每个取值可以不具有实际含义，即有名称的场景或者事件，而可以仅用于代表某个数据集中的一类图像。如果采用这种设定，$O$ 的作用更像是一个帮助识别群组动作的隐变量。生成模型相比于判别模型的一个优点在于它可以处理含有隐变量的问题，这也是本章采用生成模型而非判别模型的一个原因。

类似于 Li 等人提出的生成模型[13]，推导中设 $O$ 的分布 $p(O)$ 来自一个简单的均匀先验分布（Uniform Prior Distribution），在实际使用中可采用服从其他分布的 $p(O)$。

图像 $I$ 中的场景/事件变量 $O$ 据此选出：

$$O \sim p(O) \tag{7.3}$$

### 2. 生成人物的群组动作变量 $A$

图像 $I$ 中的人物群组动作变量 $A$ 由图像中所有人物的群组动作变量组成，即 $A := \{A_i\}(i = 1, 2, \cdots, N)$。$A_i$ 表示图像中任一人物的群组动作变量，取离散的值，其每一个可能的取值代表一个可能的群组动作。

给定场景/事件变量 $O$，任一人物的群组动作变量 $A_i$ 据此选出：

$$A_i \sim p(A_i | O, \boldsymbol{\psi}) = \text{Mult}(A_i | O, \boldsymbol{\psi}) \tag{7.4}$$

其中，Mult(·) 函数表示多项式分布。多项式参数 $\boldsymbol{\psi}$ 实际控制着该分布。$\boldsymbol{\psi}$ 是一个 $n_O \times n_A$ 维的矩阵。其中，$n_O$ 表示 $O$ 可能取值的总数，即数据集中所有可能出现的场景/事件的总数；$n_A$ 表示 $A_i$ 可能取值的总数，即数据集中所有可能出现的群组动作的总数。同时，参数 $\boldsymbol{\eta}$ 为该多项式分布的狄利克雷先验参数，$\boldsymbol{\eta}$ 为一个 $n_A$ 维的向量。从图 7.4 中可见，$A_i$ 实际上具体由 $O$ 取值所对应的 $\boldsymbol{\psi}$ 中的一行参数以及参数 $\boldsymbol{\eta}$ 所决定。

此时，原本处于所有群组之间的互动 $p(A)$ 被变化为

$$p(A|O) = \prod_i p(A_i | O) \tag{7.5}$$

即原本横向存在于同一层级中的群组动作节点之间的互动被转化为场景/事件层级和群组动作层级两个层级之间的互动。

### 3. 生成人物的标准姿势变量 $S$

图像 $I$ 中的人物标准姿势变量 $S$ 由图像中所有人物的标准姿势变量组成，即 $S := \{S_i\}(i = 1, 2, \cdots, N)$。$S_i$ 表示图像中任一人物的标准姿势变量，取离散的值，其每一个可能的取值代表一个可能的标准姿势。标准姿势由肢体角度描述符表示，该描述符使用一系列肢体之间的角度表示人物的姿势。

任一人物的标准姿势 $S_i$ 根据该人物的群组动作 $A_i$ 从事先学习到的 $A_i$ 对应的群组动作所具有的典型姿势中选择。典型姿势通过以下步骤学习：（1）提取数据集中正在进行某种动作的全部人物的图像块，并计算对应的肢体角度描述符；（2）对这些描述符进行聚类；（3）使用聚类后的每个描述符簇训练支持向量机（Support Vector Machine, SVM）。所以，$S_i$ 取得的离散值实际指向了一个特定的训练好的 SVM。

给定任一人物的群组动作变量 $A_i$，该人物的标准姿势变量 $S_i$ 据此选出：

$$S_i \sim p(S_i|A_i, \boldsymbol{\omega}) = \text{Mult}(S_i|A_i, \boldsymbol{\omega}) \tag{7.6}$$

其中，多项式参数 $\boldsymbol{\omega}$ 实际控制着该多项式分布。$\boldsymbol{\omega}$ 是一个 $n_A \times n_S$ 维的矩阵，其中，$n_S$ 表示对于确定的 $A_i$，$S_i$ 可能取值的总数，即在数据集中学习到的每一种群组动作包含的标准姿势的总数。如果允许每种群组动作具有不同的标准姿势数量，则 $\boldsymbol{\omega}$ 是一个 $n_A \times n_{S_i}$ 维的参数表。这种广义的变化对生成概率分布不产生实质性的影响，本章实验中对每个群组动作采用统一的标准姿势数 $n_S$。参数 $\rho$ 为该多项式分布的狄利克雷先验参数，$\rho$ 为一个 $n_S$ 维的向量。从图 7.4 中可见，$S_i$ 实际上具体由 $A_i$ 取值所对应的 $\boldsymbol{\omega}$ 中的一行参数，以及参数 $\rho$ 所决定。

#### 4. 生成人物的可见姿势变量 e

图像 $I$ 中的人物可见姿势变量 $e$ 由图像中所有人物的可见姿势变量组成。$e_i$ 表示图像中任一人物的可见姿势变量，其形式为肢体角度描述符。一个人物的可见姿势 $e_i$ 由该人物自身的标准姿势 $S_i$，以及同一群组内其他人物的标准姿势 $S_{\text{all } j \in C_i, j \neq i}$ 共同决定。

给定图像中所有人物的标准姿势 $S$，任一人物的可见姿势 $e_i$ 据此选出：

$$e_i \sim p(e_i|S_i, S_{\text{all } j \in C_i, j \neq i}) \tag{7.7}$$

为简化公式表述，定义一个群组分布矩阵

$$\boldsymbol{\delta} = [\delta_{ij}] \tag{7.8}$$

其中，$\delta_{ij} = 1$ 当且仅当人物 $i$ 和人物 $j$ 处于同一群组中。在计算过程中，$\boldsymbol{\delta}$ 自动随人物群组动作变量 $A$ 的取值变化而变化。

依据人物的标准姿势 $S$ 的实际意义，设 $S$ 的分量之间互相独立，即人物 $i$ 的标准姿势（也可理解为个人动作）的选择与人物 $j$ 的标准姿势无关。则式（7.7）被展开为

$$
\begin{aligned}
p(e_i|S_i, S_{\text{all } j \in G_i, j \neq i}) &\propto p(e_i|S_i) \prod_{j}^{j \in C_i, j \neq i} p(e_i|S_j) \\
&= p(e_i|S_i) \prod_{j=1}^{N} p(e_i|S_j)^{\delta_{ij}}
\end{aligned}
\tag{7.9}
$$

为推导式（7.9），在此示例性地给出 $p(e_i|S_i,S_j)$ 的推导过程：

$$
\begin{aligned}
p(e_i|S_i,S_j) &= \frac{p(e_i,S_i,S_j)}{p(S_i,S_j)} = \frac{p(S_i,S_j|e_i)p(e_i)}{p(S_i,S_j)} \\
&= \frac{p(S_i|e_i)p(S_j|e_i)p(e_i)}{p(S_i,S_j)} \\
&= \frac{p(e_i|S_i)p(e_i|S_j)p(S_i)p(S_j)}{p(S_i,S_j)p(e_i)} \\
&= \frac{p(e_i|S_i)p(e_i|S_j)}{p(e_i)} \\
&\propto p(e_i|S_i)p(e_i|S_j)
\end{aligned}
\tag{7.10}
$$

在式（7.9）中：

$$
\begin{cases}
p(e_i|S_i) = \dfrac{1}{Z_\alpha}\exp[-\alpha\cdot\varphi(e_i,S_i)] \\
p(e_i|S_j) = \dfrac{1}{Z_\beta}\exp[-\beta\cdot\varphi(e_i,S_j)\cdot\vartheta(e_i,e_j)](j\neq i)
\end{cases}
\tag{7.11}
$$

其中，$\alpha$ 和 $\beta$ 是比重参数，用于调节可见姿势受人物自身标准姿势生成和受他人互动影响的比重大小。$\alpha:\beta$ 相对越小，可见姿势受自身标准的影响越大；$\alpha:\beta$ 相对越大，可见姿势受同一群组内其他人物互动的影响越大。$Z_\alpha$ 和 $Z_\beta$ 是归一化常量（用于将概率和归一化为 1）。$\varphi(e_i,S_i)$ 和 $\varphi(e_i,S_j)$ 分别表示代入 $e_i$ 到 $S_i$ 和 $S_j$ 取值所对应的 SVM 返回的得分，即 $e_i$ 到 SVM 分类超平面的距离。$\vartheta(e_i,e_j)$ 为人物 $i$ 和人物 $j$ 之间的 3D 距离，利用基于 Hoiem 等人提出的算法[14-17]估计图像中人物所处的 3D 深度。

此时，原本横向存在于同一层级中的有关个人动作的标准姿势节点之间的互动被转化为标准姿势层级和可见姿势层级之间的互动。同时，造成 $e_i$ 与 $S_i$ 的不同的 3 个因素在公式中均有体现：（1）$\varphi(e_i,S_i)$ 的含义是对 $e_i$ 到 $S_i$ 的相似性进行评分，越相似，评分越高，$p(e_i|S_i)$ 越大，所以虽然可见姿势与标准姿势不同，但是可见姿势与标准姿势越相近，相应的概率就越大；（2）重叠和覆盖产生的差别由 $\varphi(e_i,S_i)$ 的得分来表现；（3）同群组人物之间的互动关系由式（7.9）中的连乘项表示，每个同群组人物均在这个概率中做出贡献。

综上，可得到生成模型各层级节点之间的联合概率分布：

$$p(O,A,S,e \mid \boldsymbol{\psi},\boldsymbol{\omega}) =$$
$$p(O) \cdot \prod_{i=1}^{N} [p(A_i \mid O,\boldsymbol{\psi}) p(S_i \mid A_i,\boldsymbol{\omega}) p(e_i \mid S_i) \cdot \prod_{j=1}^{N} p(e_i \mid S_j)^{\delta_{ij}}] \qquad （7.12）$$

其中：

$$p(A_i \mid O,\boldsymbol{\psi}) = \mathrm{Mult}(A_i \mid O,\boldsymbol{\psi}) \qquad （7.13）$$

$$p(S_i \mid A_i,\boldsymbol{\omega}) = \mathrm{Mult}(S_i \mid A_i,\boldsymbol{\omega}) \qquad （7.14）$$

$$p(e_i \mid S_i) = \frac{1}{Z_\alpha} \exp[-\alpha \cdot \varphi(e_i,S_i)] \qquad （7.15）$$

$$p(e_i \mid S_j) = \frac{1}{Z_\beta} \exp[-\beta \cdot \varphi(e_i,S_j) \cdot \vartheta(e_i,e_j)](j \neq i) \qquad （7.16）$$

与 Li 等人提出的生成模型[13]相同，给定狄利克雷超参数 $\boldsymbol{\eta}$ 和 $\boldsymbol{\rho}$，利用数据集中相应的统计量可以容易地学习到分布参数 $\boldsymbol{\psi}$ 和 $\boldsymbol{\omega}$。同时，利用聚类算法对数据集中的标准姿势进行聚类，并学习出相应的 SVM。获得参数及 SVM 后，即可利用混合群组动作模型和层级式动作识别方法识别图像中的群组动作。

## ✅7.5　基于混合群组动作模型的动作识别算法

层级式动作识别方法通过基于混合群组动作模型的最大似然算法实现。对于一幅未知图像，只有可见姿势已知，人物群组动作的识别通过计算混合群组动作模型在群组动作层级和场景/事件层级的最大似然得到。同时计算相对群组动作节点和场景/事件节点的似然是为了在识别中考虑群组动作与场景/事件的条件分布，从而计算群组之间的互动关系。

由式（7.12）～式（7.16）可得，对于图像 $I$ 给定群组动作 $A$ 和场景/事件 $S$ 的似然公式为

$$
\begin{aligned}
p(e|A,O,\boldsymbol{\omega},\boldsymbol{\psi}) &= \frac{p(e,A|O,\boldsymbol{\omega},\boldsymbol{\psi})}{p(A|O,\boldsymbol{\psi})} \\
&= \frac{\displaystyle\sum_{S} p(e,S,A|O,\boldsymbol{\omega},\boldsymbol{\psi})}{\displaystyle\prod_{k}^{N} p(A_k|O,\boldsymbol{\psi})} \\
&= \frac{\displaystyle\sum_{S} p(e|S)p(S|A,\boldsymbol{\omega})p(A|O,\boldsymbol{\psi})}{\displaystyle\prod_{k} p(A_k|O,\boldsymbol{\psi})} \\
&= \frac{\displaystyle\sum_{S}\prod_{k}[p(e_k|S_k)\prod_{j} p(e_k|S_j)^{\delta_{kj}} p(S_k|A_k,\boldsymbol{\omega})p(A_k|O,\boldsymbol{\psi})]}{\displaystyle\prod_{k} p(A_k|O,\boldsymbol{\psi})}
\end{aligned}
\tag{7.17}
$$

根据式（7.17），人物的群组动作标签和场景/事件的计算公式为

$$
O,A = \arg\max_{O,A} p(e|O,A,\boldsymbol{\omega},\boldsymbol{\psi})
\tag{7.18}
$$

在该式的计算过程中，可以类似 Li 等人使用变分消息传播算法（Variational Message Passing algorithm，VMP）[13]，通过近似计算提升人物动作的速度。至此，本章实现了基于层级式人物互动关系分析对静态图像中人物群组动作的识别。

# ✅ 7.6　实验与算法分析

本章通过实验验证层级式动作识别方法在群组动作识别任务中的表现。实验涵盖完整层级式动作识别方法的验证及其重要的算法和参数选择的验证，以及与现有群组动作识别方法进行横向对比。

## 7.6.1　数据集和实验设置

混合群组动作模型通过肢体角度描述符连接到原始图像上。对于原始图像，需要首先进行姿势探测的预处理，提取肢体角度描述符。受到姿势探测方法在实际应用中准确率的限制，为得到较为准确的人物姿势，需要人工地对自动姿势探测算法得到的完全错误的结果进行删除，对差异较大的结果进行微调。受人力资源的限制，本书只

能够标注一个数据集。为了能够与其他方法做比较，本书选择在人物动作识别研究中非常经典的 CACD（Collective Activity Classification Dataset）上进行标注和实验。

CACD 由 Choi 等人[18]收集，包含 44 条视频。视频中的每个人物被分配了一个动作，这些动作包括穿越马路（Crossing）、等待（Waiting）、排队（Queuing）、走路（Walking）和聊天（Talking）。每十帧中的一帧被收集作为图像数据集。在此基础上，根据图像中的场景，实验为每幅图像分配一个场景标签。场景标签共有 3 类，未命名，且只在训练中使用。此外，原始 CACD 中为每个人物标注了一个动作类别标签，本章实验不使用给出的动作类别标签。在每幅图像中探测人物姿势，在人工去掉无意义的探测结果后，得到了图像中人物的关节点标注。原始 CACD 的 44 条视频中的 24 条至少包含两种动作。这 24 条视频所对应的图像被划分出来作为特别数据集（Special Dataset，SD）。本章实验在 SD 上验证层级式动作识别方法的效果，以及其中关键算法的效果；在 SD 和完整 CACD 上与现有顶尖算法横向对比。

依据标注的人物关节点数据，表达人物可见姿势的肢体描述符首先被计算出来作为模型学习和处理的数据。实验中用于获得标准姿势训练数据的聚类算法使用简单的 K-means 算法。计算人物 $i$ 和人物 $j$ 之间的 3D 距离 $\vartheta(e_i, e_j)$ 时需要的人物 3D 位置计算利用基于 Hoiem 等人提出的算法[14-17]估计图像中人物所处的 3D 深度。本章所有实验结果来自 5 折交叉验证（5-Fold Validation）的结果。

## 7.6.2　算法结果和分析

表 7.1 给出了层级式动作识别方法在 SD 上进行识别的准确率和方差。在这组实验中，每个群组动作学习 6 个标准姿势。在 SD 上，层级式动作识别方法在总准确率上达到 82.07%，在方差上不高于 0.85%。在各个动作类别识别的准确率上，层级式动作识别方法最高达到 98.16%，最低不低于 74.36%，在方差上最低达到 0.22%，最高不超过 1.51%。

表 7.1　层级式动作识别方法在 SD 上进行识别的准确率和方差

| 动　作 | 准确率和方差 |
| --- | --- |
| Overall | 82.07%±0.85% |
| Crossing | 76.83%±0.22% |
| Waiting | 74.36%±1.51% |
| Queuing | 93.76%±0.79% |

| 动　　作 | 准确率和方差 |
|---|---|
| Walking | 87.63%±0.59% |
| Talking | 98.16%±1.06% |
| Scene/Event | 94.21%±0.98% |

在各类动作识别的准确性方面，层级式动作识别方法在排队（Queuing）和聊天（Talking）动作中取得了最高的识别准确率，分别为93.76%和98.16%。这是因为这两种动作的特征相比于其他三种动作更突出。人物成站立姿势面朝同一方向排成一排即为排队。人物成站立姿势朝向相对即为聊天。一些方法在识别排队和聊天动作中取得了更高的准确率，如Lan等人提出的方法[7]，但是他们在方法中使用了姿势（朝向）的标注。而层级式动作识别方法在不使用姿势朝向标注的前提下取得了与之接近的准确率。所以，可以理解为混合群组动作模型在没有人为导向参与（给出面部朝向）的情况下，自动学习出了排队动作和聊天动作中人物动作的规律，即面部朝向规律。这说明了混合群组动作模型确实反映了图像中人物动作的互动关系。

在各类动作识别中，错误最多的识别发生在穿越马路（Crossing）动作和等待（Waiting）动作上。这是因为它们发生在街道路口场景中，这样的场景相比于排队与聊天出现的场景更复杂，图像中的干扰较多，如走路动作（Walking）与穿越马路动作在动作上基本相同，聊天在动作上与等待类似，而且这两类动作常常交织在一起，如同一路口向不同方向过路的两拨人，在一拨人已经开始穿越马路时，另一拨人还在等待。

在动作识别结果的方差方面，层级式动作识别方法的总方差不超过 0.85%，各个动作类别的最大方差不超过 1.51%，这说明层级式动作识别方法在识别人物群组动作任务上具有稳定性和强健性。

表7.1中也给出了场景识别的准确率。场景识别的准确率为94.21%，方差为0.98%，是相对较好的成绩。但是，由于CACD中只有3种场景，因此该识别准确率只具有一定的参考价值。这里给出场景识别的准确率，是为了展示以场景为隐变量时，它可以和人物动作互相提供信息而提升识别准确率。

图7.5中给出了一组实验识别结果的含混矩阵（Confusion Matrix）。矩阵中的纵轴标签为真实动作，横轴标签为识别算法给出的动作。矩阵中的较大值被不同底色标注，其中越深的底色对应越大的值。

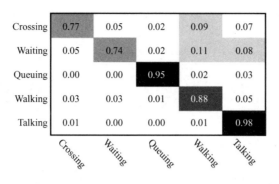

|          | Crossing | Waiting | Queuing | Walking | Talking |
|----------|----------|---------|---------|---------|---------|
| Crossing | 0.77     | 0.05    | 0.02    | 0.09    | 0.07    |
| Waiting  | 0.05     | 0.74    | 0.02    | 0.11    | 0.08    |
| Queuing  | 0.00     | 0.00    | 0.95    | 0.02    | 0.03    |
| Walking  | 0.03     | 0.03    | 0.01    | 0.88    | 0.05    |
| Talking  | 0.01     | 0.00    | 0.00    | 0.01    | 0.98    |

图 7.5　层级式动作识别方法在 SD 上的识别结果的含混矩阵

从含混矩阵中可见，真实标签为穿越马路的动作被最多地误识别为走路（正确率为 0.77，误识别率为 0.09），真实标签为等待的动作被最多地误识别为走路和谈话（正确率 0.74，误识别率分别为 0.11 和 0.08）。这些误识别的方式与人脑误识别的方式相似，即被层级式动作识别方法混淆的动作也容易被人脑混淆。这也从侧面说明了本章提出的层级互动关系模型在实际工作中遵循其设计时模拟人脑思维的思想。

图 7.6 直观地展示了若干由层级式动作识别方法给出的人物动作识别结果，该图中也给出了一些识别错误的实例，由五角星标注。

图中第五行从左到右数第一幅图展示了基于互动关系分析识别人物动作的过程：仅通过黑衣人物的动作不能判断该人物是在行走还是在站立，甚至他的动作更偏向于站立；但是，他左侧人物的动作增大了黑衣人物是在行走的概率；同时，远端等待过路的一组人物提示着黑衣人物及其旁边人物是在穿越马路而不是简单地走路，而且这是一个路口场景；在这种动作判定的结果下，人物的动作，以及场景联合后验概率取得最大值。

图 7.6 中也给出了一些错误识别结果的示例。在第三行的第一幅图中，远端的两个人物的动作被错误地分类为穿越马路。在第五行的第二幅图中，远端行走的人物被错误地判断为是在谈话。这是因为他们的姿势不能提供明显的分类线索，而且第二幅图中人物的空间位置也没有把他和谈话的人物区分开来。在第三行的第二幅图中，最左侧走路的人物被和远端的两个人物同样地标记为聊天，这是因为实验中采用的 3D 位置提取算法没有能够准确地判断出该人物与远端人物的深度差异。在第三行的第三幅图像中，走路的女人被误识别为排队，这是因为她的动作与周围排队的人物相差不大。从以上对这些错误识别的解释中可以看到，错误识别的原因是可以判断的而并非完全随机的。这从另一个角度说明了混合群组动作模型的合理性。为消除类似的错误识别，本文计划在下一步工作中采用更复杂的模型和加入更多类型的特征。

图 7.6　层级式动作识别方法识别结果示例图

在层级式动作识别方法中，有两个参数会影响识别结果，分别为对于每一个群组动作学习到的标准姿势数量和权衡自身生成影响与群组内部互动影响的比重 $\alpha:\beta$。以下实验将说明这两个参数对识别准确率的影响，并分析原因。

图 7.7 展示了每个群组动作学习不同数量的标准姿势时层级式动作识别方法总准确率与各动作类别准确率（Accuracy）的走势。其中，粗实线为总准确率走势，各虚线为各动作类别准确率走势，细实线为识别每幅图像的耗时（Time Cost Per Image）走势。

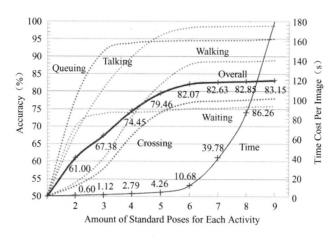

图 7.7　标准姿势数量对层级式动作识别方法结果的影响

在图 7.7 中，横轴为每个群组动作学习到的标准姿势数量（Amount of Standard Poses for Each Activity），各虚线为各动作类别的准确率曲线。

从图 7.7 中可见，对于一个群组动作，越多的标准姿势数量使匹配标准姿势与可见姿势时有更多的选择和更接近的选项，因此带来更高的动作识别准确率。但是，当一个群组动作对应的标准姿势数量上升到一定程度后，标准姿势已经饱和，不同标准姿势之间的差距变得非常小，此时继续增加标准姿势数量不能继续获得动作识别准确率的提升。同时，一个群组动作对应的标准姿势越多，带来的计算量就越大，从而消耗越多的计算时间。从图中可以观察到，在 CACD 中，当一个群组动作对应 6 个标准姿势时，各个动作类别基本达到或者接近标准姿势饱和。继续增加标准姿势数量只会带来消耗时间的增多，而不能再带来准确率的提升。因此，在 CACD 中，层级式动作识别方法采用每个群组动作对应 6 个标准姿势的参数。

从图 7.7 中还可以观察到另一个有趣的现象。当一个动作越复杂时（动作变化越多），使之达到标准姿势饱和所需要的标准姿势数量就越多。例如，排队达到标准姿势饱和需要 3 个标准姿势，而走路需要 6 个标准姿势。这与人类的认知相符，从侧面说明了混合群组动作模型的合理性。

图 7.8 展示了比重参数 $\alpha:\beta$ 对层级式动作识别方法总识别准确率和各类动作识别准确率的影响。图中的实线与各虚线分别表示总识别准确率和各个类别动作识别准确率的曲线。

比重参数 $\alpha:\beta$ 控制着人物动作生成过程中可见姿势受自身生成影响与群组内部互动影响程度的比重。$\alpha:\beta$ 的值越大，可见姿势受群组内部互动的影响越大。从图 7.8 中可见不同的动作在不同的比重下达到的动作识别准确率的峰值。峰值对应的比重参数越大,意味着该动作越倾向于一个群组动作。因为群组动作需要通过互动关系来识别,所以喜好较高的 $\alpha:\beta$ 的值。反之,峰值对应的比重参数越小,意味着该动作越倾向于一个较为个人或者独立的动作。例如,谈话和穿越马路比等候和走路更依赖于互动识别,所以在较大 $\alpha:\beta$ 的值处取得峰值。这与人类的认知相符,从侧面说明了模型的合理性。

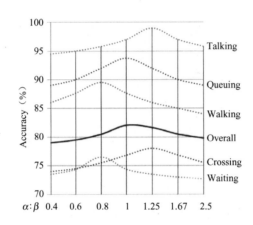

图 7.8　比重参数对层级式动作识别方法结果的影响

## 7.6.3　与现有方法的对比

本组实验在完整的 CACD 和 SD 上,对比层级式动作识别方法与现有人物动作识别方法的识别结果。实验共找到 CACD 上 11 个可以用来对比的人物动作识别方法。

对于其中的一些基于视频的方法[14, 19, 20],本组实验用空间特征替换其中的时空特征,并与基于图像的方法一起,在 SD 上比较动作识别结果。对于完全无法应用到图像中的基于视频的方法[1, 21],本节直接引用其准确率作为参考。在完整 CACD 上,实验比较了所有为每幅图像识别出一个主要动作标签的方法。对比的方法如下。

(1) Social Cues[21]和 Inter-Class Context[1]:利用视频中的上下文信息帮助识别人物动作。

(2) Appearance Features[9]和 Spatial Context[9]:分别使用不同的低级特征进行基于图像的人物动作识别。

(3) STV+MC[18]和 RSTV+MRF[19]:分别使用不同的描述符和分类器对人物动作进行识别,STV+MC 使用 SVM 分类器分类 STV 描述符,RSTV+MRF 构建随机树林分类人物动作。

（4）HL-MRL+ACD[20]：使用铰链损失马尔可夫随机场识别人物动作。

（5）Discriminative Context[9]：基于图像的人物动作识别方法，其中使用判别模型基于动作类别标签识别人物动作。

（6）Action Context[22]和 Latent Model[7]：对每幅图像给出一个群组动作标签的方法。

（7）Global Bag-of-words[7]：Lan 等人提出的基准对比方法[7]。

实验结果对比如表 7.2 所示。从表 7.2 中可见，在 SD 上，层级式动作识别方法在准确率上超过了所有参与对比的方法。其中，Discriminative Context 方法使用了原 CACD 中提供的姿势类别标签，在使用标签时，它的识别准确率为 83.0%，超过了层级式动作识别方法。但是，如果不使用给出的姿势类别标签，而通过训练分类器由关节点标注识别姿势标签，即使分类准确率可以达到 90%，Discriminative Context 方法的识别准确率依然下降到 74.7%，低于层级式动作识别方法的识别准确率。从表 7.2 中可见，在 CACD 上，层级式动作识别方法在准确率上超过了所有参与对比的方法。层级式动作识别方法在 CACD 上的表现较大幅度好于其在 SD 上的表现，并非因为识别方法不稳定，而是因为在 CACD 上的实验仅给出图像中的主要群组动作，这掩盖了一些个人动作识别上的错误。

表 7.2　层级式动作识别方法与现有方法的比较

| 类　　别 | 方　　法 | 准　确　率 |
| --- | --- | --- |
| Video-based | Social Cues | 78.7% |
| | Inter-Class Context | 79.0% |
| Special Dataset | Apperance Features | 60.6% |
| | STV+MC | 65.9% |
| | HL-MRF+ACD | 69.2% |
| | RSTV+MRF | 70.9% |
| | Disciminative Context | 74.7% |
| | Spatial Context | 76.6% |
| | **Our Method** | **82.4%** |
| Original CACD Dataset | Action Context | 68.2% |
| | Global Bag-of-words | 70.9% |
| | Latent Model | 79.7% |
| | **Our Method** | **86.2%** |

综上，实验结果表明层级式动作识别方法在 SD 和 CACD 上的静态图像的群组动作识别任务中，识别准确率超过所有对比方法。

## 7.7　本章小结

本章对基于层级式互动关系分析的识别静态图像中人物动作的方法进行了研究，找到并解决了其中的关键问题，实现了基于层级式互动关系分析的人物动作识别方法。

本章提出混合群组动作模型建模多人图像中人物之间的互动关系。该模型为生成模型，建模了图像中人物各个层级的动作、自身各个层级之间动作的关联、多个群组之间的互动关系、每个群组内部多个个人之间的互动关系和场景与动作之间的互动关系。该模型可以有效地表达多元的互动关系。

本章基于混合群组动作模型提出动作识别算法，实现了层级式动作识别方法。该动作识别算法可以综合每个人物自身各层级动作之间的内在关系、群组之间的互动关系、群组内部每个个人之间的互动关系、群组动作与场景/事件之间的互动关系，准确地识别广角图像中的群组动作。

本章通过在两个数据集上进行实验，验证了混合群组动作模型和层级式动作识别方法的有效性、可行性，以及其中关键算法的有效性和性能，并将层级式动作识别方法与现有方法进行了横向比较，证明了层级式动作识别方法在实验数据集上识别群组物动作的准确率超过现有相关方法。

扫一扫看本章参考文献

# 第 8 章

# 融合动作相关性的群体动作识别

## ✅ 8.1 引言

    群体动作是由一个或者多个人群构成的动作，其研究对象是多人形成的群体。与仅关注一个或两个人的动作识别不同，群体动作识别还需要分析多人之间复杂的交互，以及全局场景中的上下文信息。因此，群体动作识别的关键挑战之一是如何构建个体之间相互关系的上下文结构。针对这一问题，最近的研究主要通过多层次的 RNN 结构来进行个体与全局两个层次的表示学习。RNN 在自然语言处理中取得了巨大的成功，尽管 RNN 对具有序列特性的数据非常有效，它能挖掘数据中的时序信息和语义信息，但是群体动作场景中不仅仅包含重要的时序信息，还包含空间位置不断变化的个体之间的关联。因此，基于 RNN 的方法不能很好地表达空间位置相关的交互关系。这些方法依赖于视频中密集的视频帧采样，从而导致高昂的计算成本。

    在真实的群体场景中，交互关系往往与个体所执行的动作相关，并且不同个体之间的影响是有差异的，本章将这种个体动作引导的有差异的关联称为动作相关性。例如，在排球运动中，执行传球和扣球动作的选手之间存在强烈的关联，对方的拦网队员也十分关注扣球手；在日常生活中，聚集在一起走路或交谈的群体内部在空间上邻近，也存在同样的内部关联。基于这一观察，本章认为动作相关性是构建上下文结构的重要线索，融合动作相关性的结构比视觉特征与时序层次包含更具判别力的信息。与上述方法的思路不同，本章以准确的动作表示为基础，通过人物的动作来编码动作相关性，以动作关系推理的方式来构建交互式上下文信息，并学习具有稀疏图结构的场景级别描述符。

因此，本章提出深度学习方法，对视频群体动作识别方法进行研究，致力于实现高准确率的群体动作识别模型。为了实现这一目标，本章对更加合理的群体关系构建进行探索，从群体场景中提取个体动作、动作关系与时空表示多条线索，并研究多条线索在该任务中的作用，最终建立一个端对端的深度模型。本章在两个通用的群体动作识别数据集 Volleyball 和 CAD 上对所提出的模型进行了综合评估和分析。实验结果表明，所提出的模型优于相关方法，并且在两个数据集上均达到了最佳性能。总而言之，本章的工作主要具有以下 3 点贡献。

（1）设计了一种面向群体动作识别的动作关系推理算法。该算法基于对群体场景中复杂关系的考虑，以深度网络提取得到的动作表示为基础，建立动作相关性的计算方式，同时考虑了人物之间的空间相对位置，通过多层 LRG 网络推理建立人物之间的动作关系，为群体动作分析提供了局部的上下文信息。

（2）提出了用于整合多个视频帧中内容的 GroupVLAD 模块，从时间和空间两个维度同时进行编码，将融合动作相关性的个体表示的描述符空间划分为若干个元动作单元，以残差向量的形式进行聚合，从而形成更加合理、简洁的时空表示。该特征能够同时补获群体在时间和空间维度上的动态变化，有效地增强对视频群体的表示能力。

（3）提出了融合动作相关性的视频群体动作识别方法，通过群体动作分类网络将动作表示、动作关系与时空表示三条线索融合到一个统一的框架中，最终得到一个端对端的深度模型。该建模过程从多个层次分析群体动作，有效地结合了局部信息和全局表示，获得了更准确的视频群体动作识别结果。

## 8.2 相关工作

视频群体动作分析主要分为两个阶段：视觉特征提取与群体表示构建。其中，前一阶段涉及的特征表征为群体动作识别提供了关键的视觉信息，所获得的特征的好坏直接影响最终的识别效果。在深度学习方法流行之前，传统的方法主要采用手工设计的特征对视频帧中的动作信息进行表示。手工设计的特征一般是通过数据特点人工精心设计得到的,如 HOG(Histogram of Oriented Gradient)[1]、SIFT(Scale-Invariant Feature Transfor)[2]和 SURF（Speeded Up Robust Features）[3]。这类特征虽然是基于视觉神经理论提取的,但是提取速度慢,含有人为设计的成分,需要投入大量的人力,最关键的是难以定义变化复杂的人体动作。而深度卷积特征抛弃了手工设计的过程,通过对大规模数据集的学习,将低级特征逐层抽象为高级特征,从而形成对复杂人体动作特征的有效表示。

与个体的动作识别不同,群体动作识别除了需要准确的特征表征,还需要对不同个体的特征进行整合,设计出能够准确表达群体动作的整体表示。群体动作中存在大量的关键线索与冗余信息,因此群体动作的整体表示需要保留具有判别力的线索、抛弃冗余的信息。针对群体整体表示的构建,群体动作识别方法大致可以分为 3 类,即基于上下文线索的群体动作识别、基于层次时序的群体动作识别和基于深度关系的群体动作识别。其中,基于上下文线索的群体动作识别以寻找场景中的重要目标作为突破点,如寻找篮球对于识别打篮球这一动作非常重要;层次时序模型认为群体动作可以分为个体和群体两个层次,基于层次时序的群体动作识别以此为基础,构建具有层次结构的时序信息来识别群体动作;基于深度关系的群体动作识别更加注重个体之间的关系,将丰富的语义关系融合到整体表示中。

## 8.3　问题定义

给定一段包含群体动作的视频 $V$,包含 $T$ 帧 $\{I_t \in \mathbb{R}^{H \times W \times 3}\}_{t=1}^{T}$,每个视频帧中包含 $K$ 个边界框 $\{(x_i^1, x_i^2, y_i^1, y_i^2) \in \mathbb{R}^4\}_{i=1}^{K}$,本章的目标是预测视频中的群体动作 $a$。

## 8.4　动作表示

为了构建动作表示,本节提出一种人体视觉特征（外观和姿势）的构建网络。该网络以 CNN 为基础,通过监督学习的方式,结合个体的边框与标签构建出有效的动作表示。

本章的主干网络是基于残差网络（Residual Network，ResNet）[4]构建的。由于本章不直接使用卷积特征进行分类识别，故省略原始网络中的全连接层，仅保留其之前的卷积层。ResNet 最重要的设计是在残差模块中引入了近路连接（Short Cut），在不引入额外的参数和计算负担的情况下，使梯度信息可以在多个神经网络之间有效传播。以一张大小为 $H \times W \times 3$ 的彩色图片为例，其输出随着 2×2 的池化层来逐步缩小空间维度 $\left( \dfrac{H}{4} \times \dfrac{W}{4} \rightarrow \dfrac{H}{8} \times \dfrac{W}{8} \rightarrow \dfrac{H}{16} \times \dfrac{W}{16} \rightarrow \dfrac{H}{32} \times \dfrac{W}{32} \right)$，随着 3×3 的卷积层逐步扩大通道维度（256 →512→1024→2048）。随后，本章从其中 3 个残差模块的输出中抽取多个尺寸的卷积特征图，然后应用多尺度特征提取方法，以共享卷积的方式裁剪出所有个体的动作嵌入，并在最后连接全连接层，最终获得对个体动作的分类结果。

## 8.4.1　多尺度特征

本章在动作表示构建阶段，为了使视觉特征对于视角远近造成的尺度变化具有强健性，将特征金字塔网络（Feature Pyramid Networks，FPN）[5]与上述 ResNet 相结合。

传统的卷积神经网络，如 VGG、GoogLeNet 等，采用序列化、层次化的构建方式，在最后一层的卷积特征图上使用分类器进行目标识别，如图 8.1（a）所示。众所周知，深度卷积神经网络中的特征图具有层次性的特点，网络中较浅的特征图分辨率高，语义性弱；相反，深层次的特征图，分辨率低，语义性强，不同层次的特征图中的信息可以相互补充。因此，不论是浅层次还是深层次的特征图，其都存在各自的不足，如果能够结合不同层次的特征图，就可以大大提高对尺度不一的对象特征表达的准确性。在深度学习方法之前，特征化图像金字塔已经运用到传统的手工设计特征中[1-2]，如图 8.1（b）所示。这种方法在每个图像尺度上的特征都是独立计算的，速度很慢，因此没有广泛应用。金字塔形的特征层次结构是零成本的，如图 8.1（c）所示，但是它仅使用单一层次的特征图进行预测，依然无法解决特征表达不准确的问题。结合特征化图像金字塔与金字塔形的特征层次结构两者的优势，FPN 使用自顶向下的路径和横向连接，如图 8.1（d）所示，将低分辨率、强语义特征和高分辨率、弱语义特征相结合。结合 FPN 的卷积神经网络，具有强大的表示能力和对尺度变化的隐式强健性。因此，本章采用具有 FPN 的 ResNet，然后使用 8.4.2 节中的 RoIAlign 技术提取维度一致的动作表示。

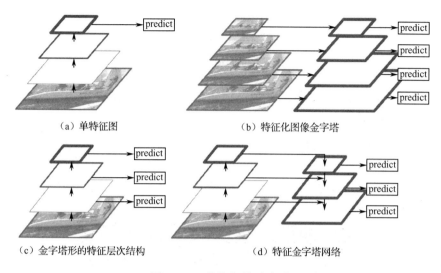

（a）单特征图　　　　　　　　　　　（b）特征化图像金字塔

（c）金字塔形的特征层次结构　　　　　　（d）特征金字塔网络

图 8.1　4 种特征构建方式

## 8.4.2　动作表示提取

本小节详细阐述动作表示的提取方法，以获取个体所执行动作的表示。群体场景中个体之间的交互关系主要由其执行的动作所决定，故准确的动作表示对于动作关系的推理格外重要，它为群体上下文的构建提供了必要的线索。另外，场景中个体执行的关键动作对识别全局的群体动作能够提供额外的帮助。

在以个体动作标签监督网络训练之前，首先要提取个体固定维度的向量表示。本章在多层卷积特征图上采用 RoIAlign（Region of Interest Align）[6]操作。RoI 是图像分析中重点关注的部分，独立的个体可以直接通过个体的边界框直接定位，是群体场景中的 RoI。RoIAlign 是一种提取特征图的标准操作，于 2017 年在 He 等人的 Mask-RCNN 工作中被提出。在执行 RoIAlign 操作之前，基于池化操作量化执行的 RoI Pooling 虽然能够将不同大小区域上的特征图转化为固定维度的特征向量，但是由于两次量化过程造成的信息丢失而存在"区域不匹配"的问题。为了将不同大小的 RoI 对应的特征图转化为相同维度的向量表示，RoI Pooling 首先将原始边界框按比例缩小到特征图对应的尺寸，第一次量化过程将缩小后的浮点数边框量化为整数边框，然后将其分割为 $n \times n$ 个单元，由于存在不可等分的情况，需要进行第二次量化，最终对每个单元进行最大值池化操作。因此，RoI Pooling 过程存在两次量化过程，造成最终单元的边界和初始的候选框存在较大的偏差，这会降低动作表示的准确性，从而影响动作关系的推理过程，最终导致识别性能下降。为了获得更为精准的动作表示和后阶段的动作关系推理，本章使用 RoIAlign 操作替代 RoI Pooling 操作。针对这一问题，RoIAlign 操作直接取消量化过程，对每个 RoI 保持浮点边界，使用双线性内插的方法获得坐标为浮点数位置的特征数值。整个过程可以分为 3 个步骤：①保持对每个 RoI 的浮点数边界进行遍历；②将每个 RoI 按宽高平均分割为 $n×n$ 个单元，同样保持每个单元的浮点数边界；③在每个单元中计算固定的 4 个坐标位置，用双线性内插的方法计算出这 4 个位置的值，然后进行最大池化操作。RoIAlign 针对"区域不匹配"问题取消了量化操作，使用了更少的采样点，获得了更好的性能。在本章中，RoIAlign 层通过上述步骤将每个 RoI 对应的特征图转化为固定尺寸的小特征图。该操作通过浮点数边界和双线性内插算法可以输入任意比例大小的候选框，并且避免了人体姿势形变（见图 8.2）造成的动作表示不准确问题。

图 8.2　群体场景中差别极大的人体姿势

　　特征提取阶段中用到的另一项关键技术是共享卷积网络策略。不同人物的动作表示并不是单独从视频帧上的对应位置提取得到的，而是统一在共享卷积网络的输出上并行操作的。该策略降低了模型的参数数量，同时增强了网络的泛化能力。另外，不同的动作表示还共享了卷积层的计算，加快了模型的运行速度。

　　在动作表示提取阶段中，本章首先通过 ResNet 获得层次性的卷积特征图，然后以 FPN 的方式融合多层次的语义信息，并提取出不同尺寸的残差模块输出，在各个尺寸特征图上应用 RoIAlign 操作，最终通过连接操作获得维度固定的动作表示。动作表示通过带有 Softmax 函数的全连接网络，获得对应动作类别的预测概率，然后使用交叉损失函数进行训练，目标函数如下：

$$\mathcal{L}_a(y_a, \hat{y}_a) = \frac{1}{N} \sum_{j=1}^{N} y_a^j \log \hat{y}_a^j \tag{8.1}$$

其中，$\mathcal{L}_a$ 是基于个体动作类别预测概率的交叉熵损失函数，$y_a$ 和 $\hat{y}_a$ 分别为真实标签和预测结果。本章采用在 ImageNet 上预训练得到的网络参数初始化卷积网络，不直接采用个体动作的损失函数训练模型，采用多任务损失函数的形式，使其成为最终损失函数中的一项。

## ✅ 8.5　动作关系推理

如图 8.3 所示，本章首先使用个体动作标签以监督学习的方式训练模型，提取到个体动作表示，通过动作相关性计算方式来计算个体之间的关系，然后采用 LRG 网络来构建群体中的交互式上下文结构，最终通过 GraphGather 模块获得场景的整体表示。

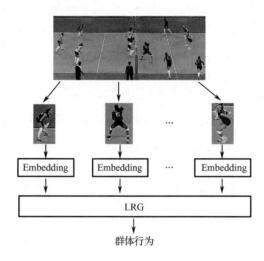

图 8.3　动作关系推理整体流程

## 8.5.1　动作相关性

构建目标或者实体之间的关系是计算机视觉中的一个重要问题。Santoro 等人提出了一个关系网络模块[7]，用以推理目标之间的关系，在视觉问答任务中实现了超越人类的性能。Hu 等人将目标关系模块应用于目标检测[8]，并验证了在基于 CNN 的目标检测中建模对象关系的效率。大量的研究成果[9-11]表明，建模交互信息能够帮助理解分析复杂抽象的动作。在群体场景中，多个个体之间的交互关系是群体动作识别场景中的重要线索。基于此，本章首先提出动作关系的编码方式，从而帮助推理群体场景中的上下文结构。个体之间的交互关系是通过两者的动作表示计算得到的，本章通过 $\mathcal{R}$ 函数表示动作相关性，通用范式如下：

$$e_{ij} = \mathcal{R}(h_i, h_j) \tag{8.2}$$

其中，$e_{ij}$ 用以表示个体 $j$ 对个体 $i$ 的影响程度。对于 $\mathcal{R}$ 的定义，其是一个开放性问题。本章借鉴非局部网络中特征关系的构建方法，提出两种 $\mathcal{R}$ 函数的计算方式，并通过实验验证动作关系的有效性。

点积相似性：

$$\mathcal{R}(h_i, h_j) = \boldsymbol{\theta}(h_i)^{\mathrm{T}} \boldsymbol{\phi}(h_j) \tag{8.3}$$

其中，$\boldsymbol{\theta}$ 和 $\boldsymbol{\phi}$ 都是一个可训练的全连接网络。点积操作在注意力机制[12]中被广泛使用，在实际应用中可以使用高度优化的矩阵乘法来优化操作的运行速度和计算空间。

连接操作：

$$\mathcal{R}(h_i, h_j) = \mathrm{ReLU}(\boldsymbol{w}_{\mathcal{R}}^{\mathrm{T}}[\boldsymbol{\theta}(h_i)^{\mathrm{T}}, \boldsymbol{\phi}(h_j)]) \tag{8.4}$$

其中，$[\cdot, \cdot]$ 表示连接操作，$\boldsymbol{w}_{\mathcal{R}}$ 是一个可训练的向量，能将连接后的向量映射为一个数值。该构建方式被应用到关系网络（Relation Networks）[7]中，用以视觉推理。本章也尝试使用连接操作作为 $\mathcal{R}$ 函数，并使用 ReLU 作为激活函数。

为了使动作相关性能够在不同关系对之间的可比性更强，本章使用 Softmax 函数对个体 $i$ 与所有邻接对象的动作相关性进行归一化处理：

$$G_{ij} = \underset{j \in N_i}{\mathrm{Softmax}}(e_{ij}), \forall i: \sum_{j \in N_i} G_{ij} = 1 \tag{8.5}$$

其中，$N_i$ 表示与个体 $i$ 之间存在相互影响的个体集合。通常来说，个体从邻近区域获得的信息远多于其他区域，即局部的动作相关性相比全局更有意义。基于这一观察，本章通过设置阈值的方式以屏蔽距离较远的个体之间的相互影响。个体 $i$ 相邻个体的集合 $N_i$ 定义如下：

$$N_i = \{j \mid d(\boldsymbol{p}_i, \boldsymbol{p}_j) < \mu\} \tag{8.6}$$

其中，$\mu$ 为超参数，表示存在相互影响的个体之间的最大距离，$d(\boldsymbol{p}_i, \boldsymbol{p}_j)$ 表示个体 $i$ 与 $j$ 之间的欧式距离。其中个体 $i$ 的位置通过对应的边界框的中心点所确定，公式如下：

$$\boldsymbol{p}_i = (p_i^x, p_i^y)$$
$$= \left( \frac{x_i^1 + x_i^2}{2}, \frac{y_i^1 + y_i^2}{2} \right) \tag{8.7}$$

其中，个体 $i$ 的边界框为 $(x_i^1, x_i^2, y_i^1, y_i^2)$。

## 8.5.2　关系推理

在获得归一化的动作关系 $G_{ij}$ 之后，本章借鉴 GCN 的推理方式，使用线性加和的方式计算群体中个体的交互式上下文结构：

$$h_i^{l+1} = \sigma \left( \sum_{j \in N_i} G_{ij}^l g^l(h_j^l) \right) \tag{8.8}$$

其中，$g$ 是一个映射函数，用以计算输入 $h_j^l$ 的特征表示。为了简化 $g$ 函数的构造，本章采用线性映射的计算方式，即 $g(h_j^l) = W_g^l h_j^l$。对于上述计算方式，采用矩阵的运算可以进行多节点并行计算，形式如下：

$$\boldsymbol{H}^{l+1} = \sigma(\boldsymbol{G}^l \boldsymbol{H}^l \boldsymbol{W}^l) \tag{8.9}$$

其中，$\boldsymbol{G}^l \in \mathbb{R}^{N \times N}$ 表示图矩阵。$\boldsymbol{H}^l$ 与 $\boldsymbol{W}^l$ 表示第 $l$ 层的输出和可训练参数矩阵，本章采用 ReLU 作为激活函数 $\sigma(\cdot)$，其中第 1 层网络的输入是从多层卷积特征图上采用 RoIAlign 操作得到的。

最终本章采用 GraphGather 模块计算图模型推理得到的动作关系线索 $\varphi(r; \boldsymbol{I}_t)$：

$$\varphi(r; \boldsymbol{I}_t) = \text{GraphGather}(\boldsymbol{H}_t^1, \boldsymbol{H}_t^2, \cdots, \boldsymbol{H}_t^L) \tag{8.10}$$

其中，$\boldsymbol{H}_t^l$ 表示第 $l$ 层网络的输出。为了能够从不同深度的网络中获得不同语义层次的交互式上下文结构，本章采用加和的方式计算最终的动作关系线索。此外，该线索是 8.6 节提出的分类网络中的一个重要分支。本章将该算法的单层推理网络称为 LRG（Local Relaction Graph）。

### 8.5.3 算法描述

本章提出的方法的整体流程如方法 1 所示。首先从视频中采样视频帧，使用结合 FPN 的 ResNet 以 RoIAlign 的方式提取得到多尺度信息，通过动作相关性编码方式构建局部连接的关系图，然后使用多层 LRG 网络进行动作关系推理，最终将 GraphGather 取得的动作关系线索输入到全连接网络中获得最终的识别结果。

---

**方法 1**：融合动作相关性的推理算法

---

输入：

视频帧 $\boldsymbol{I}$；

$N$ 个边界框 $(x_n^1, x_n^2, y_n^1, y_n^2)$；

网络参数 $W$，GCN 层数 $L$；

输出：

视频帧对应的群体动作类别 $a$

**1** 使用 RoIAlign 在多层卷积特征图上提取得到 $\boldsymbol{H}^0$

**2 for** $l \in 0,1,\cdots,L-1$ **do**

**3**　　**for** $i \in 0,1,\cdots,N-1$ **do**

**4**　　　　**for** $j \in 0,1,\cdots,N-1$ **do**

**5**　　　　　　**if** $d(p_i,p_j) < \mu$ **then**

**6**　　　　　　　　使用公式计算 $e_{ij}^l$

**7**　　　　　　**end**

**8**　　　　**end**

**9**　　　　**for** $j \in 0,1,\cdots,N-1$ **do**

**10**　　　　　　**if** $d(p_i,p_j) < \mu$ **then**

**11**　　　　　　　　使用公式计算 $G_{ij}^l$

**12**　　　　　　**else**

**13**　　　　　　　　$G_{ij}^l = 0$

**14**　　　　　　**end**

**15**　　　　**end**

**16**　　**end**

**17**　　使用式（8.9）计算 $\boldsymbol{H}^{l+1}$

**18 end**

**19** 使用式（8.10）计算最终的动作关系线索 $\varphi(r;\boldsymbol{I}_t)$

**20** 使用带有 Softmax 的全连接网络得到每个类别对应的预测概率 $P(A=a|\boldsymbol{I})$

**21** 输出预测结果 $a = \arg\max_a P(A=a|\boldsymbol{I})$

---

## 8.6　时空表示

在第 7 章内容中，通过动作关系推理获得视频中不同个体的上下文线索。这种上下文线索来自局部区域的交互信息，本章将其称为 LED（Local Evolution Descriptor）。以 $\boldsymbol{h}_{i,t} \in \mathbb{R}^D$ 为例，该描述符是从视频帧 $t \in \{1,2,\cdots,T\}$ 中的位置 $i \in \{1,2,\cdots,N\}$ 上提取出来的 $D$ 维向量。此时，构建视频中群体的最终表示最简单的方法是对所有的 LED 进行池化或者连接操作。但是，前者会造成过多的信息丢失，无法形成完整的视频表示，而后者会形成维度过高的向量表示，从而导致过高的计算量。为了构建最终视频层级的表示，本章提出了 GroupVLAD 模块，从时间和空间两个维度同时编码所有的 LED，以形成视频整体的时空特征。该模块首先将 LED 的描述符空间 $\mathbb{R}^D$ 划分为 $K$ 个元动作（Meta-Action）单元，然后对每个元动作单元进行编码，从而形成一个用于语义聚合的词典 $[\boldsymbol{m}_1,\boldsymbol{m}_2,\cdots,\boldsymbol{m}_k]$。其中每个元动作单元对应空间单元的一个锚点。所有的 LED 都会被复制到其中一个单元中，并通过一个残差向量 $\boldsymbol{h}_{i,t} - \boldsymbol{m}_k$ 记录 LED 与锚点之间的差异：

$$\varphi(g;V,k) = \sum_{t=1}^{T}\sum_{i=1}^{N} c_k(\boldsymbol{h}_{i,t})(\boldsymbol{h}_{i,t} - \boldsymbol{m}_k) \tag{8.11}$$

其中，$c_k(\boldsymbol{h}_{i,t})$ 表示描述符 $\boldsymbol{h}_{i,t}$ 在锚点 $\boldsymbol{m}_k$ 所在语义单元的赋值。因此，$\varphi(g;V,k)$ 记录了每一个语义单元中的残差向量 $\boldsymbol{h}_{i,t} - \boldsymbol{m}_k$ 的总和。最终，对 $K$ 个 $\varphi(g;V,k)$ 分别进行 Intra-normalized 操作，连接在一起后进行 L2-normalized 操作，形成一个语义层级的时空表示 $\varphi(g;V) \in \mathbb{R}^{D \times K}$。

GroupVLAD 层中的 $c_k(\boldsymbol{h}_{i,t})$ 表示对应 LED 为距离该描述符最近的锚点 $\boldsymbol{m}_k$ 所在语义单元的成员。以 $\boldsymbol{h}_{i,t}$ 与对应的锚点 $\boldsymbol{m}_k$ 最近为例，此时 $c_k(\boldsymbol{h}_{i,t}) = 1$；其他情况下，$c_k(\boldsymbol{h}_{i,t}) = 0$。$c_k(\boldsymbol{h}_{i,t})$ 的具体公式表达如下：

$$c_k(\boldsymbol{h}_{i,t}) = \begin{cases} 0, & \exists l : d(\boldsymbol{h}_{i,t},\boldsymbol{m}_k) > d(\boldsymbol{h}_{i,t},\boldsymbol{m}_l) \\ 1, & \forall l : d(\boldsymbol{h}_{i,t},\boldsymbol{m}_k) \leq d(\boldsymbol{h}_{i,t},\boldsymbol{m}_l) \end{cases} \tag{8.12}$$

其中，$d(\cdot,\cdot)$ 表示两个向量之间的欧式距离。在这种编码方式下，每一个聚合向量 $V_k$ 都表示所有赋值到对应语义单元的残差 $\boldsymbol{h}_{i,t} - \boldsymbol{m}_k$ 的总和。这种硬赋值（Hard Assignment）

的方法难以适应可训练的深度学习范式。为了 GroupVLAD 可以适应反向传播进行训练，其结构需要满足对所有参数和输入都可微。GroupVLAD 不可微的原因是 $c_k(\boldsymbol{h}_{i,t})$ 的硬编码方式。为了使该操作可微，本章使用软赋值的计算方式替代式（8.12），计算形式如下：

$$c_k(\boldsymbol{h}_{i,t}) = \frac{\mathrm{e}^{-\beta\|\boldsymbol{h}_{i,t}-\boldsymbol{m}_k\|^2}}{\sum\limits_{k'}\mathrm{e}^{-\beta\|\boldsymbol{h}_{i,t}-\boldsymbol{m}_{k'}\|^2}} \in (0,1) \tag{8.13}$$

这种赋值方式使描述符 $\boldsymbol{h}_{i,t}$ 按权重分配给 $c_k$ 所在的语义单元。其中，$c_k(\boldsymbol{h}_{i,t})$ 始终介于 0 和 1 之间，并且以最高的权重将 $\boldsymbol{h}_{i,t}$ 分配给最近的锚点。其中，$\beta$ 是一个可调参数，用以控制 $c_k(\boldsymbol{h}_{i,t})$ 在 $\boldsymbol{h}_{i,t}$ 与 $\boldsymbol{m}_k$ 距离增大过程中的衰减速度。将式（8.13）中的平方操作展开后可得：

$$\begin{aligned}
c_k(\boldsymbol{h}_{i,t}) &= \frac{\mathrm{e}^{-\beta(\|\boldsymbol{h}_{i,t}\|^2-2\boldsymbol{m}_k^{\mathrm{T}}\boldsymbol{h}_{i,t}+\|\boldsymbol{m}_k\|^2)}}{\sum\limits_{k'}\mathrm{e}^{-\beta(\|\boldsymbol{h}_{i,t}\|^2-2\boldsymbol{m}_{k'}^{\mathrm{T}}\boldsymbol{h}_{i,t}+\|\boldsymbol{m}_{k'}\|^2)}} \\
&= \frac{\mathrm{e}^{2\beta\boldsymbol{m}_k^{\mathrm{T}}\boldsymbol{h}_{i,t}-\beta\|\boldsymbol{m}_k\|^2}}{\sum\limits_{k'}\mathrm{e}^{2\beta\boldsymbol{m}_{k'}^{\mathrm{T}}\boldsymbol{h}_{i,t}-\beta\|\boldsymbol{m}_{k'}\|^2}} \\
&= \frac{\mathrm{e}^{\boldsymbol{w}_k^{\mathrm{T}}\boldsymbol{h}_{i,t}+b_k}}{\sum\limits_{k'}\mathrm{e}^{\boldsymbol{w}_{k'}^{\mathrm{T}}\boldsymbol{h}_{i,t}+b_{k'}}}
\end{aligned} \tag{8.14}$$

其中，$\boldsymbol{w}_k = 2\beta\boldsymbol{m}_k^{\mathrm{T}}$，$b_k = -\beta\|\boldsymbol{m}_k\|^2$，均为可训练的参数。将软赋值式（8.13）代入 GroupVLAD 描述符计算公式（8.11）得到：

$$\varphi(g;V,k) = \sum_{t=1}^{T}\sum_{i=1}^{N}\underbrace{\frac{\mathrm{e}^{-\beta\|\boldsymbol{h}_{i,t}-\boldsymbol{m}_k\|^2}}{\sum\limits_{k'}\mathrm{e}^{-\beta\|\boldsymbol{h}_{i,t}-\boldsymbol{m}_{k'}\|^2}}}_{\text{软赋值}}\underbrace{(\boldsymbol{h}_{i,t}-\boldsymbol{m}_k)}_{\text{残差}} \tag{8.15}$$

通过软赋值的机制，GroupVLAD 中的所有参数都是可训练的，因此可以通过端对端的方式进行训练，从而学习到具有语义信息且简洁的时空表示。

GroupVLAD 层整体的工作原理如图 8.4 所示，其中星状图案表示所有的个体元动作，以视频中提取的 LED 为聚类中心进行初始化。GroupVLAD 编码聚合了 LED 与个体元动作之间的残差向量，从而构建视频群体的整体时空表示。

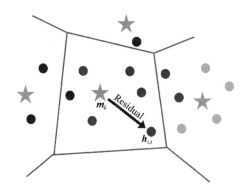

图 8.4　GroupVLAD 层整体的工作原理

# 群体动作分类网络

如图 8.5 所示，本章提出的模型最终融合了个体动作、动作关系和时空表示三者的信息。对于给定的一段视频 $V$，从中采样 $T$ 帧视频帧 $[I_1, I_2, \cdots, I_T]$，每个视频帧都有 $N$ 个目标个体，其中 $b_{t,n}$ 表示第 $t$ 帧中第 $n$ 个边界框。本章提出的模型致力于预测出场景中的群体正在执行的群体动作所属的类别 $a \in A$，$A$ 表示群体动作类别的集合。为了充分利用群体中的有效线索，本章将个体动作线索 $\varphi(p; I_t, b_{t,n})$，动作关系线索 $\varphi(r; I_t, b_t)$，以及时空表示线索 $\varphi(g; V)$ 三者综合考虑，通过如下公式计算得到对于特定视频 $V$ 与其中个体边界框 $b$ 识别为类别 $a$ 的打分 $\mathrm{score}(a; V, b)$：

$$\mathrm{score}(a; V, b) = \underbrace{\frac{1}{N} \sum_{n=1}^{N} \frac{1}{T} \sum_{t=1}^{T} w_p^a \cdot \varphi(p; I_t, b_{t,n})}_{\text{个体动作线索}} + \underbrace{\frac{1}{T} \sum_{t=1}^{T} w_r^a \cdot \varphi(r; I_t, b_t)}_{\text{动作关系线索}} + \underbrace{w_g^a \cdot \varphi(g; V)}_{\text{时空表示线索}} \quad (8.16)$$

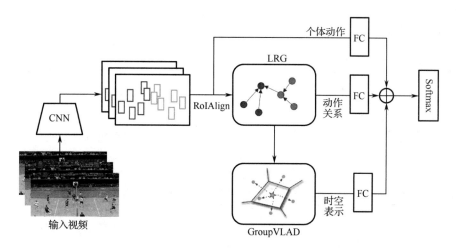

图 8.5　本章提出的视频群体动作识别架构图

其中，个体动作线索 $\varphi(p;I_t,b_{t,n})$ 是通过 RoIAlign 操作从卷积特征图上裁剪得到的，动作关系线索 $\varphi(r;I_t,b_t)$ 是通过关系推理的图模型得到的，时空表示线索 $\varphi(g;V)$ 是 GroupVLAD 层的输出。参数 $w_p^a$、$w_r^a$、$w_g^a$ 分别是类别 $a$ 对应三条线索的得分权重。

在获得群体动作的类别打分之后，目标场景中群体执行 $a$ 动作的概率可以通过如下函数得到：

$$P(a;V,b) = \frac{\exp(\text{score}(a;V,b))}{\sum\limits_{a'\in A}\exp(\text{score}(a';V,b))} \tag{8.17}$$

本章提出的三个分支与分类网络如图 8.5 所示。

第一个分支为所提出模型的基础分支，对应 8.4 节中的个体动作表示。具体地说，该分支首先应用 FPN 结构，在多个尺寸的卷积特征图上使用 RoIAlign 操作来获得表示不同个体动作的特征向量，然后将该向量输入全连接网络中来获取预测对应群体动作的得分情况。该分支的设计主要考虑群体中部分个体的动作对全局的群体动作识别起到的关键性作用。例如，在"交谈""走路"场景中，通过个体动作可以准确地判断场景中的群体动作。

第二个分支对应本章提出的算法推理所得的动作关系表示。在现实复杂场景中，不同的个体之间执行的动作是存在关联的，动作执行者之间的交互关系是群体动作识别中的重要线索。因此，本章通过群体交互的信息融合到最终的预测结果中。

第三个分支对应于本章提出的 GroupVLAD 模块的输出，该模块从时间和空间两个维度编码所有的 LED 并形成视频整体的时空特征。相比于单一个体的特征、局部个体的交互，这一分支更加关注群体中离散线索之间的整合，从而形成全局的预测结果。

综上所述，本章采用的分类网络，融合了个体动作、动作关系与时空表示三条线索。这三条线索是在群体多层次的分析过程中不断探索得到的，对群体动作的识别都起到了非常关键的作用。

# 8.7 模型训练

本章提出的模型训练过程分为两个阶段。第一个阶段训练 LRG 网络，用以动作关系推理，第二个阶段训练整体模型，获得最终结果。

在第一个阶段中，本章构建的动作关系推理过程，在个体动作表示的基础上构建个体上下文，最后采用 GraphGather 生成包含动作关系的向量表示，得到群体动作的分类结果。因此，该过程针对群体动作和个体动作建立的交叉熵损失函数建立联合损失函数，如下：

$$\mathcal{L}_1 = \lambda_a \mathcal{L}_a(y_a, \hat{y}_a) + \lambda_g \mathcal{L}_g(y_g, \hat{y}_g) \tag{8.18}$$

其中，第一项是基于个体动作预测的交叉熵损失函数 $\mathcal{L}_a$，第二项是基于群体动作识别的交叉熵损失函数 $\mathcal{L}_g$。$y_a$ 和 $y_g$ 分别表示个体动作和群体动作的真实标签。$\hat{y}_a$ 与 $\hat{y}_g$ 分别表示个体动作和群体动作的预测结果。$\lambda_a$ 和 $\lambda_g$ 分别是两项损失函数的权重。通过参数调整，本章在所有实验中采用 $\lambda_a = \lambda_g = 1$ 设置，达到最佳实验结果。

在第二个阶段中，本章将固定主干网络和 LRG 网络的参数，训练 GroupVLAD 模块与群体动作分类网络的参数，仅采用群体动作对应的交叉熵损失函数进行训练：

$$\mathcal{L}_2 = \mathcal{L}_g(y_g, \hat{y}_g) \tag{8.19}$$

即将式（8.18）中的 $\lambda_a$ 置为 0。

# ✅ 8.8　实验分析

## 8.8.1　数据集与评价指标

### 1. 数据集

Volleyball 数据集示意图如图 8.6 所示，该数据集是由 55 场排球比赛中的 4830 个视频片段构成的，包含 3493 个训练片段和 1337 个测试片段。该数据集包含 8 个群体动作类别（right winpoint、right pass、right spike、right set、left winpoint、left pass、left spike 和 left set），其中每一个视频片段仅包含一个群体动作类别。每个视频片段包含 10 帧，只有中间帧（第 5 帧）标记有人物的边界框，以及他们的动作（Waiting、

Setting、Digging、Failing、Spiking、Blocking、Jumping、Moving 和 Standing）。实验采用参考文献[13]中相同的实验方案，使用全部帧训练、测试模型。对于未标记的视频帧，使用参考文献[14]中提供的 tracklet 数据。

图 8.6 Volleyball 数据集示意图

Collective Activity 数据集[15]（见图 8.7）由 5 个群体动作（等待、过马路、行走、排队、交谈）和 6 个个体动作（未知、等待、过马路、行走、排队和交谈）的 44 个短视频序列（约 2500 帧）组成。群体动作的标签由大多数人物的动作所决定。采用与参考文献[16]相同的评估方案，使用参考文献[17]提供的 tracklet 数据，数据集中 1/3 的视频序列作为测试集，其余用于训练集。

图 8.7 Collective Activity 数据集示意图

**2．评价指标**

本章以多分类准确率（Multi-class Classification Accuracy，MCA）作为评价指标：

$$\text{MCA} = \frac{N_{\text{correct}}}{N_{\text{total}}} = \frac{\sum\limits_{a \in A} N^a_{\text{correct}}}{\sum\limits_{a \in A} N^a_{\text{total}}} \qquad (8.20)$$

其中，$A$ 表示所有类别的集合，$N_{\text{correct}}$ 表示被正确识别的样本数目，$N_{\text{total}}$ 表示样本总数目，$N^a_{\text{correct}}$ 表示 $a$ 类别中被正确识别的样本数据，$N^a_{\text{total}}$ 表示 $a$ 类别的样本总数目。

为了与目前其他方法进行更全面的比较，本章还引入了一个新的评价指标，即各类别准确率平均值（Mean Per Class Accuracy，MPCA）：

$$\text{MPCA} = \frac{1}{|A|} \sum_{a \in A} \frac{N_{\text{correct}}^{a}}{N_{\text{total}}^{a}} \tag{8.21}$$

与 MCA 的区别是，MPCA 不会因为某个类别样本数目多而受到更大的影响，是每个类别准确率的平均数。

## 8.8.2　实验设置

本章在 Volleyball 数据集上进行训练，该数据集对视频帧提供 12 个人体边界框及其动作标签和群体动作标签。本章采用 ADAM 的随机梯度下降算法对网络进行训练，其中 $\beta_1$=0.9，$\beta_2$=0.999，$\epsilon$=$10^{-8}$。模型以批大小为 32 训练 100 轮，学习率从 $2\times10^{-3}$ 阶梯下降至 $5\times10^{-4}$。为了降低动作关系推理的复杂度，本章将卷积特征图上提取的 1024 维度表示降维至 256。

针对 GroupVLAD 结构，实验尝试不同的视频帧数 $T$（$T$=2,4,8,16）训练模型，发现随着帧数的增加，模型并不会一直得到性能提升，而是会遭遇性能瓶颈。本章采用 $T$=4 以达到识别性能和运行效率的平衡。模型中另一个关键参数是语义词典中锚点个数 $K$ 的设定，本章同样通过调整的方式尝试($K$=4,8,16)，发现 $K$=8 的时候模型达到最佳性能。另外，本章采用 k-means 聚类算法初始化语义词典，并且这些锚点会在训练过程中微调。最后，模型末端分类器的参数采用均值为 0、标准差为 0.02 的高斯分布进行随机初始化。

## 8.8.3　实验结果分析

本章首先在 Volleyball 数据集上对动作关系推理模块进行消融实验，以验证提出模型的有效性，其中尝试不同的编码方式与网络层数对应的模型，对动作关系归一化矩阵进行可视化，进一步解释其中的工作机制。然后针对 GroupVLAD 提取的时空表示的有效性进行验证，同时利用分类网络将其与得到的动作关系相结合，进一步提升网络的性能。最后在 Volleyball 和 Collective 两个数据集上与相关的方法进行比较。

### 1. 动作相关性有效性验证

为了验证本章所提出的动作相关性的有效性,实验采用两种策略来构建识别网络:(1)仅使用主干网络与分类网络,如图 8.8 所示;(2)在主干网络和分类网络之间增加单层 LRG 进行动作关系推理,如图 8.9 所示。其中,LRG 网络中的动作相关性采用点积相似度和连接操作两种方式进行编码,Action loss 和 Activity loss 分别为个体动作与群体动作对应的交叉熵损失函数。本章将 Volleyball 数据集拆分为训练集和验证集,使用上述两种策略首先在训练集上进行训练,然后在验证集上进行性能检验,群体动作识别的准确率如表 8.1 所示。从表 8.1 中可以看出,两种动作相关性编码方式相对于基准网络都有明显的提升,这说明动作关系推理能够增加视觉特征以外的重要信息,因此增加动作关系推理模块能够帮助模型更好地表示群体动作。其中,相比于连接操作,点积相似度能够使模型取得更有效的性能提升。这种编码方式在序列自注意力模型中被应用于自然语言相关任务中,本章通过该编码能够有效地构建群体动作的交互式上下文结构。本章将使用可视化的方式解释该编码方式对应动作的工作机制。

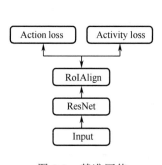

图 8.8 基准网络

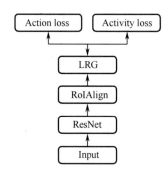

图 8.9 增加 LRG 模块的网络

表 8.1 不同动作相关性编码方式的实验结果

| 编码方式 | MCA |
| --- | --- |
| 无 | 89.9% |
| 点积相似度 | 91.0% |
| 连接操作 | 90.7% |

通过表 8.1 中的数据,本章已经验证了动作关系推理的有效性,而 LRG 的层数是另一个影响网络性能的因素。更深的网络能够增加模型的非线性表达能力,可以学习到更加复杂的变换,因此本章尝试增加 LRG 的层数,以探讨层数对动作关系推理的影响,实验结果如表 8.2 所示。在该实验中,本章采用点积相似度作为动作关系推理的编码方式。从表 8.2 中可以看出,随着 LRG 层数的增加,模型能够获得更高的群体动作识别准确率。其中,在层数较少的情况下,增加 LRG 的层数能够获得更加明显的性

能提升。在层数多于 4 层时，模型将会遭遇性能瓶颈，几乎没有性能提升。这与 Volleyball 数据集中场景中只有固定的 12 个人有关，由于有限的节点数目，LRG 模块不需要过多的层级就能构建出合适的上下文结构，从而实现较高的群体动作识别率。因此，并不是一直增加 LRG 的层数就能获得性能提升，在识别性能与运行效率的平衡下，采用 4 层 LRG 的模型能同时具备高效率的执行速度和高准确的识别结果。

表 8.2　LRG 不同层数的实验结果

| 层　　数 | MCA |
| --- | --- |
| 1 | 91.0% |
| 2 | 91.2% |
| 4 | 91.5% |
| 8 | 91.6% |
| 16 | 91.6% |

综上所述，动作关系推理模块以个体的动作表示为基础，能够有效地建立人物之间的关系，通过多层推理的方式，最终取得相比于基准网络 1.9% 的性能提升。

### 2．动作相关性可视化

为了解释动作关系的有效性，本章将模型中的动作关系归一化矩阵 $G$ 进行可视化，如图 8.10 所示。以图 8.10（a）为例，图中 6 号选手正在执行"扣球"动作，强烈引导着前面的对方运动员执行"拦网"动作，同时与周围运动产生关联。通过观察发现，动作相关性能形成一种类似注意力的机制，有助于场景中关键个体动作的发现。此外，融合动作相关性的模型还能挖掘下一刻场景的战术核心，如图 8.10（d）所示，虽然群体动作标签为"垫球"，但是是即将"扣球"的 7 号运动员对周围的其他人产生了强烈的关联，而不是正在执行"垫球"动作的 6 号运动员。因此，动作相关性能够发现此刻或下一刻中可强烈影响其他人的运动员，融合动作相关性的算法通过图模型的推理机制，能够构建出有效的交互式上下文结构，从而提升模型识别群体动作的性能。

### 3．动作相关性与时空表示的有效性分析

本章采用 4 种实验方案来验证动作相关性与时空表示模块的有效性，即不引入 LRG 与 GroupVLAD、引入 LRG 而不引入 GroupVLAD、不引入 LRG 而引入 GroupVLAD 与同时引入 LRG 和 GroupVLAD 四种实验方案。其中，在不引入 LRG 而引入 GroupVLAD 的方案中，GroupVLAD 模块直接以动作表示作为输入进行计算。表 8.3 展示了上述 4 种方案在 Volleyball 数据集上的 MCA。

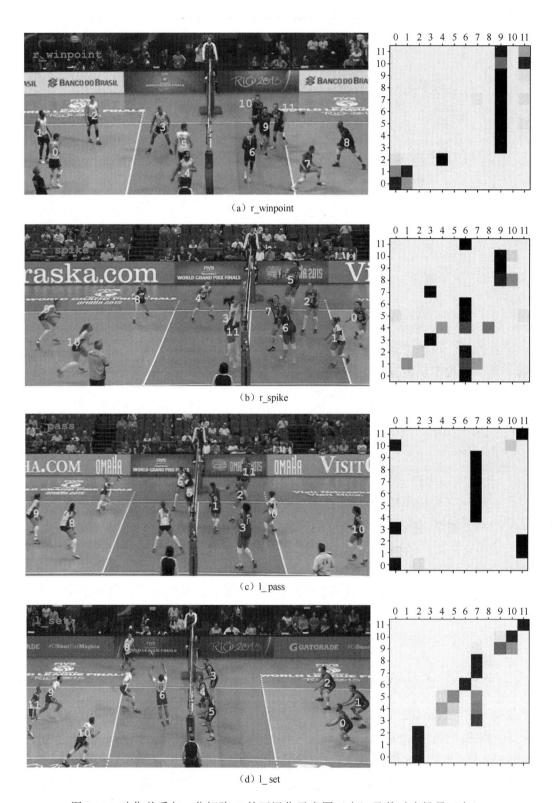

图 8.10　动作关系归一化矩阵 **G** 的可视化示意图（右）及其对应场景（左）

表 8.3　在 Volleyball 数据集上对动作关系和时空表示进行消融实验的结果

| LRG | GroupVLAD | MCA |
|:---:|:---:|:---:|
| × | × | 89.9% |
| √ | × | 91.6% |
| × | √ | 91.1% |
| √ | √ | 92.2% |

从表 8.3 中可以观察到，相比于基准网络，引入 LRG 或 GroupVLAD 模块均能有效地提升模型的性能。另外，同时包含两个模块的方案能过获得最佳的实验结果。这一实验现象不仅证明了动作相关性与时空表示的有效性，还进一步说明两者得到的特征是具备互补性的。因此，除了基于视觉特征的动作表示，动作关系与时空表示是视频群体动作中两个重要的信息。

**4．与最近发表的方法的实验对比**

表 8.4 对一些最近发表的群体动作识别方法在 Volleyball 和 Collective Activity 数据集上的实验性能进行了总结，并在 MCA 和 MPCA 两个指标上与本章的方法进行了比较。由于 Collective Activity 数据集中的"Walking"和"Crossing"两者存在定义不清的问题，本章所采用的方案将这两类群体动作合并为统一的"Moving"类别来计算 MPCA。与其他方法相比，本章提出的方法在 Volleyball 数据集上取得了最佳的识别效果，这说明动作相关性和时空表示表示两者能够充分地提供群体动作识别任务中的关键线索。在 Collective Activity 数据集上，本章方法的性能也超过了大多数的方法，并且与性能最佳的 PRL 的模型识别效果十分接近。之所以本章方法在 Volleyball 数据集上取得更具竞争力的实验结果，是因为 Volleyball 数据集的场景中存在大量运动员的战术跑动，这使其包含更多相关联的动作交互，并且在长时间内具备复杂的动态变化。图 8.11 为本章提出的方法在 Volleyball 和 Collective Activity 数据集的测试集上的混淆矩阵（Confusion Matrix），其详细展示了本章提出的方法在各个群体动作类别上的识别准确率。如图 8.11（a）所示，本章提出的模型在绝大部分的类别上达到了 90% 以上的识别率。绝大多数错误识别的样例存在于同一侧的群体动作之间，如"r_set"、"r_spike"与"r_pass"。从图 8.11（b）中可以看出，Collective Activity 数据集中的"Crossing"和"Walking"类别确实存在明显的混淆，主要是因为这两个类别的区分主要来自于背景（斑马线与普通道路）的不同，而模型的输入主要依赖于人体区域的视觉特征，并未考虑实际的背景内容。

表 8.4　在 Volleyball 和 Collective Activity 数据集上与最近发表的方法的实验对比

| 方法 | Volleyball | | Collective Activity | |
|---|---|---|---|---|
| | MCA | MPCA | MCA | MPCA |
| HDTM[13] | 81.9% | 82.9% | 81.5% | 89.6% |
| CERN[18] | 83.3% | 83.6% | 87.2% | 88.3% |
| stagNet[19] | 89.3% | — | 89.1% | — |
| SPTS[20] | 91.2% | 91.4% | — | 95.8% |
| PRL[21] | 91.4% | 91.8% | — | 93.8% |
| Ours | 92.2% | 92.5% | 90.3% | 92.6% |

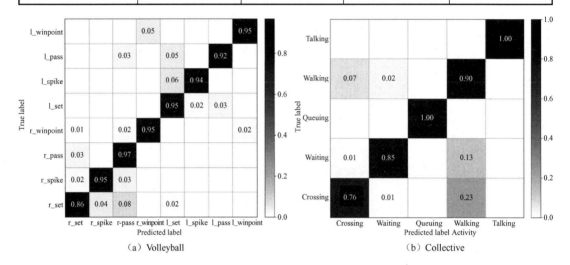

（a）Volleyball　　　　　　　　　（b）Collective

图 8.11　本章提出的方法在 Volleyball 和 Collective Activity 数据集的测试集上的混淆矩阵

## 5．实验效果展示

图 8.12 展示了在 Volleyball 数据集的测试集上取得的部分场景识别结果的示意图。图片的左上角标注了群体动作的预测结果，运动员的附近标注了对应的个体动作的预测结果。本章提出的方法采用联合损失函数作为目标函数，能够训练两个全连接分类器，从而同时完成个体动作与群体动作的识别任务。

（a）l_winpoint　　　　　　　　　　（b）r_pass

图 8.12　Volleyball 数据集上的部分实验结果展示

（c）r_set　　　　　　　　　　　　　　（d）l_spike

图 8.12　Volleyball 数据集上的部分实验结果展示（续）

## ✅ 8.9　本章小结

本章首先提出了一种面向群体动作识别的动作关系推理方法，以探索多人之间复杂的互动关系。然后本章提出了从时间和空间两个维度同时编码的聚合模块（GroupVLAD），从而构建更加合理、简洁的视频时空动态表示。该模块能够融合多个视频帧的上下文结构，生成视频层级的时空表示。最后本章建立了一个端对端的深度模型，通过群体动作分类网络将个体动作、动作关系与时空表示三个不同层次的信息融合到一个统一的框架中，从而实现比现有方法更加准确的识别能力。本章在两个主流的群体动作识别数据集 Volleyball 和 Collective Activity 上评估所提出网络的性能。大量实验结果表明，所提出的方法能够有效地探索人物之间的复杂关系和场景中的时空结构。相比相关方法，所提出的方法能够得到更加准确的识别结果。

扫一扫看本章参考文献

# 第9章
## 结论与展望

　　人体动作分析是计算机视觉领域重要的研究课题。本专著在国家重点研发计划课题、国家重点基础研究发展计划（973）课题、北京市自然科学基金的资助下开展视觉人体动作识别研究，具体包括单人动作识别和多人动作识别。

### 1. 本专著的工作

　　（1）提出了时序一致性探索方法，并构建了一种新的视频人体 2D 姿态估计网络，显式地建模视频中的时序一致性信息，以较低的计算成本实现了高效的视频人体 2D 姿态估计。在公开数据上的实验结果表明，该方法在处理遮挡和运动模糊等复杂场景时能够取得更加精准的结果，并且在处理速度和准确率上均取得更优的性能表现。

　　（2）提出了一个自监督的单目人体 3D 姿态估计方法，仅利用相机几何先验和多视角一致性信息构造网络训练的监督信号，不需要任何额外的人体 3D 关节点标注。本专著设计了变换重投影损失和双分支训练网络，恢复人体 3D 姿态的绝对位置并从多个视角约束网络的输出，从而解决了投影不确定性问题，极大地提高了人体 3D 姿态估计网络的性能。为了保证双分支网络成功收敛，本文还设计了一个有效的预训练技术。实验结果表明该方法与最新的弱/自监督方法相比取得了更好的性能，并且有较好的泛化性。

　　（3）提出了基于一致分解网络的自监督人体 3D 姿态估计方法，该方法不需要提供相机的外参，而是将人体 2D 姿态分解为与视角无关的人体形状和相机视角，通过一致分解约束将两部分充分解耦以解决投影不确定性问题。同时，该方法引入了层次化字典以重建强健的人体 3D 姿态。实验结果表明该方法可以最大限度地解耦人体形状和相机视角，并重建出精准的人体 3D 姿势。

（4）提出了一种基于多时空特征的人体动作识别模型。该模型同时考虑视频表观和骨架序列两种信息，设计合适的网络结构分别学习人体动作的时空特征。针对视频表观信息，提出了多层级的卷积特征聚合网络，采用深度监督的方式对多层级特征进行聚合，构建多层级视频表示。针对骨架序列，利用图卷积和时序卷积充分挖掘人体骨架的图结构空间信息和动态时序信息，自动学习到强大的时空表示。实验结果表明该方法充分利用了视频和骨架序列两种信息的互补性，得到了更高的人体动作识别准确率。

（5）构建了单层线索互动关系模型建模广角图像中个体之间的互动关系，提出了基于全局-局部线索整合的扁平式人物动作识别方法，采用特征子空间度量算法计算人物动作相关性，利用有效互动关系线索确定人物动作，该方法避免了通过群组识别个人行为方法带来的复杂计算和误差，具有计算轻量化和准确性高的特点。

（6）提出了一种层级式广角图像中多人动作识别方法，采用混合群组动作模型有效地表达了多元互动关系，并统一建模场景、群组动作、个人动作以及层级之间的互动关系。该方法避免了现有层级模型用二元互动关系组合近似计算多元互动关系带来的误差，基于混合群组动作生成模型的层级式行为识别方法，利用多层级关系的综合分析和交叉验证，获得了更准确的动作识别能力。

（7）提出了一种面向群体动作识别的动作关系推理算法，以及融合动作相关性的视频群体动作识别方法，构建多层局部关系图网络推理建立人物之间的动作关系，将个体描述符空间划分为若干个元动作单元，聚合形成更加合理、简洁的时空表示，并将动作表示、动作关系与时空表示三条线索融合到一个统一的框架中，构造端对端的深度模型，该方法从多个层次分析群体动作，有效地结合了局部信息和全局表示，获得了更准确的视频群体动作识别结果。

### 2．下一步工作及展望

立足于当前的研究成果，视觉人体动作识别领域进一步的研究工作主要包括以下几个方面：

（1）多尺度时序一致性信息探索的视频多人 2D 姿态估计技术。建模多人场景的时序一致性信息，将视频人体跟踪与人体 2D 姿态估计集成到一个统一的网络中，实现高效的视频多人 2D 姿态估计。

（2）基于深度图或点云数据的人体 3D 姿态估计技术。随着深度摄像头和雷达传感器在移动设备上的普及，深度图和点云数据获得的成本将越来越低。深度图和点云数据可以提供人体的绝对深度信息，可以有效地解决 RGB 数据面临的投影不确定性问题。如何将现有的 RGB 数据与深度图或点云数据结合实现更高精度的人体 3D 姿态估计是一个有潜力的研究方向。

（3）多线索互动关系的扁平式人物动作识别方法。建立扩展线索互动关系模型，使其对多线索的综合分析和利用、研究基于该扩展模型的人物动作识别方法，使其具有更广的适用性和更高的人物动作识别准确率。

（4）个体动作检测、个体动作识别与群体动作识别统一框架。视频数据中存在短时间内的动作变化，在下一步工作中，进一步考虑如何将短期动态结合到统一的端对端模型中，继续研究基于深度学习的通用模型，能够同时完成个体动作检测、个体动作识别与群体动作识别三项任务，进一步增加深度模型的可应用性。

图 1.1　聚焦图像的示例

图 1.2　广角图像的示例

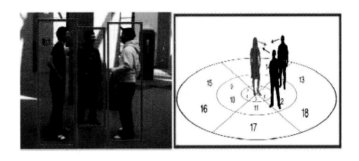

图 1.4　交谈场景中的上下文线索

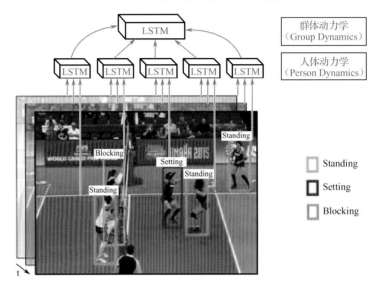

图 1.5　基于两阶段 LSTM 的群体动作识别框架

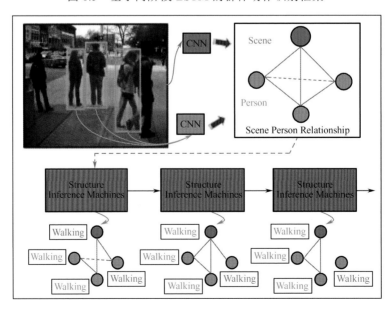

图 1.6　一种基于深度网络的结构学习方法

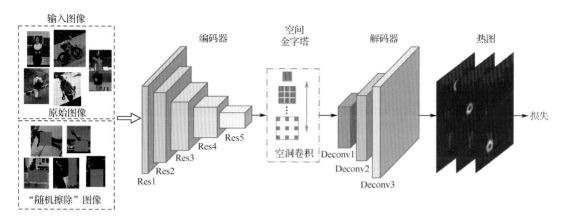

图 2.1 基于编码器-解码器结构的基础人体 2D 姿态估计网络

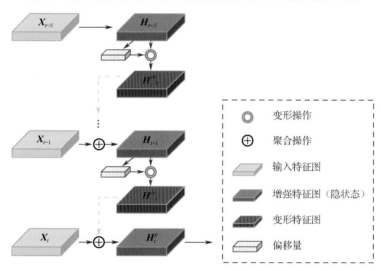

图 2.3 TCE 模块的结构

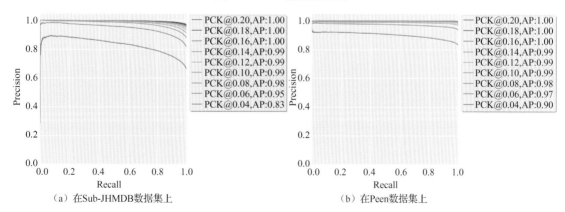

（a）在 Sub-JHMDB 数据集上 （b）在 Peen 数据集上

图 2.5 在 Sub-JHMDB 和 Penn 数据集上，不同 PCK 阈值 $\alpha$ 对应的精准率
（Precision）-召回率（Recall）曲线

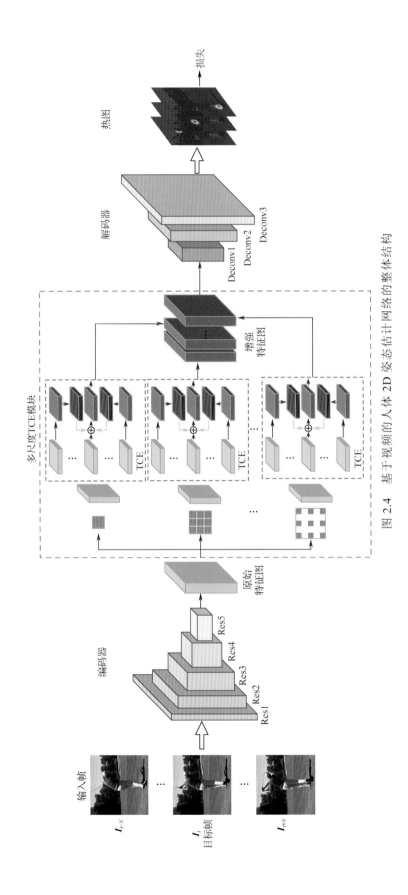

图 2.4 基于视频的人体 2D 姿态估计网络的整体结构

图 2.6 在 Sub-JHMDB 和 Penn 数据集中一些有挑战性的测试样本的可视化结果

（第 1、2、3、4、5 行对应遮挡和运动模糊问题；第 6、7、8、9 行对应尺度多样性问题）

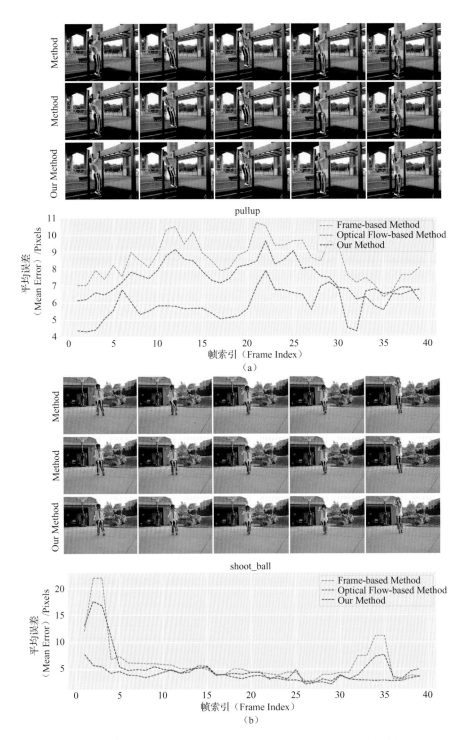

图 2.7 人体 2D 关节点预测结果平滑度的可视化和定量分析

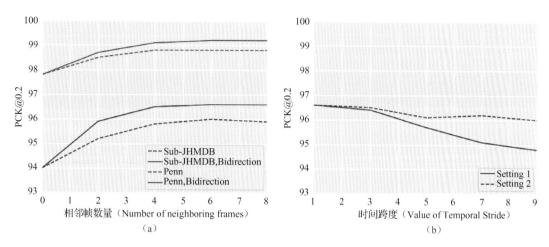

图 2.8 在 Penn 数据集和 Sub-JHMDB 数据集的第一个划分集上，
相邻帧数量和时间跨度的对比实验结果

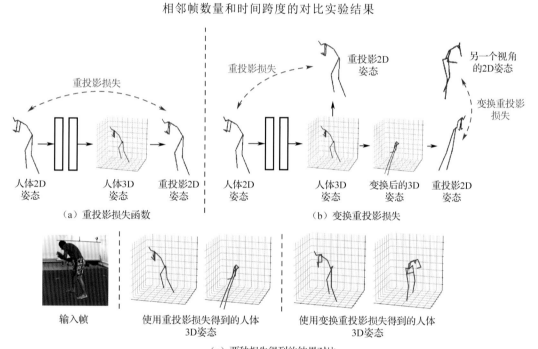

（a）重投影损失函数

（b）变换重投影损失

（c）两种损失得到的结果对比

图 3.1 重投影损失函数、变换重投影损失和两种损失得到的结果对比

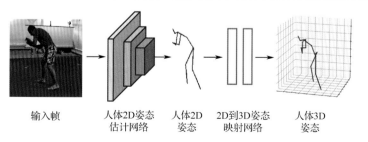

图 3.2 两阶段人体 3D 姿态估计方法架构

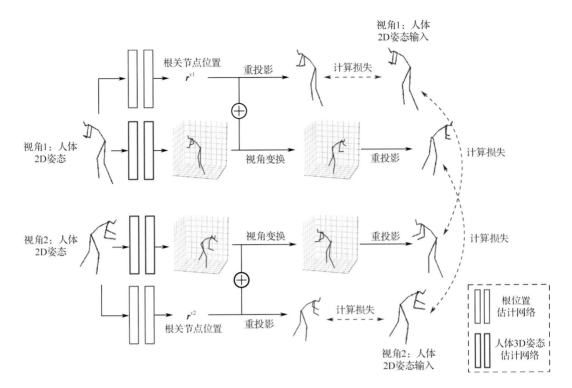

图 3.3　双分支自监督训练网络结构

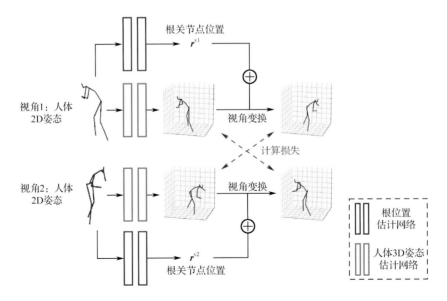

图 3.4　模型预训练方法图示

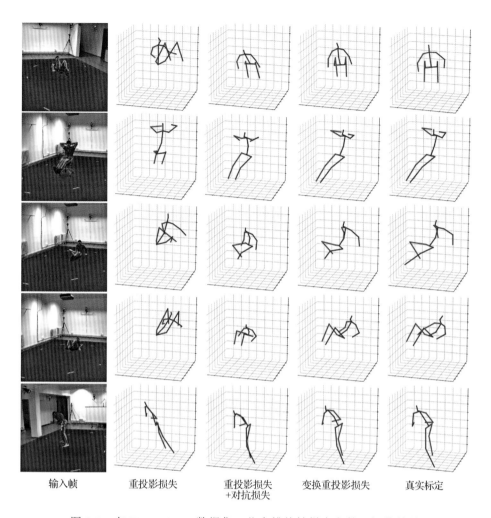

| 输入帧 | 重投影损失 | 重投影损失<br>+对抗损失 | 变换重投影损失 | 真实标定 |

图 3.5　在 Human3.6M 数据集一些有挑战性样本上的可视化结果

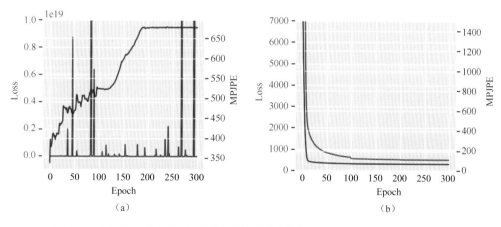

图 3.6　在预训练和随机初始化两种设置下的损失（Loss）和 MPJPE 曲线

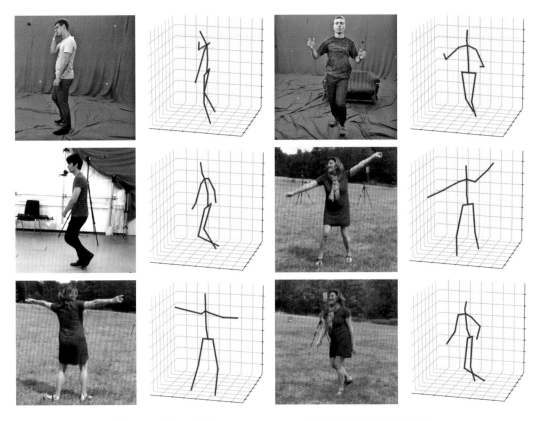

图 3.7　本章方法在 MPI-INF-3DHP 数据集上的可视化结果

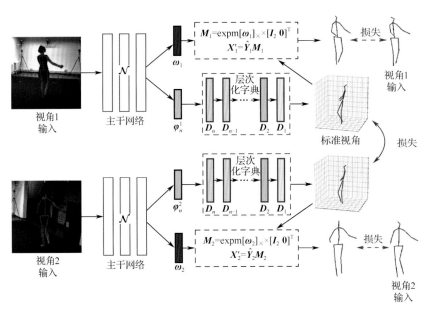

图 4.1　一致分解网络的结构图示

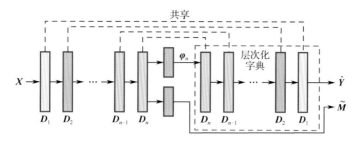

图 4.2 用于层次化字典学习的编码器-解码器网络结构图示

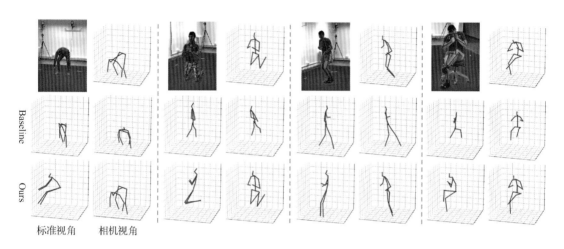

图 4.3 本章方法与基线方法可视化对比结果

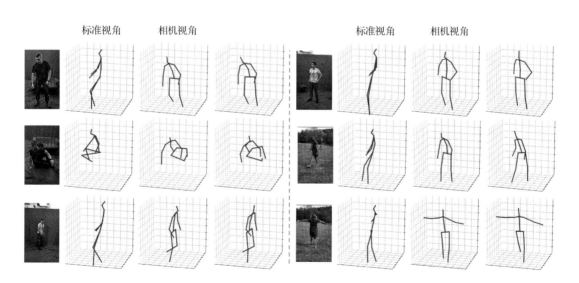

图 4.4 本章方法在 MPI-INF-3DHP 数据集上的可视化结果

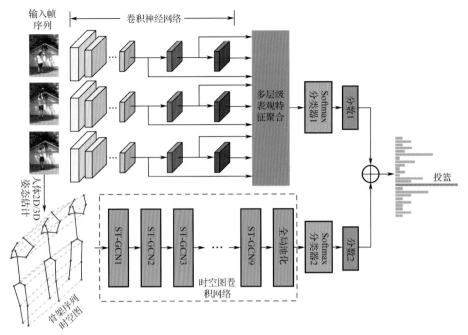

图 5.1　多时空特征人体动作识别模型

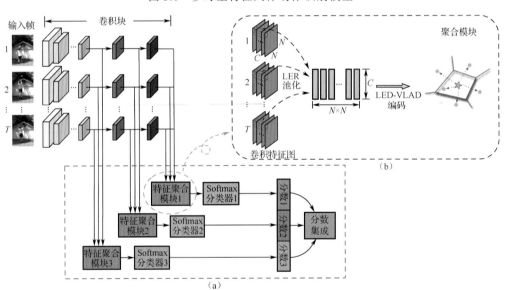

图 5.2　多层级表观特征聚合网络的结构图示

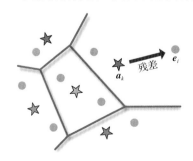

图 5.3　LED-VLAD 编码图示

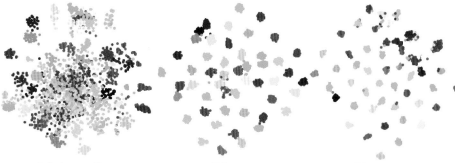

（a）Avg-pooling　　　　　　（b）VLAD　　　　　（c）所提出的聚合模块

图 5.5　3 种不同的特征聚合方法得到的视频时空特征可视化结果图示

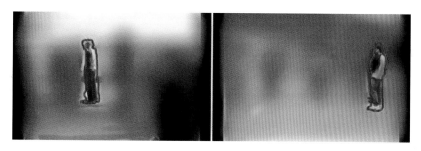

（a）单独给出两幅图像中的两个人物

（b）给出完整图像

（c）隐去图像中的场景和背景信息，只保留图像中出现的人物

图 6.1　人物互动关系示例图一

图 6.2  人物互动关系示例图二

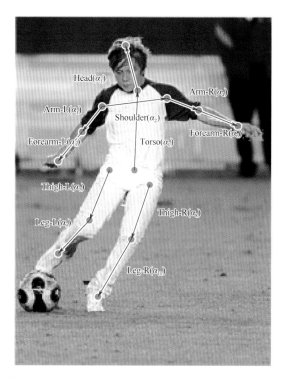

图 6.3　肢体角度描述符（图中圆点代表关节点，箭头线段代表相应的肢体和方向）

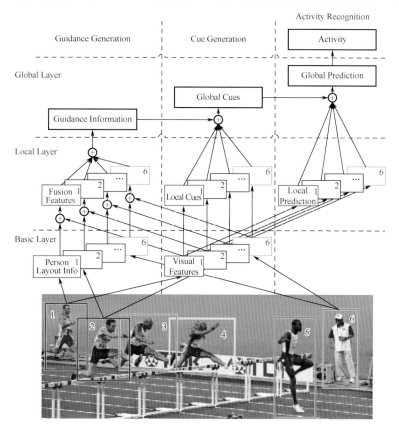

图 6.9　扁平式动作识别方法的示意图

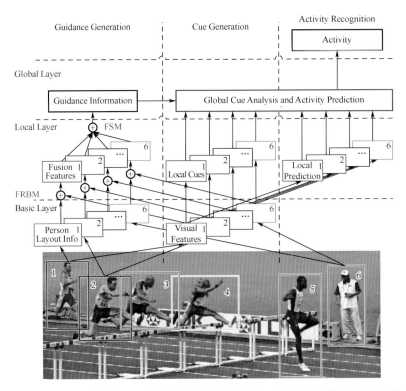

图 6.10　基于改进全局-局部线索整合算法的扁平式动作识别方法示意图

图 6.12　SGD 数据集中的若干图像

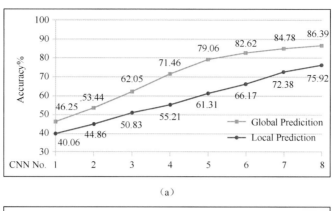

（a）

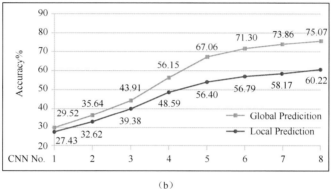

（b）

图 6.13　iGLCIM 在不同局部识别准确率下取得的人物动作识别准确率

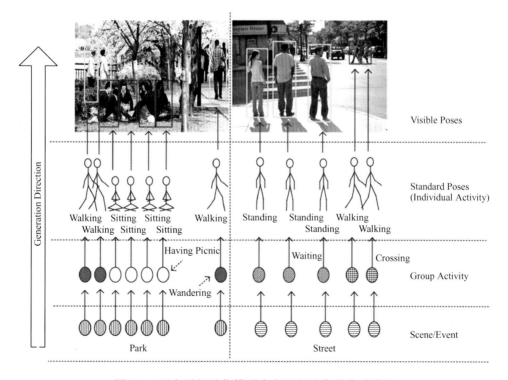

图 7.3　混合群组动作模型中各层级动作的生成流程

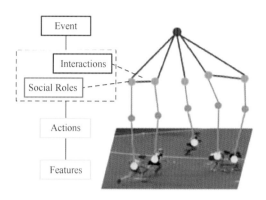

图 7.1 Lan 等人提出的模型

图 7.6 层级式动作识别方法识别结果示例图

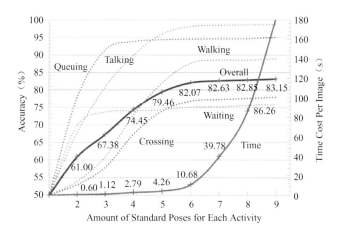

图 7.7　标准姿势数量对层级式动作识别方法结果的影响

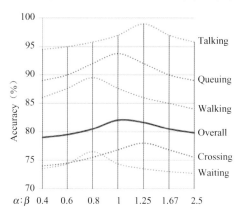

图 7.8　比重参数对层级式动作识别方法结果的影响

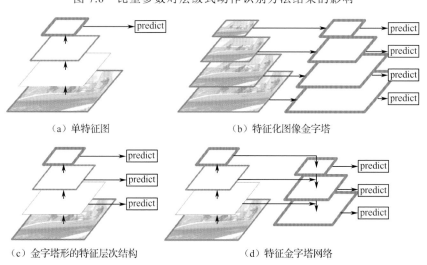

（a）单特征图　　　　　　　　　　（b）特征化图像金字塔

（c）金字塔形的特征层次结构　　　　（d）特征金字塔网络

图 8.1　4 种特征构建方式

图 8.2　群体场景中差别极大的人体姿势

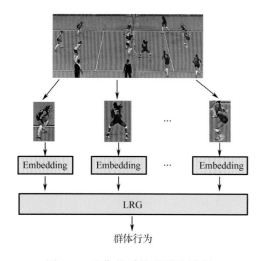

图 8.3　动作关系推理整体流程

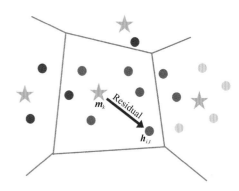

图 8.4　GroupVLAD 层整体的工作原理

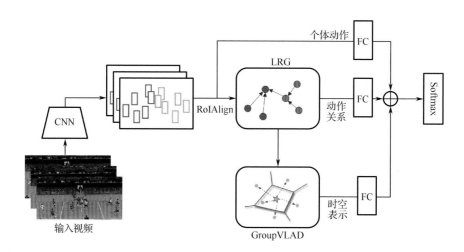

图 8.5　本章提出的视频群体动作识别架构图

图 8.6　Volleyball 数据集示意图

图 8.7　Collective Activity 数据集示意图

（a）r_winpoint

（b）r_spike

图 8.10　动作关系归一化矩阵 **G** 的可视化示意图（右）及其对应场景（左）

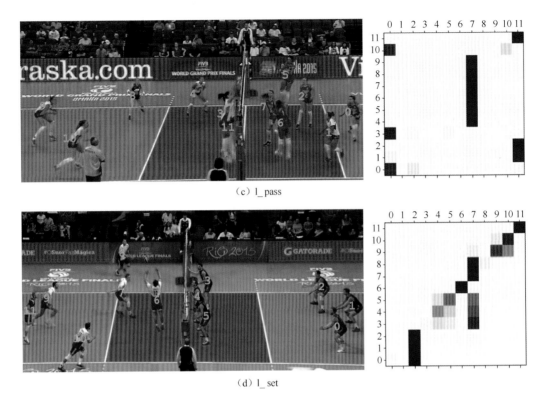

（c）l_pass

（d）l_set

图 8.10  动作关系归一化矩阵 **G** 的可视化示意图（右）及其对应场景（左）（续）

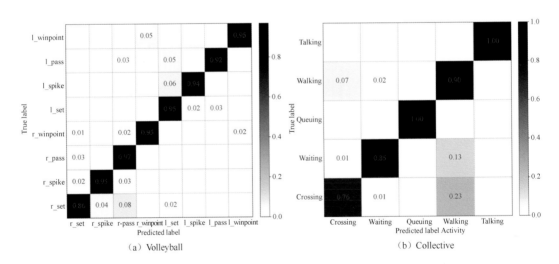

（a）Volleyball

（b）Collective

图 8.11  本章提出的方法在 Volleyball 和 Collective Activity 数据集的测试集上的混淆矩阵

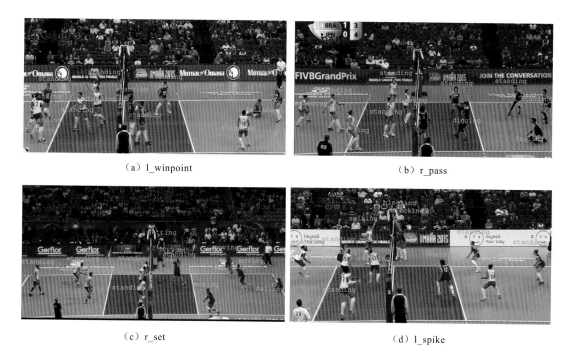

(a) l_winpoint (b) r_pass

(c) r_set (d) l_spike

图 8.12 Volleyball 数据集上的部分实验结果展示